十届全国人大常委会副委员长、中国关心下一代工作委员会主任顾秀莲（右一）和我校少先队员在一起

十届全国人大常委会副委员长、中国关心下一代工作委员会主任顾秀莲（右一）亲自为唐山英才红军学校授旗，我校少先队员代表接旗

我校师生在乐亭县李大钊纪念馆门前合影留念

2011 年 5 月，我校全体师生分批游览天津航母公园

快乐游泳

快乐风筝节放风筝

学校古筝小组活动

学校鼓乐队训练

占地160亩，投资1500万元的唐山英才学校无公害种植养殖基地掠景

YING CAI REN

英才人

吴正文　著

人民交通出版社
China Communications Press

内 容 提 要

本书为唐山英才学校校园文化丛书之一，讲述该校自建校以来发生在英才人身上的感人故事。本书共包括六篇：英才腾飞，学校领导；矢志不渝，无私奉献；情洒校园，爱生如子；睿智善教，别样师爱；默默无闻，忘我工作；激情飞扬，英才新人。

本书旨在弘扬英才人热爱教育、献身教育的敬业精神和崇高品德，可供广大教育工作者及学生、家长阅读参考。

图书在版编目(CIP)数据

英才人／吴正文著．—北京：人民交通出版社，2013.4
ISBN 978-7-114-10407-7

Ⅰ．①英…　Ⅱ．①吴…　Ⅲ．①中小学－教师－生平事迹－唐山市　Ⅳ．①K825.46

中国版本图书馆CIP数据核字(2013)第039953号

书　　名：英才人
著 作 者：吴正文
责任编辑：曹延鹏
出版发行：人民交通出版社
地　　址：(100011)北京市朝阳区安定门外外馆斜街3号
网　　址：http://www.ccpress.com.cn
销售电话：(010)59757973
总 经 销：人民交通出版社发行部
经　　销：各地新华书店
印　　刷：北京市密东印刷有限公司
开　　本：787×1092　1/16
印　　张：15.5
字　　数：340千
插　　页：1
版　　次：2013年4月　第1版
印　　次：2013年4月　第1次印刷
书　　号：ISBN　978-7-114-10407-7
定　　价：30.00元

序
INTRODUCTION

我不是文人，也不懂得怎样作序。面对着沉甸甸的书稿和作者的请求，我十分感动。我觉得这是我不可推拒的责任，也是我当之无愧的荣耀。那就谈一下我读后的感想，权当序言吧。

翻开《英才人》，一些熟悉的故事又鲜活起来，那些走过的岁月再次浮现在眼前：2001 年，当那个办学的念头在心里滋长，一次次默默地返乡考察，租赁校舍，三请赵子慎老校长；迎来第一个来校应聘的毕业于河北农大的已经是助理工程师职称的李俊霞老师，招聘开门红，我的自信增强了；继而很多骨干教师加盟英才，形成了最初的 19 名教职员工队伍；那最初的 172 名学生；那个一到晚上就哭鼻子的小女孩姚如静，现在早已经是一个亭亭玉立的大姑娘了。

经过了十一年的发展历程，英才栉风沐雨，一路走来，不断发展壮大。学校在社会各界的支持下、在广大教职员工的努力下，凭着不懈的追求，得到了家长、学生和社会各界的认可。2010 年，在县政府支持下，征地 80 亩、投资 1.2 亿元新建中学部。学校达到占地 140 亩，建筑面积 5.6 万平方米，可容纳学生 3000 人的规模。十一年，英才积淀了丰厚的文化底蕴，凝聚了宝贵的英才精神。

我带着一颗被感动润泽的心灵，一份被真挚浸染的浓情，阅读了书中叙写的四位校长和四十七位优秀教职员工的故事，无限感慨。我们英才“爱”的话题永远不会褪色，这“爱”也成为我的一份永恒的事业。

就如歌曲里唱的：“教师的爱是滴滴甘露，即使枯萎的心灵也能苏醒；教师的爱是融融春风，即使冰冷的感情也会消融……”

在英才学校、在我的身边，有许多领导、教师、员工，他们年复一年、日复一日，为学生奉献着自己的青春和热血。

很多老师，已经为人父母，但是为了更多的父亲、母亲，他们无暇顾及自己的孩子、家人……他们用自己的绵绵爱心书写着爱生如子的篇章。

他们注重言传身教，以“为人师表”的形象率先垂范，如“随风潜入夜，润物细无声”的春雨般，潜移默化地滋润学生的心灵。

他们以“用人格塑造人格”的教育境界完善自我，用纯净的灵魂去荡涤世间的污浊，用平凡坚韧的精神去淡化名利纷争，用宁静淡泊的心态去铸造神圣的教师尊严！

为英才教育奠基的赵子慎老校长，为英才立下举鼎之功的吴献新校长，提升英才教学水平的鲁福胜校长，在英才二次创业中有中流砥柱之威的张中山校长，年过六十依然续写青春的杜建平副校长；我们的每位中层领导，为了学校的工作和发展，舍弃更多属于自己的幸福和团圆，担当起在他们肩头的责任；更有我们许多奋战在一线的老师和保障学校供给的后勤职工，他们留给我们太多太多的感动……

感谢所有的老师，因为有你们奏响了英才的天籁，我们才能共同聆听感动的旋律。只因为一路有你们挥毫的浓淡砚墨，英才学校才增添了这许多恢宏壮阔的画面。

愿读者能与我分享这些感动，把它当作早晨采撷到的一朵朵带露的小花儿，珍藏在心扉，让那些美好的品质，时时芳香我们的灵魂……

同时也感谢作者吴正文老师，在工作之余，不辍笔耕，把英才这些爱和感动化为钟灵毓秀的文字，使这些爱和感动得到传承和流布；文笔流畅，感情真挚，气势宏伟，使英才的理念和精神得到促进和升华。

正值英才建校十一周年之际，谨以此书献给那些曾经与英才共沐风雨的老英才人，献给那些正在与英才并肩奋进的新英才人，献给那些信任、关心英才的家长，献给那些为英才的辉煌而刻苦努力的孩子们……

二〇一三年一月

目 录
CONTENTS

第一篇 英才腾飞 学校领导

第二篇 矢志不渝 无私奉献

第三篇 情洒校园 爱生如子

第一篇

英才腾飞　学校领导

师爱如太阳一般温暖，春风一般和煦，清泉一般甘甜；它比父爱更严峻，比母爱更细腻，比友爱更纯洁。

大爱人生

——记唐山英才学校董事长刘建凯

人物简介：刘建凯，英才学校董事长。

1964 年生于唐山市滦南县。1981 年参军，服役于沧州市消防大队；1991 年从部队转业至沧州市建设银行任职；2001 年辞去公职，创办唐山英才学校。

现任滦南县人大常委、《德育报·家庭教育周刊》特聘首席德育专家。先后荣获"唐山市十大杰出青年"、"唐山市文明市民标兵"、"滦南县特殊贡献奖"等荣誉称号。

【座右铭：一生从事民办教育，办真的教育，创一流学校。】

这张照片是 2012 年 6 月 1 日儿童节董事长和孩子们的合影。

此时的董事长放下繁忙的公务，陪孩子们一起天真、一起快乐。

看着照片上他灿若星辰的笑脸，我不禁陷入久久的沉思之中……

刘建凯是许许多多普通人中的一员，但是他却是一种生活的尺度，是一种精神的标杆。在那些普通人眼中，他已经拥有一个令人仰视的高度。

对于他来说，教育已经不单纯是一种事业，而是一种精益求精的追求，一种为追求而追求的境界，一种只问耕耘不问收获的过程享受，是一种献身的沉醉。

他像个歌者、像个舞者，是一个将歌舞与魂魄交融凝和到忘记自我的人，成为一个进入角色的魔怔者。我突然想到一句话："不疯魔不成佛"。我终于释然，那些对他的敬仰与惦念化作唇边悠然的笑……

他是一位和蔼的兄长

跟董事长最近距离的一次接触是清明节中华文促会于部长来访，董事长亲自领老首长参观。在无公害种植基地黄瓜棚里，他带领大家采摘品尝，并举着一根黄瓜边吃边讲解："这个黄瓜采用最传统的方式种植，不打农药、不施化肥。"当他看到引领的老师们还没下手采摘时，他说："别不好意思，自家的东西，摘！吃!"听着董事长兄长般亲切的关照，老师们都放下了矜持，尽兴采摘，尽情品尝……

遇到学生家长有事询问董事长的电话号码时，校办干事们知道他忙，总是委婉地拒绝。当他知道这个事以后，特意对干事们说："以后学生家长要我的电话就告诉他们，家长的事是天大的事，再忙我也要管。"

6 月 22 日晚，九年级中考话别会散场了。映入办公室窗口的是孩子们一双双泪眼，还有门口站立的表情温和、心情沉重的董事长。孩子们纷纷含泪和他挥手道别，从他挥手的背影里，我捕捉到一个成功男人那稍纵即逝的孤独与落寞……

英才学校从建校初期的租赁校舍，发展到现在已经成为一个拥有 140 亩占地面积、两栋教学楼、三栋学生公寓、两栋教师公寓、两个大型操场、2300 名学生、300 名教职员工的大型学校。学校拥有了诸多荣誉，跻身于河北省著名、全国有名的名校行列。董事长刘建凯也拥有了诸多头衔和光环，在滦南、在唐山市乃至河北省，成为民办教育的领军人物……

他是一位充满沉重底色的枭雄

1964 年，刘建凯出生于唐山市滦南县的一个普普通通的小村庄里。他的父母是地地道道的农民。20 世纪六七十年代农村的艰苦生活，培养了这个正直少年吃苦耐劳、坚韧不拔的品质；从小学至初中，他的求学经历与农村同龄孩子相比没有两样，初中毕业后，他带着未果的梦回乡。

1981 年，17 岁的刘建凯应征入伍，成为河北省沧州市消防大队的一名消防兵。他未得舒展的少年意气在军营里蓬勃，服役期间，历任战士、司务长、大队长。

十年的军营历练，刘建凯养成了一丝不苟、雷厉风行的军人作风。这种作风也成为伴随他一生的财富，也为他以后的辉煌人生奠定了基础，使得以后流年岁月中他的每一次转身都充满了四射的光芒!

1991 年，刘建凯从部队转业到地方。那年他 27 岁，正是人生的黄金年华，在沧州市建设银行任职，历任办公室副主任、行政处副处长、处长等职。

在建行十年，刘建凯练就了娴熟的业务素质，积累了丰富的社会经验和处事之道。37 岁的刘建凯正当风华正茂，他像一只潜水的蛟龙，正在蓄势待发。

2001 年，目光敏锐、思想成熟的刘建凯毅然辞去令人羡慕的公职，回到家乡滦南租赁校舍，着手创办唐山英才学校……

2002 年，他再次投资，在滦南县城西征地 60 亩，筹建英才新校区；风雨十年后，再次增资 1.2 亿元，征地 80 亩，建设英才高中部，开始第二次创业。

2012 年，英才学校已经成为一所现代化的园林学校，古典园林和现代园林各具特色，树木葱郁、花繁草碧……它为孩子们提供了一个乐学的天堂。学校众多的荣誉散发着耀眼的光辉，吸引着社会各界关注的目光。

全国教育系统先进集体、全国家庭教育实验校、全国学习《弟子规》爱心示范单位、河北省依法诚信办学学校、河北省民办教育常务理事单位、河北省园林式单位、唐山市民办教育先进单位。

2012 年 7 月 16 日，唐山英才学校被全国红军小学建设工程理事会命名为“红军学校”。唐山英才学校已经成为唐山市一流、河北省前列、全国知名的学校；经过十年探索，已经确立了“四大办学理念”——细节决定成败，校无小事，事事关天；向解放军学习，深忠诚度，高执行力；传承国学经典，立君子品，做有德人；践行书生思想，民主治教，科学育人。这在教育界乃至社会各界引起广泛关注和认可。在冀东、在渤海边，英才宛如一颗熠熠生辉的明珠，为滦南、为唐山乃至为河北教育及民办教育增添缤纷色彩。

成功与挫折并存

纵观英才十年，刘建凯的创业艰难与如今的风光同样令人欷歔……

刘建凯从参军入伍，直至建行任职，在沧州 20 年的时间，他已经看惯了城里孩子们优越的学习环境。当他回到家乡时，映入眼帘的是破旧校舍，更别提现代化的教学设施了。这个农民的儿子心中一阵隐痛，为自己家乡教育的落后感到悲凉，为家乡孩子至今还不能受到良好的教育而感到心酸……

这种感触像身体上一处难以消除的病灶，时而隐隐作痛。“在家乡开办一所现代化的学校”——这电光火石般的念头竟然在他的心底扎根并燃起熊熊火焰，他几次悄悄从沧州赶回滦南，利用整整半年的时间，从当地教育形式、办学条件、经济收入等几大方面进行考察。在掌握了很多有价值的信息，对滦南中小学教育有了比较系统的了解以后，他毅然辞去公职，下决心回家乡开办一所拥有自己教育理想的民办学校。

当时的刘建凯，多年的积蓄也仅仅十几万元，加上几个合伙人的资金，才算把学校办了起来。一个学年下来，不但没有任何收入，反而赔了五十万元。

2002 年，学校还处在起步阶段，需要不间断的资金投入，只见投入不见回报的事实令几位股东打了退堂鼓，纷纷把资金撤走。此时，困难重重的刘建凯依然坚持他最初的承诺，“只要有一个学生也要把学校办下去”。

刘建凯为了能够继续办学，经常为筹集资金四处奔波；资金周转不灵，他想尽一切办法解决，即使在他最艰难的时候也从未拖欠过老师一分钱工资。

他说那时过年过节都不敢回家，因为当时就连给父母买年货的钱和给孩子买烟花的钱都拿不出来。

2002 年，在租赁的校舍里，由于生源的不断增加，宿舍越来越紧张，董事长只能和 17 个教职工们挤在一个大宿舍里。艰苦的条件之下，他依然畅想着未来："不会太久，我一定让大家住上咱们学校自己的公寓楼，让每位老师都开上自己的轿车。"他的目光深邃，仿佛整洁舒适的教师公寓就矗立在眼前……

天道酬勤，如今他终于通过自己坚持不懈的努力让梦想变成了现实，在实现自己梦想的同时更兑现了自己的诺言。2002 年 8 月，英才学校迁进新校区，老师们用上了先进的办公设备；2007 年，新教师公寓楼竣工，老师们住上了楼房。2011 年，暑假的地源热泵工程的竣工，使学生和老师都有了四季如春、冬暖夏凉的学习和生活环境。

他是一个闭门舔舐伤口的人

大处着眼，小处着手，运筹帷幄决胜千里的他，更能事无巨细、亲力亲为。"学生的事，是天大的事"，这是刘建凯挂在嘴边的一句话。无论学生的大事小情，他都亲自奔忙。

一个小女生在学校生病了，学校通知了孩子的奶奶（孩子父母在外地做生意，平常上学放学都是奶奶接送）。由于学生家距离学校有点远，学校把生病的孩子送到医院以后，奶奶才风风火火地赶到学校。这位老太太进门就要找董事长，见到刘建凯后，不分青红皂白，上去就是两个巴掌。年轻气盛的刘建凯依然不改脸上的温和。后来生病的孩子康复出院，老太太一再对自己当时的冲动表示歉意。

"忍一时风平浪静，退一步海阔天空"，两个巴掌，董事长忍了！

当有人再次提起这件事时，他微笑着说："我当时都没有想到自己会有这样的胸襟，可能是因为办学的缘故吧，自己的觉悟一下子提高了。谁家都有孩子，人家孩子在你学校里生了病，着急也是应该的，咱的责任是办教育呀，咱是灵魂的工程师呀，以德服人吧！"也许这就是人们常说的胸怀吧。

他是一个风度男人，他有着内外兼修的风度与气质。他谦和的心性和温和的待人之道，给你一种温暖和踏实，和他说话感觉不到尖锐和掩饰。他的外形说得上英俊神武，举手投足之间更有着领袖般的气度。

这又是一个送别场景。

2008 年 7 月国办招考，英才学校 32 名教师一起考上了国办。32 名骨干教师、32 名中坚力量，他们的离开就如同一个人被抽掉了脊梁。

是放他们走，还是挽留？面对抉择，刘建凯心情异常沉重。

欢送会上，32 名教师直面与他们情同手足，对他们恩重如山的董事长，难掩心中的愧疚。往日一幕幕浮现在眼前……

彼此相对无言，仿佛时间在那一刻被冻结了。桌子上摆的水果谁也没有动，此时，再好的佳品也只能是点缀。

尽管心里很苦、心里很不舍的董事长依然淡定地微笑着，没有流露出半点挽留，他不能留下丝毫遗憾，让老师们抱怨终生！他不改往日的温和，平静地对老师们说：“到新的学校、新的工作岗位，好好干，勤奋工作，别给咱们英才丢份。想家了，就常回家看看……”

那样的场景，怎么少得了眼泪？只不过有的人眼泪流在脸上，有的人把眼泪流在了心里。

从那以后，刘建凯董事长更坚定了“创办一流名校、培育特色人才”的办学思想，始终坚持“请名师，办名校，创特色”的宗旨，他处处为教职工着想，努力提高教职工幸福指数，给他们入五险一金，享受和国办老师同样的待遇，真正做到了用“感情留人，事业留人，待遇留人”。这么多年以来，王淑娟、刘海燕、李志军等很多老师毅然放弃考国办的机会，扎根英才，立志于民办教育。

舍得也是一种胸襟

“创办一流学校”不是一句口号，无论硬件设施还是软件设施都需要落到实处，这就需要资金的不断投入，如今的英才学校已经累计投入近两亿元，学校的收入相对这些大规模投入来说还是入不敷出，董事长依然要为筹措资金奔忙。

如今，当住楼房已经成为平常时，人们在攀比楼房购得了几处。而董事长依然住在他的小平房里，他舍不得在自己的物质生活上多加投入。

董事长刘建凯说：“钱得用在刀刃上”。

——王艳慧是一个不幸的女孩，因家境贫寒，几度辍学。但是她幸运地成为董事长爱心工程的资助者。董事长亲自把她接到英才，免除一切费用，在这里读完初中以后，又资助她上完高中，直至大学。

多年来先后有 18 名特困生享受了董事长的特殊待遇，全部免除学费、住宿费；还有另外 78 名学生不同程度地享受减免学费的待遇。近几年，他资助贫困学生资金总额达 20 万元。

除了助学金外，董事长在每个学期还设立奖学金分配方案。每年仅奖学金一项，年度总额度达 50 万元。

——2010 年，董事长花费 10 万元为 1600 名学生家长赠送《德育报》。2010 年的寒假，当 1600 名学生家长收到董事长赠送的《德育报·家庭教育周刊》时，难掩内心的激动：“有了这份报纸，我们教育孩子就有了方法了，我们要好好学习报纸上介绍的经验，当好孩子们的家庭教师。董事长为我们想得可真周到啊!”

——2011 年初，《和谐中国》总编李耀君的现代修订版《弟子规》再版，董事长出资 3 万元印制 1200 册现代修订版《弟子规》，赠送给英才学校的每位学生家长，许多家长手捧《弟子规》深情地说：“为了孩子的成长，为了不辜负刘董事长，我们也要很好地学习《弟子规》，用它指导孩子健康成长。”

同时，董事长还有一颗公益之心，他为了使《弟子规》恩泽更多的人，他还携手《和谐中国》向山东省烟台市莱州学校和潍坊市教师学校、云南省大理市上关镇兆邑完小、黑龙江省铁力市桃山林业局中心小学、云南省昆明市盘龙区金石西区龙泉育才学校、内蒙古赤峰市克什克腾旗红山子乡总校、河南省南阳市方城县二郎庙乡坨子村、湖南省襄阳市海图国学堂等学校赠送近2000本现代修订版《弟子规》。

——2011年5月，学校购进了六辆校车。校车进校的第一件事就是带师生春游。最大规模的一次活动是全校性的，历时半月之久，学校组织全校师生1716人陆续分批参观了天津滨海航母主体公园，门票加上车费和餐费花了20多万元。

——2012年春天，滦南县洼里村高淑珍和志愿者收养残疾孩子的善行义举被广为流传，高淑珍和她的“爱心小院”受到人们的关注。同年4月7日，刘建凯董事长在唐山市书法家举办的“爱心助残”书法展暨义卖仪式上，认购总价值34万元的书法作品，再一次彰显了乐善好施、热心于公益事业的善良本色。

审时度势，放眼未来

刘建凯董事长时时刻刻都把老师和学生们装在心里，他把安全教育、生命教育、生存教育纳入了英才学校的教育课程，体现了“学校发展以学生为本”的育人宗旨。

——消防演练。消防兵出身的刘建凯，比其他人更清楚水火的无情，深知在灾难面前求生的本领是最基本的生存素质。从2002年开始，学校每个学期都要进行两次消防演练。消防逃生演练，不仅可以使学生掌握求生本领，还可以锻炼他们顽强的毅力，锻炼孩子们处变不惊的心理素质。

正是因为有了董事长的智慧和远见，才有了感动中国的英才学校“5·28”地震安全撤离……

2012年5月28日10时22分，突如其来的地震，强烈的震感冲击着正在课堂上的英才老师和学生们，也考验着我们平时逃生演练的训练成果。

2分钟，大约是一个还来不及对强烈震感产生质疑、求证和思考的瞬间，当人们还没有弄清巨大声响的来由时，学校两个操场上已经整齐站满了学生和老师。

校园监控录像向人们展现了那紧急120秒的真实。那撤离的画面，整齐、有序，不像是在逃生，好像平常演练一般从容和淡定。

这个感人的场面是英才德育教育的呈现，也是“细节决定成败”的英才精神的体现，是做足细节的结果，是防患于未然的“逃生演练”的必然，是对居安思危预见的肯定。

——绿色餐厅。为了确保学校师生的饮食安全，2012年，董事长投资1500万元，建设160亩无公害种植和养殖基地：有养猪场、养鸡场、鱼塘等养殖设施，饲养猪、鸡、鸭、鹅、兔等家畜、家禽；有饲料加工、各种副食品加工车间。

31亩生态蔬菜大棚，不施化肥，不打农药；15亩生猪散养场，不喂料精，不用催肥剂；10亩散养鸡场，纯生态养殖法饲养；18.5亩混养鱼塘，15亩珍稀禽类养殖。

绿色种植养殖基地，一年四季为学校餐厅提供了绿色、安全的蔬菜和副食。

——游泳馆。2011 年 9 月，英才学校投资 1100 万元修建的游泳馆正式竣工。游泳馆的建设初衷源于董事长刘建凯一次外出时的见闻——一名小学生因为不会游泳而溺水死亡。从那时他就下决心在他的学校建游泳馆开设游泳课，让学生掌握一项生存技能。

一所学校，一年两次安全演练、绿色餐厅、游泳课……足可见安全的砝码在这位办学人心中是何等之重。为了平安校园，为了提高学生素质，刘建凯可谓用心良苦，他用一颗大爱之心，营造着校园的平安与和谐。

军人本色铸辉煌

十年部队生活，刘建凯董事长养成了早起的习惯，无论头天夜里忙至几点，第二天依然按时起床，他准时排在初中学生队伍后出操……

他笔直的身躯，浑厚的音色，温和的言谈，给人干练、睿智、阳光的感觉，总能传递给你无尽的力量，指引你向上、进取。部队留给他的厚重底色，让他雷厉风行的本色发挥到极致，就连他的学校管理也带有那一抹富有生机的绿色——

学生管理军事化：开学初的军训，让学生第一次感觉进了校园就像进了军营，必须遵守学校严格的规章制度，不准吃零食，不许带手机；早起跑操、下午第一节课唱军歌；公寓管理军事化，连盖的被子都是统一的暗绿色军被，叠起来更是严格的“豆腐块”。

学校管理军事化：2006 年，董事长在领导班子例会上郑重地赠送给学校的每位领导两本书：一本是企业管理方面的著名专家汪中求著的《细节决定成败》，一本是张建华著的《向解放军学习》。他还专门召开了针对学习这两本书的读书会。他要求大家要把“细节决定成败”作为座右铭，他要求英才学校要拥有军人的风骨。

“向解放军学习，深忠诚度，高执行力”成为英才四大办学理念之一；向解放军学习，明确了英才这支教育团队要有解放军一样铁的纪律和雷厉风行的工作作风。

十年是一段漫长的岁月，它让红色的枫叶凋零了十次，又萌发了十次。十年，也是一段短暂的瞬间，仿佛流星一般悠然滑落又回归平静。十年，于英才又是一个令人兴奋的标记，它从蹒跚学步的孩童成长为英姿勃发的壮年，从无知懵懂走向成熟深远，让我们在分享独特的快乐时慢慢品味成长的乐趣。十年，还是一坛值得回味的美酒，它让最美的记忆变成了永恒，也让未知的未来变得更为神秘而灿烂，只为创造下一个光辉的十年！

五年、十年，在这个漫长的历程里，有众多人们所熟知的进取与辉煌，亦经历了挫折和困惑。如今，英才熠熠生辉，董事长刘建凯也被光环笼罩，让我们远远地欣赏，“守住”和“创新”一直如影随形，他依然不辍前行的步伐，他还要追求，追求那更加崇高的精神巅峰，用他对民办教育事业的执著与忠诚诠释他的——大爱人生。

事必躬亲　恪尽职守

——记唐山英才学校第一任校长赵子慎

人物简介：赵子慎，原滦南一中校长，中共党员、中学高级教师、省优秀园丁。

2001年7月至2003年11月任唐山英才学校校长。

赵子慎以其超前的办学理念、严谨的治学态度、科学规范化的管理，带领全校师生仅用两年多的时间，把英才学校办成了一座新兴民办学校。

【座右铭：莫找借口失败，只找理由成功。】

赵子慎，是唐山英才学校2001年建校时的第一任校长。他是原滦南一中校长，是一名优秀共产党员、中学高级教师、省优秀园丁。2003年11月，老校长因年事过高，健康状况不好，不再担任英才学校任何职务，但是他的名字依然为英才后来人所熟悉，他的故事依然在英才校园传扬，他的名望已然进驻到新老两辈英才人的心头。

赵子慎校长一心投身教育事业，热爱教育事业，忠诚教育事业。他把对教育事业的全部热情融入自己人生的执著追求之中，他热心指导和关爱老师，他关心爱护学生，他以自己几十年的教育和管理实践，谱写了一曲中国共产党党员忠诚党的教育事业的赞歌。

董事长三顾茅庐

古有刘备三顾茅庐请诸葛亮的典故，今有唐山英才学校董事长刘建凯三请教育界名师赵子慎的故事。赵子慎在当地教育界享有很高的声誉，董事长早有耳闻。当他运筹帷幄下定决心要开办英才学校的时候，就已经有了聘请赵子慎来给他坐镇当校长的打算。

第一次去拜见赵子慎老先生，当董事长在赵老面前说出自己的来意和办学打算时，赵老微笑着望着眼前这个热血青年沉默着。他心里却在思忖：放着捧在手的金饭碗不珍惜，非要捡个泥饭碗，一定是一时头脑发热的决定，用不了多长时间热情就会消减的。赵老主意已定，便以年事已高为托词果断回绝了刘建凯的邀请。他只当这是一句笑谈，教育岂是儿戏？教育是一个教育工作者投入一生的事业，没有任何教育经历，没有足够的资金，只凭借满腔的热情，怎能办成教育？

五天以后，刘建凯再次出现在了赵子慎校长家。这次双方少了初次见面的客套和寒暄，董事长办事可谓雷厉风行，三句两句就直奔了主题，把自己回去后的动态和学校筹备进展向赵校长做了汇报。这次谈话令这位饱经风霜的老人频频点头，目交中充满了对年轻人的认可和欣赏。他不得不对他刮目相看，原来他真的不是一时兴起说说而已。

这次见面，他们之间还发生了一部手机的故事：刘建凯临走，从怀里掏出一款在当时算作新潮玩意儿的手机递给赵老。一向廉洁自律的老校长果断地拒绝了董事长的馈赠。董事长诚恳地说："老校长，你一定是曲解了我的意思，以后在办学方面需要请教您老的事情还很多，就是为了联系的方便。如果你不收下，就是关闭了学生随时向您请教的大门。"

赵校长无言以对，接受了手机。刘建凯留了一句话："我少不了麻烦你的。"在以后的交流中，这款手机在他们之间充当了信息联络员的角色。董事长跟赵子慎老先生探讨了许多关于教育的问题，获得了很多宝贵的办学经验；赵校长也发现这个年轻人身上那种难能可贵的坚持不懈的执著精神。

现在已经 80 岁的老校长依然保存着董事长当初送给他的这款手机，采访他的那天，老校长从抽屉里拿出手机摩挲着说；"真是睹物思人呐，每次拿出手机我都会想起建凯当初办学时那种痴迷的劲头。这手机也真是好东西，联系随时随地，无论办学初还是在任期间，它都立下了汗马功劳。"

董事长第三次去赵子慎老先生家。通过前两次的约见、接触与交谈，与其说赵老对刘建凯的最初评价已经扭转，还不如说赵老对刘建凯为教育事业的执著和韧劲所感动。结合他对刘建凯的多方考察，他的心里已经默许了董事长的邀请。董事长开车来接赵老，请他一起去参观一所民办学校。一路上，董事长在和赵老的交谈中，茅塞顿开眼前一亮，认定自己的选择是正确的，这个精神矍铄的老人是一盏照亮自己前行之路的明灯，是自己办学的指路人，他将是扶自己上战马的人。于是赵老和董事长愉快地达成了协议，共谋办学大计。

英才的发展得益于赵子慎校长的超前理念

赵子慎虽然将近古稀之年，但是他思想并不僵化。在英才工作期间，他结合民办教育的实际，始终坚持超前的办学理念，以严谨的治学态度、科学规范化的管理，带领全校师生仅用两年多的时间，把英才学校办成了拥有一定规模，令社会满意、家长放心、学生向往，受到社会各界广泛赞誉的一所新兴民办学校。在校学生人数，也由2001年9月开学初的172人，增加到2003年的近800人，并且培养造就了一支高素质、高水平、爱岗敬业的优秀教师队伍。

短短的两年时间，英才学校以优异的教学成绩和不凡的教育成果，先后被县委、县政府授予“先进学校”，被市教育局授予“唐山市社会力量办学先进单位”和“唐山市民办教育工作先进单位”等荣誉称号。短短两年时间，英才学校迅速成为河北省社会力量办学的先进示范校。英才学校，如同英姿勃发的勇士，以最饱满的热情和充足的蓄积接受着社会和上级主管部门的检验。

2003年11月，英才学校成功举办了唐山市民办教育工作经验交流会。赵子慎校长代表学校做了典型发言，介绍了英才学校成功的办学经验。英才的成功经验为全市乃至全省民办教育的健康发展起到了积极推动作用。

责重如山，行胜于言

赵子慎校长是我们教师的楷模。他严于律己，宽以待人，师德高尚，率先垂范，以身作则。他是英才教育事业的一块奠基石，他用自己的言行为英才留下了一座师魂的丰碑。他用自己的心血点亮了教师们在蒙昧中摸索探寻的明灯；他用不再伟岸却坚强的身躯为学生撑起了一方明净蔚蓝的天空。

无论是在2001年那个租赁的校舍里、在2002年暑假那个老英才人都熟悉的一个个劳动场景里、在2003年“非典”时期的执著坚守里，还是在每一个节假日后返校的门口迎候里……都有赵校长最亲切的身影。

每天，赵校长都用自己的言行给老师们作着表率。董事长考虑到赵校长年纪大了，为了出行方便，专门给他配备了一辆轿车。但是就是这辆专车，他除了办公事使用外，从来没有用它办过一件私事，偶尔回县城的家，都是骑那辆陪伴了他多年的半旧自行车。

司机开校车出去办事，赵校长估计早该回来了，可是左等不来，右等不来。有过一次这样的情况，赵校长记在心里，没有理睬他；等到第三次发生相同情况，他再也按捺不住了，校车回来后，他把司机叫到办公室，用极其严厉的口吻说：“去趟县城怎么用这么长时间?”司机支支吾吾：“一个来回就用了这么长时间。”“我亲自步行去了一趟都赶回来了，难道你开车还没有我走得快?”司机哑口无言再也不敢辩驳，以后出去再也不敢偷懒，再也不敢在路上耽搁了。

在2002年那个暑假的风雨之夜，所有老师都在等候拉教具的卡车，老校长看看老师们，又抬头看看天，他让老师们先回去休息，留下自己等待。夜里12点老师们听到赵校长一声吆喝后赶紧起来卸车，往教学楼搬教具，赵校长在一旁指挥搬运，提醒老师们上下楼小心，为了缓解老师们的疲劳，他还会不时地讲个幽默小故事。那一夜，老师们没有休息，近七十岁的老校长也陪年轻人坚持了一夜。

学校步入正轨，教师们统一定做了校服，夏装是一件白衬衣。有的老师说了，一件不够穿，晚上洗了，一个晚上不能晾干。老校长听见了，并不多说话。晚上把衬衫洗了挂在老师们公用的水房里，几个女教师看到水房里挂着的老校长的衬衣都心照不宣，再也没有听到老师对衬衣一宿干不了的抱怨了。

杨焕芳老师回忆说，赵子慎校长经常搬一把椅子坐在校园里，每当师生看到他都特别敬畏，老师工作起来更勤勉，学生也都会乖巧听话。他经常会倒背着手在教室里巡视，如果看见他把目光停留在黑板上看板书的时候，老师们就知道是自己的粉笔字该练练了。赵校长还会使用电脑，经常从网上搜集好的教案组织年轻教师们学习。

德高望重

对于赵子慎老校长的评价，“德高望重”是最恰当不过了。四十多年的教育生涯，多年和学生老师打交道的他，最善于研究老师的心理，总是能够想你所想，急你所急。他的教诲经常能够从根本上解决老师内心的困惑，而他的批评既委婉又一针见血，既不会伤你自尊，又让你记忆深刻。

这是一件发生在张素芝老师身上的小事。2002 年 8 月，学校从老校区搬到新校区，赵校长打算在五年级设两个班级，将以前的两个老生班合并成一个班级，58 名新生组成一个新的班级。这个分班法明显不公平，但是老校长有他个人的打算，老生的行为习惯和对于学校纪律已经基本熟悉，新生的行为习惯还需规范和培养，这样更加便于学生的管理。

那时录取新生是非选择性的，不参加入学考试，报名就录取。学生无论从成绩到行为习惯都有很大差异，这个新生班对班主任具有极大的挑战性。赵校长找到张素芝老师谈心，动员她带这个新生班。赵校长对张老师语重心长地说：“这个班主任非你莫属，别人根本带不了，我不相信别人具备这个能力。”张素芝老师清楚带这个班级的难度，但还是心甘情愿地接受了赵校长的任命。用张老师的话说：“给赵校长办事，就是累死也心甘情愿。”当然这就是赵校长的用人艺术。

还有一件事也是发生在张素芝老师身上。那时，学校经常组织拔河比赛，同年级间进行较量。张老师是六一班班主任，六二班班主任生病请假，两个班比赛时，六二班取胜。事后一班学生了解到参赛的二班学生比他们班多了两名，拔河本来就是力量的对抗，显然这样的比赛结果不公平。六一班学生就开始愤愤不平，竟然在上自习时公然罢课，看自习老师就把这个情况反映到了赵校长那里。校长一看是张老师的班级，就马上找到正在二班上课的她：“啥样老师带啥样学生，真是要强要好的老师带要强要好的学生啊。”说得张素芝老师有点丈二和尚摸不着头脑。“要是先把学生工作做好，他们能对这件事这么计较吗？赶紧做做学生的工作！我知道你们老师是要强、要好的老师，学生是要强、要好的学生……”她这才知道了赵校长说的是拔河比赛的事，虽然挨了批评，心里还是由衷地佩服赵校长的处事方法。

赵校长给英才留下的……

在赵子慎老校长看来，老师的第一职责就是教书，他把这一点看得最为重要，把学生当成生活的中心——学生就是上帝。他经常对年轻教师讲授如何跟家长沟通，如何做人，如何交往，上到如何孝顺父母，下到师生关系怎么相处。他总结的如何看待学生的“五个一视同仁”已经成为教师们向家长承诺的原则话题：要对待男生女生一视同仁；要对待家庭贫富学生一视同仁；要对待成绩好坏学生一视同仁；要对待品行优劣学生一视同仁；要对待不同家庭出身学生一视同仁；要对待身有残疾的学生一视同仁。

如果说当教师是有艺术的，那么赵子慎老校长算得上一个高超的艺术家。他幽默随和的性格给老师们留下了极其深刻的印象，“亦师亦友”是老师们给他最多的评价。他认为应该把学生当成一个团队，想要引导学生去干什么，首先要让学生接受你、欣赏你、喜欢跟着你干。对于老师的个人品质，他把“耐心、细心、关心”看得特别重要。

我们相信，第一任校长给英才留下的是一种不朽的精神。那就是他全身心投入教书育人工作，诚心待人、热情助人、乐观豁达的生活态度，既做授业的经师，又做处世的人师。那种精神是一种多年的经验和智慧的凝练，是一种永远闪光的美德和澄净灵魂的体现。

与英才且歌且行的岁月

——记唐山英才学校第二任校长吴献新

人物简介：吴献新，男，出生于1972年，毕业于中南大学，管理学硕士学位，英才第二任校长，现任盘锦二中校长，兼任英才学校名誉校长。

喜欢追梦的他总想凭自己的打拼在教育这方热土上创造自己教书育人的奇迹。他有幸成为魏书生老师的弟子，得到其言传身教，把学习、实践、研究、推广魏书生教育思想作为毕生的课题来研究。

他参加工作第一年即获得辽宁省语文教学比赛第一名、第二届语文报杯全国语文教学比赛第六名；连续5年被评为盘锦市语文学科带头人，连续3年被评为盘锦市名师；应邀赴马来西亚讲学，曾荣获为国争光特别奖；荣获辽宁省骨干教师、全国优秀语文教育工作者、中国素质教育推动人物、全国十佳语文教改新星等荣誉称号；国家级科研课题优秀实验教师；有三项科研成果获国家级奖励；有多篇论文发表或获得国家、省、市级奖励；多次被邀请到市外、省外、国外讲课或做教改经验介绍。

【座右铭：行者，不惧沧桑，志在天涯；寻者，不闻得失，但求光大。】

如果2001年那个租赁校舍的滦南英才学校是一只蹒跚学步的丑小鸭，那么历经十余年，如今的唐山英才学校就是一只翩跹起舞的天鹅。它已经羽翼丰满，成熟稳健，有它不朽的魂魄，有它不屈的精神。我们永远不会忘记英才精神的确立者，英才学校的第二任校长，对于英才发展有拔山之威的领导者——吴献新。

2003年，老师们曾误以为吴献新是新来的老师

2003年的新校区是那么崭新：U字形教学楼、二层的学生餐厅、学生公寓楼……因为各项设施还不是很完备，所以整个校园显得整洁而空旷。校园里一高一矮两个身影就显得特别醒目，吸引了很多师生关注的目光。个子高高的是众人

皆知的董事长，那个中等身材的年轻人像个新毕业的大学生，难道他是新来的老师吗？

他，身材适中，大大的眼睛，一副近视眼镜，流露着年轻、睿智、洒脱。他就是——吴献新。吴南新，出生于1972年，是一位毕业于中南大学的教育管理硕士，是董事长刘建凯六下盘锦才聘请而来的——英才第二任校长。

他成功地将唐山英才学校打造成省级明星学校。他前途无量，也曾有过辉煌的历史。他参加工作五个月便获辽宁省语文教学比赛第一名；参加工作十一个月便获全国语文教学比赛第五名；作为一名班主任，他科学育人，将一个后进班级带成全校、全市最优秀的班级；作为一名领导，他能够坚持"多干活、少得利、勤服务、无亲疏"的原则，教学身先士卒，教育率先垂范，管理发扬民主。

引进魏书生思想

一所学校，校长的办学理念是学校文化建设的画笔。吴献新是著名教育家魏书生的学生，是魏书生教育思想的学习者、实践者、传播者。他把先进的魏书生教育思想引进英才。

在英才学校，吴献新校长首先对学生进行励志教育。他经常在学生中做励志中学生报告会。教育学生学会自我激励、珍惜年少时光、在书包里放一本伟人传记、给自己设计一条座右铭、在班级确立赶超的目标。他教育学生多寻找向上、向善、美好的东西，多从别人身上吸取优点，不和不如自己的人相比，不看过去看将来。学习做人、学习知识、努力提高自身的素质。他还要求教师们探索省时高效的英才教学模式，注重培养学生的自学能力和自我管理能力。

吴校长还巧妙利用"演讲比赛"对学生进行励志教育。在他的倡导下，贾凤淑副校长曾多次组织学生演讲和教师演讲比赛。2004年冬季的一场题为"学习是享受"的演讲比赛令会场掌声雷动，气氛空前热烈，与教室外的冬雪飘扬形成了鲜明的对比。全场数百名师生都被台上精彩的演讲所吸引、所折服，演讲比赛取得圆满成功。这样的励志教育充分体现了以吴献新校长为首的领导集体制定的"以学生为本，以学生的发展为本，以学生的终身发展为本"的育人宗旨。坚定了"没有教不好的学生"的信念，确立了"英才无差生"的教育目标。

吴献新校长还经常给英才教职工做报告会和教师业务培训。在报告会上他风趣地说："听我的报告是你们的福分，我在马来西亚做报告是要收费的，而且门票价格不菲。"在进行教师业务培训的时候，他亲自为全体教师讲解示范课。2004年11月19日，他用魏书生"三段六步"教学模式讲了朱自清先生的散文《春》。吴校长的这堂示范讲解课紧中有松，松中有紧，充满智慧，而且注重培养学生的时间观念，限定学生在规定的时间内通过自学完成学习任务。在教学过程中，他始终以"写作要抓住事物的特征"为主线，让学生通过自学体会，而不是形而上学。这种分层次教学法，极其注重对学生养成教育的培养，也是魏书生教育思想的精髓所在。

吴献新校长在学校定期进行优质课评比活动，作为对魏书生“三段六步”教学模式的检验。在魏书生教育理念的指导下，英才学校的教学水平不断提高。

德育教育进英才

“要先学会做人，再学会做学问。”做人是人生的根基，德育教育是做人的根基。

洋思中学是江苏省德育先进学校。吴献新校长为了把先进的德育教育引进英才学校，组织了一个由英才骨干教师组成的考察团到江苏洋思进行考察调研。经过考察学习，吴校长利用教研活动时间，向全体教师介绍了洋思中学的成功之路。他面向全体教师提出了今后学习的方向：前瞻的教育理念；对学生成功的教育思想；管理务实、精细、高度统一，体现在每个教师的教学实践；没有教不好的学生，让每位学生家长满意；领导以身作则，教师密切配合；如何利用自习；四清：堂堂清、日日清、周周清、月月清；从入学第一天抓起，从学生最后一名抓起。

那一年的五一劳动节，学校利用假期，对学生进行孝亲教育，一张张“孝心作业卡”发放到每一个学生的手里。假期结束返校后，全校768名学生按时交回了孝心作业反馈卡，每位家长都在家长评语一栏里做了认真而客观的评价。学生家长普遍对孩子的假期表现非常满意，显示出了家长对学校在思想品德教育上的认可。

在吴校长的倡导下，孝亲行动在英才校园广泛开展起来。曾经有一位来送孩子的家长，为孩子和她分手时，孩子的一句“妈妈再见”而激动得热泪盈眶。

英才德育教育成绩卓越，吴献新校长也声名远扬。他参加了山西太原举行的首届“德育报”杯走进教育家魏书生全国优秀德育工作者评选活动。他作为全国评选出一等奖的十二名教师中的一名，获得德育报的奖金1000元，他还应邀为大会做了专题德育经验介绍。

确立英才精神

吴献新校长在2004年9月6日的开学典礼上，总结了一年以来的经验和不足，对全体教职工提出了几点希望：一要内强素质，在创建学习型组织的过程中做一个具有学习优势的人；二要外树形象，完善规范管理制度，按工作流程办事；三要坚信只有差距，没有差生；四要争做新课程标准的排头兵；五要像爱自己的孩子一样爱学生；六要像对待客人一样对待家长。同时，吴献新对英才师生提出了希望，他希望所有的英才人能够学会“苦中求乐，失中求得”，希望他们能够学会“敬天爱人，超越自我”。这两个希望即是英才精神的前身。

同年10月25日晚，英才学校全体教职工齐聚一堂，开展“走进魏书生”的教研活动。吴献新带领大家学习了教育改革家魏书生的文章《守住心灵宁静，建设精神乐园》，他结合英才实际讲解了如何学习魏书生，要求学习魏书生怎样做人，要达到无我的境界。吴校长利用教研活动，排除了部分教师思想上的郁结，为英才新形势下的教改指明了方向。吴校长在要求学习魏书生的同时，要求老师们发扬“英才精神”：苦中求乐，失中求得，敬天爱人，超越自我。这是吴校长在这一次教研活动中首次阐明英才精神。

丰富文体活动　丰富校园生活

在吴献新校长的英明领导下，政教处组织了很多项有意义的学生文体活动。诸如书法比赛、文艺晚会、作文竞赛等；学雷锋活动、无声餐厅；7 月 22 日组织的一系列评优活动(包括优秀学生、优秀学生干部、进步学生、九大标兵等)、三管住、四弯腰、六节约活动等。这些活动不仅活跃了校园气氛，丰富了学生生活，而且在潜移默化地促进学生形成各种良好行为习惯的同时，促进了学生学习的积极性。

2004 年 3 月 28 日，教务处组织了英才学校校标诠释作品赛，全校师生踊跃投稿，表现出极大的热情，吴献新校长也积极参加了这次活动，并且获得特别奖。他设计的英才校标由“英才”两个字的汉语拼音首字母 Y(红色)和 C(蓝色)组成。其意为，红与日月齐辉，蓝与水天一色，寓意着生生不息，学海无涯。Y 与 C 结合，红与蓝搭配，似弄潮儿在涛头搏击风浪，似英才人在知识的海洋奋勇争先。

从此，吴校长设计的由 YC 组合而成的图案成为唐山英才学校的标志。从那一刻起英才校标正式诞生。

吴献新校长还用丰富的文娱活动丰富校园生活，调动老师和学生的积极性，增强领导班子和班级凝聚力。他经常与师生同乐，号召组织有意义的体育活动。在吴校长倡导下，学校举办了体育节，利用学生大课间把学生聚集在操场上，开展丰富多彩的体育活动。活动内容广泛、形式多样，有投掷实心球、颠球大赛、象棋擂台赛、乒乓球比赛等个人项目，也有两人三足、拔河比赛、八字接力等团体项目，其中团体节目培养了学生的班集体凝聚力，激发了学生的体育兴趣。

在学生中组织“大摆臂”训练，由体育老师指导，班主任监督。每天早起跑操，学生们行动规范，步调一致，统一的落脚点形成一曲无伴奏音乐，成为英才校园早晨的一道亮丽风景。那一年市县教育局领导来校视察工作，我校学生为领导们展示了大摆臂风姿。英才学生令参观领导赞叹：在一个县城学校竟会有如此精神风貌的学生队伍，简直太令人难以置信了！

吴献新校长还经常组织教师进行篮球比赛，他本人积极参加，篮球场上经常见到他矫捷的身影。英才教职工队和外校专业队的一次篮球比赛中，在老师的同心协力和互相鼓励下，教职工队打败了专业组。那是一个激动人心的时刻，老师们不由自主地紧紧拥抱。通过这种活动，英才师生间建立了一种互相协作、互相尊重的精神，这就是——体育精神。吴校长常说：“通过体育精神，用老师来感染孩子们，同时孩子也感染老师。”

这种体育精神也让老师明白了：一个具有较强凝聚力的班级，才会有力地促进学生德、智、体、美、劳各方面全面发展。这种体育精神让学生认识到了在运动场上只有顽强拼搏、积极进取、与他人团结合作才能取得胜利。使学生真正体会到，只有把这种精神运用到我们的现实生活中、运用到我们的班集体建设中，班集体才有凝聚力。

苦心经营，硕果累累

吴献新校长大胆启用有能力、有水平的普通教师出身的赵百乐和柴立国充实到领导班子队伍中，与具有多年管理经验的贾凤淑副校长一起，形成了一个老中青结合、稳固、实力雄厚、强有力的领导集体。他用铁的制度打造领导班子，中层领导每周一例会，总结过去一周的经验和不足，部署下一周的工作安排，计划要严格到一周要落实几件实事，每一天做哪件具体事。

吴献新校长用他的智慧和人格魅力凝聚了一个坚不可摧的领导集体。德育和教学都取得了喜人成绩：2005 年 7 月，英才学校初中九年级毕业生第一次中考获全县第一名，73 人参加中考，考入一中公助生 37 人，达到 50% 的重点中学升学率。

在吴献新校长任职不到三年的时间里，经过反复论证和探索实践，为英才学校确立以魏书生教育思想为理念的办学指导原则；制定了“五年基础创特色，八年发展上台阶，十年建成唐山一流、河北前列”的名校发展战略，确立了三大办学特色：办学为社会服务、领导为教师服务、教师为学生和家长服务的特色服务模式；“三段六步”特色教学模式；养成教育的特色育人模式；确立学生“头正身直，臂开足安”的八字听课习惯；确立“苦中求乐，失中求得，敬天爱人，超越自我”的英才精神。

吴献新，一个新时代的改革者，对于英才的发展和创新起到了举足轻重的作用。天道酬勤，辛勤的汗水浇开了绚丽的花朵。吴献新的宽厚美德、敬业风范，已经成为英才人学习的典范；“苦中求乐，失中求得，敬天爱人，超越自我”的英才精神，已经成为永远激励英才人努力进取的精神动力。

不积跬步，无以至千里

——记英才学校第三任校长鲁福胜

人物简介：鲁福胜，1969 年 12 月出生，汉族，本科学历，中共党员，中学高级教师，唐山英才学校第三任校长，兼任滦南县教育局初中教研室副主任。

他于 1989 年 8 月参加工作，因工作业绩突出，先后担任班主任、学科组长、年级组长、教导主任、副校长等职务。

2000 年 8 月，调入滦南县南套中学任校长。在南套中学的 6 年期间，他辛勤工作，勇于探索创新，自 2002 年起，南套中学在滦南县教育督导评估中，连续被评定为规范化学校、学校管理、德育工作、教学质量星级学校，被滦南县政府授予文明单位、思想政治工作先进单位等称号。

在教育教学管理中，他制定并确立了“团结协作，发挥智力性因素；系统工作，进行创造性劳动”的工作模式，取得了骄人的成绩。学校中考成绩年年上台阶，从 2003 年起稳居全县前 5 名，并于 2005 年、2006 年连续两年中考成绩位居全县同类学校第一名，确立了南套中学在滦南县初级中学中的领先地位。

其多次受到表彰：2002 年，市政府记二等功一次；2005 年，被评为唐山市优秀教师；2006 年，被授予滦南县劳动模范称号。

2006 年 8 月至 2009 年 1 月，担任唐山英才学校校长。

【座右铭：路是自己走出来的，机会是自己创造出来的。】

出生于 20 世纪 60 年代末的鲁福胜，2006 年已经确立了他在滦南教育界的地位。他有学历、有职称、有丰富工作和管理经验。在任南套中学校长的 6 年期间，他在教育教学管理中，制定并确立了“团结协作，发挥智力性因素，系统工作，进行创造性劳动”的工作模式；中考成绩从 2003 年起稳居全县前 5 名，2005 年、2006 年连续两年中考成绩位居全县同类学校第一名，使南套中学在滦南享有盛名。

2006 年 8 月至 2009 年 1 月，担任唐山英才学校第三任校长，兼任滦南县教育局初中教研室副主任。

业务精湛，人文管理

当晨曦微露，花儿尚在梦中，校园里早有了鲁福胜校长的身影。鲁校长细高的个子，戴一副眼镜，温文尔雅、和蔼可亲。他是一个以身作则、业务精湛、管理有方的校长。

鲁校长说："英才学校是民办学校，民办学校必须有自己的独特思路，要闯出一条属于自己的新路。"他要求教师敢于实践，敢于创新，有自己独特的教学思想，抛开照本宣科，教学中有独特见解。他要求大家按规范写教学计划、教案、工作总结、试卷分析。鲁校长精通业务，亲自指导老师们编制教学计划。从教学计划的特点、要求，学期教学计划的编写，单元教学计划的编写几个方面对编写计划的理论方法进行指导，并结合具体事例进行分析。鲁校长组织的这次教研活动，对老师们系统掌握理论知识是一个有力的指导，对教师们以后的教学工作开展起了助推作用。

学生最重要的需求是优质的教育。教学质量是立校之本，而教师是办好学校的主体。为实现学校可持续发展的目标，在教师队伍的建设上，鲁校长采取了面向全社会公开招聘和自己有计划培养相结合的方法，聚集了一批教育精英，实现了英才学校师资队伍的良性循环。

学校每位职工的婚丧嫁娶，董事长、鲁校长都会亲自到场；每位职工过生日，鲁校长都要利用学校的广播亲自为他们点歌。学校对每一位英才教师量才而用，帮助他们发挥能力、挖掘潜力。学校逐年提高教职员工待遇，还为全体教职员工解决了养老、医疗、失业、住房公积金等社会保障问题。

鲁福胜校长和蔼可亲的形象给英才员工留下了深刻的印象。2008 年 2 月 22 日是寒假后开学的第一天，清晨风雪交加，寒气逼人，寒风裹着雪花刮到脸上就像刀割一般。董事长刘建凯、校长鲁福胜率领着全体校领导顶着风雪，在校门口迎接一个个返回学校工作的教职工。他们的身影在寒冷的冬日为老师和员工带去了春天般的温暖。

鲁校长亲策亲为在学校开展学习传统文化活动

自从 2007 年 1 月 21 日，董事长为了让学生在耳濡目染、潜移默化中陶冶性情、开阔胸襟，迈向圣贤之道，向全校学生发出学习《弟子规》的号召以后，每次的《弟子规》学习活动鲁福胜校长都亲策亲为。在他的带领下，英才学校自上而下掀起学习传统文化的热潮，《弟子规》背诵比赛、诵读及解释测试等活动相应展开。

2008 年 3 月，学校组织了《幸福人生讲座》的学习分享会，鲁校长带领大家用舒缓的语速诵读《弟子规》以后，亲自与老师们分享学习体会。他结合自己的成长经历，用小故事的形式从孝道、礼敬等方面讲解了幸福的真谛。

2008年暑假，学校专门组织优秀教师赴安徽庐江县汤池镇庐江文化中心学习传统文化。开学以后，针对几位教师在庐江一行的心得体会及对幸福人生更深的理解，学校组织了激烈的讨论会。为了倡导学生们学习传统文化，更好地促进践行《弟子规》，在10月举行"孝亲尊师"演讲会，通过活动的开展，学生们不仅懂得了珍惜父母的那份不求回报的爱，也明白了老师那无私的奉献是多么值得敬仰，同时为自己以后的生活、学习、言行立下了标杆。他们要用成绩、要用实际行动回报这些关心、呵护他们成长的亲人与师长。

学习《弟子规》的热潮如火如荼，学校每周一次的《弟子规》分享活动在英才校园开展起来。这个活动充分表明校领导对于学习传统文化的重视和决心。学期末，学校文明之星、遵规守纪之星比比皆是，《弟子规》已经在潜移默化中达到了春雨般润物细无声的效果。

学习魏书生思想

2007年，学校在董事长和鲁校长的倡导下组建"魏书生研究室"。

为了更好地学习魏书生教育思想，我校同魏书生教育思想发源地盘锦市几所兄弟学校建立了良好关系。盘锦市实验中学、盘锦市一完中、盘锦市辽化小学和我们结成了联谊学校。鲁校长组织教师组成考察团赴辽宁盘锦参观考察，使中层领导班子开阔了眼界，更深刻地了解到自己工作中的不足，把考察学到的先进理念与经验，应用到实际工作中去，力争使我校的各项管理再上一个台阶。

10月24日晚，鲁校长为全校老师深入学习魏书生教育思想召开了教育教学工作会议。会上鲁校长做了题为"落实教学常规、规范教学行为、加强过程管理、实现教学目标"的报告。报告中提出："扎实、高效、系统、流畅"的工作方针，"系统工作、发挥治理性因素、团结协作进行创造性劳动"的工作思路，"落实、调整、完善工作计划的过程"的工作模式。对教师工作提出要求：一、确定工作思路、制订工作计划。二、有序开展工作、注重过程管理。三、发挥教师在教学过程中的主导作用。四、坚持教学反思和反馈制度。

10月28日、29日晚，我校全体教师齐聚一堂，共同收看了魏书生全国班主任座谈实况录像；11月11日，教务处组织全体教师在电化教室收看了全国著名教育家魏书生老师的讲课实况；11月25日晚，由政教处组织全体班主任"学习魏书生班级管理一招鲜交流会"，全体班主任笔答了"2006至2007学年度第一学期唐山英才学校班主任培训试卷"。随后由21名班主任轮流介绍班级管理一招鲜。会上班主任相互交流班级管理经验，因材施教的灵活新颖特点，体现了老师对学生的爱，展示了教师的责任感，渗透了魏书生老师民主和科学的思想。这次交流会给全体班主任老师上了一堂生动的教育课，成为他们今后工作的一个有力导向。

11月10日，全体教师在电化教室参加了魏书生教育理论宣讲报告会。第二天晚6时，全体教师在电化教室继续参加了魏书生教育理论宣讲报告会。由丁文权老师做了题为《认真学习魏书生教育管理思想，努力做好班级管理工作》的宣讲报告，鲁校长在会上做了讲话，对老师们提出三点要求：以人为本，强调自主；创造性工作，把“三段六步”教学法在传承的基础上创新；用心做事：“认真做事，只能把事情做对；用心做事，才能把事情做好”，并希望老师们牢记：学习魏书生教育理论思想，要活学活用，真正做到消化、吸收以及体现。魏书生教育思想在鲁福胜校长的诠释下，结合英才实际，在英才校园把魏书生思想达到“平民化”。

投身阳光体育

学校增设了几个乒乓球运动场地。鲁校长十分钟爱体育运动，尤其喜欢打乒乓球。11月9日晚，为期一个多星期的乒乓球比赛在学校餐厅内举行，鲁校长也加入其中，并在这次比赛中荣获季军。

2008年11月21日，唐山市阳光体育运动现场会在我县召开，我校作为此次活动的代表学校，接受了全体与会领导的检阅。下午3点，英才校园迎来了市县领导近百名尊贵的客人，他们观看了我校的特色阳光体育活动，青春靓丽韵律操加跳绳的双重技能、体能训练。小学各班的趣味大课间活动区域里，五年级的跳皮筋、朗诵《弟子规》，六年级的大跳绳、两人三足跑、体技大比拼，四年级的跳跳机器人，三年级的冲破火力网、踢沙包，都很好地凸显出我校“班班有特色，人人双爱好”的训练模式，恰到好处地见证了英才学校认真对唐山市教育局“一校一特色，一生双爱好”要求的落实成果。

唐山市人民政府高瑞华副市长惊叹地说：“没想到还有这样好的民办学校；没想到唐山英才这所民办学校办学这样规范；没想到英才学校的校园环境这么美；没想到这里的师生精神状态这样好。”唐山市教育局为我校颁发贡献奖，表彰我校为此次活动所作的贡献，同时也是对我校阳光体育运动开展情况的肯定。

明确目标，培育全面发展的学生

鲁福胜校长提倡“让家长了解学校，让学校知晓家长需求”，加强家校沟通和合作。每月召开一次家长委员会会议，让委员们协助学校管理，及时反馈来自家长方面的声音；为保证言路畅通，他在学校设立了校长信箱，把每大周的周六、周日设为学校开放日，完全对社会、家长开放，他们可以到学校参观，实地考察，可以听课、咨询，查看工作，近距离地感受英才、了解英才。

这种举措的施行加强了学校和家长的联系，让家长参与学校管理；学校结合家长意见，从根本上解决了学生的饮食、居住、安全等生活问题，解除了学生家长的后顾之忧，有力地促进了学校建设，进一步获得了社会各界和学生家长的理解、支持和信任。

鲁校长强调继续英才口号“对每一名学生负责，对每一名学生的一生负责”；我们的目标是：“英才毕业无差生！”要培养全面发展的素质人才。在搞好教学的同时，在英才大力开展以德育为中心的育人工程，让良好的德育环境对学生行为习惯的培养起到潜移默化的作用。以感性的形式把传统文化的精华渗透到校园的每个角落，创建知识性、艺术性为一体的英才特色校园文化。楼层的布置系列有序，教室布置规范新颖，宿舍布置温馨暖人……

鲁校长提倡把对学生的关爱体现在细微照顾上。新生入学，班主任要陪着吃一周的饭，上课时要先提问新入学的学生；低年级导育老师要有每位学生的情况记录，详细到每一个孩子夜间几点要小解、哪个孩子睡觉爱蹬被这些小事情上。老师们用不是母亲却胜似母亲的无私付出、细腻的母爱，温暖着学生的心灵。

魏书生老师的名言：“行为养成习惯，习惯形成品质，品质决定命运。”因此，从入学第一天抓起，从起始教育抓起，通过以点带面，由小到大，规范化、序列化的内容，使学生逐步养成良好的道德习惯、学习习惯、生活习惯。学校通过建立学生值周班、班级设立值日班长的制度，让学生参与校园管理。继续发扬“无声走廊”、“无声餐厅”、“三四六活动”。在学校开展演讲比赛，书法、朗诵培训活动。

这些活动的开展，在潜移默化地促进着学生养成良好的行为习惯，并在此基础上有效地促进了学生学习的进步。

秋的硕果

2006年暑期招生提前爆满，首次实现选择性录取新生；连年被评为滦南县学校思想政治工作先进单位、优秀少先大队、五四红旗团委、县运会精神文明代表队；唐山市中高层民办学校、唐山市民办教育工作先进单位、唐山市贯彻《学校卫生工作条例》先进学校、唐山市花园式单位、优秀民办非企业单位、督导评估先进学校、河北省民办教育明星学校等30项荣誉；九年级中考连年荣获冠军；2008年，我校被评为河北省园林式单位、“唐山市2007年度民办教育先进单位”……

英才三年的稳固和提高，鲁福胜校长作出了卓越贡献。在他任职期间的累累硕果，见证了他的不朽业绩，也见证了他的自信、坚韧和进取。他用自己的努力证实了自己，他用勤勉充实了自己，他用真诚感动了每个英才人。

三年来，他的业务精湛，使学校的管理更上一层楼，促进了英才的稳固和发展。然而，面对成绩，鲁福胜校长却谦虚地说：“这只是教育事业的启程，不积跬步无以至千里，未来的路还很遥远……”

化作春泥更护花

——记河北省唐山英才学校校长张中山

人物简介：张中山，男，汉族，1975 年 4 月 18 日出生，辽宁人，本科学历，中共党员。他 1997 年 8 月参加工作，2005 年 9 月破格晋升为中学高级教师，现为滦南县第八届、第九届政协委员，唐山市第九次党代会党代表。

张中山原在公办学校历任政教主任、副校长，后任县区教育局研训室副主任兼语文教研员，先后荣获“省级优秀教师”、“国家级创新型骨干教师”、“全国优秀语文教师”、“唐山市教育先进工作者”、“河北省优秀校长”等荣誉称号，荣任“河北省民办教育协会常务理事”。

社会兼职：《德育报》特邀编委、《德育报・家庭教育周刊》副主编、专家讲师团常务团长、和谐大讲堂教育导师、教育部人生科学学会魏书生教育思想研究中心河北省分中心主任。

2003 年 9 月，辽宁卫视对其“情感语文”教学法及治班之道进行了采访，专题片——“护花的春泥”于 2003 年 9 月 9 日在辽宁卫视“社会大观・阳光地带”栏目中播出。

2004 年 7 月，他应邀参加在长春举办的中国教育学会中学语文专业委员会举办的年会，并在大会上做中心发言——《情感语文教学为农村孩子健康成长服务》。

2009 年 7 月，在曹妃甸全国企业家论坛上做了题为《谁在和学校的教育拔河》的报告。

2009 年 12 月 10 日，“河北省第二期民办中学法制培训工作会议暨民办校长创新发展论坛”在石家庄召开，在会上做了题为《唐山英才学校发展的四个关键词》的报告。

2010 年 1 月 11 日，应吉林白山市教育局邀请，出席参加吉林白山市教育局组织的“传统文化与学校德育工作研修班”，于 1 月 12 日做了题为《为迷失的教育寻找家园》的报告。

2010 年 9 月 8 日，应中共邯郸市委宣传部、邯郸市文明办和邯郸市文广新局的邀请，赴邯郸参加了首届“弘扬中华传统文化，提高公民道德素质”公益论坛，做了题为《寻找教育的地平线》《自上而下力行“弟子规”》和《做个快乐的老师》三场报告。

2010 年 10 月 19 日至 20 日，全国培养中小学生良好行为习惯现场会在山东省枣庄市隆重召开，在会上做了题为《与书生老师同行，守住教育的根》的报告。

2011 年 1 月 7 日，在浙江温岭市实验小学，做了题为《关于行动德育的几点思考》的报告。

2011 年 4 月 18 日，在山西临汾汾西县第一小学，做了题为《开开心心做老师》的报告。

2011 年 8 月 13 日，赴秦皇岛耀华中学为教师及家长培训。

2011 年 10 月 14 日，参加山西太原“全国培养学生良好行为习惯现场会”，做经验介绍。

2011 年 12 月 26 日，参加河北省民办教育年会，在会上做经验介绍——《舍与得》。

在张中山校长的研究探索下，唐山英才学校形成了完整科学的“四大办学理念”：细节决定成败，学校无小事，事事关天的工作准则；向解放军学习，高执行力，深忠诚度，令行禁止的工作作风；弘扬国学文化，立君子品，做有德人的德育工作体系；践行书生思想，坚持民主科学理念、“三段六步”教学法的教学模式。

在张中山校长的努力工作下，唐山英才学校已成为魏书生教育思想实验校、践行《弟子规》示范校和全国家庭教育实验学校，获得了滦南县、唐山市、河北省等各类先进学校称号 60 多个，并于 2009 年被人力资源和社会保障部、教育部授予“全国教育系统先进集体”荣誉称号，学校党支部也被中共河北省唐山市滦南县委评为先进党支部，九年级中考连续七年获滦南县第一名。

【座右铭：学习工作是享受，乐在尽责助人中。】

如果人的一生，用岁月计量它的长度，用经历延展它的宽度，用积淀成就它的深度，用崇善渲染它的色度，那么人生该是多么灵动而多维。

——题记

唐山英才学校自 2001 年建校，至 2011 年二次创业，英才像浴火凤凰涅槃重生，经历了一个化茧成蝶的蜕变。学校面积从 60 亩扩大到 140 亩，学生人数由 2009 年的不到 1500 人上升到 2011 年暑假在校人数的 2300 人。学校面积的扩大、学生人数的猛增、学校各个方面又必须在平稳中求发展，学校管理的难度必然要上升一个层次，这对总领全局的校长是一个高难度挑战。

忘不了 2011 年那个特殊的暑假，英才正经历着蜕变前的阵痛。嘈杂的建筑声，纷乱的学校事务，英才所有人都处在焦灼的盼望中。张中山校长一个假期也没有正常休息一天，每天面对着巨大的工作量和心理压力。招生、招聘、开会……每天工作到半夜。难忘他高瞻远瞩、运筹帷幄，在机械轰鸣的嘈杂纷乱里梳理学校事务，保证学校正常运转的身影。

张中山校长是英才发展大潮中的砥柱中流，像屹立在黄河急流中的砥柱山一样，雄浑、伟岸。

张中山第一印象

“别人都说我四十三，实际上我才三十四。”唐山英才学校校长张中山曾经的一句口头禅着实令我记忆悠长。

初识校长张中山，源于一次随意间的百度搜索。那是一段《谁在和学校的教育拔河》的讲学视频，正是这段视频让我第一次领略了张校长出口成章、才思敏捷、字字珠玑的不凡口才；也正是这段视频，令我由衷地叹服他对教育、对生活、对人生独到的感悟和充满智慧的处世之道。

再次搜索“张中山”，一下子出现关于他的诸多链接——英才学校校长、《德育报》特邀编委、《德育报·家庭教育周刊》副主编、专家讲师团常务团长、和谐大讲堂教育导师、“情感语文”教学法的创建者……

拨开笼罩在他头上的七色光环，我好奇地进入他的博客探寻。他的散文，像一首首乐曲，旋律优美而委婉，是他用激情谱就的精彩乐章；他的朗诵，语音浑厚，字句铿锵，有他的气概和豪放。从中感受到他的博学、他的善教、他的历史和哲学的深厚积淀……从中感受他的教育，醇厚而隽永，如自然流露和娓娓道来，那么舒缓流畅，那么真实自然，像一幅厚重大气的国画，虽着墨不多却已描绘出斑斓的浓墨重彩……

我带着谜一样的心态走近张中山——他却是如此的普通。他个子不高，一副和蔼可亲的面容没有丝毫骄狂。他略微有点含胸的样子，如同随时准备负重。而他的深沉、内敛、博学、谦逊都在他的平静谦和里体现。他步伐矫健，扎实沉稳，一步一个脚印。连他走路的时候，都给人一种似在思忖、筹谋办学大计，务虚教育方针的样子。

说起张中山校长，我想还是应该从他的“情感语文”说起……

日与其徒上高山

每个父母都“望子成龙，望女成凤”，父母为了子女教育宁可倾其所有。其实，学校的所有老师无不更为关注孩子，关心他们的成长、关注他们的未来。可是无论家庭还是学校，都将考试成绩与学生的成长发展联系在一起，正所谓：教育围绕应试而转。为了提高学业成绩，孩子们有做不完的作业，使得他们不堪重负。孩子们的身体、智力、情绪、人格的健康发展着实令人担忧。

作为老师，已经习惯于惯性思维，以及随之而来的惯性反应动作：学生回答错了，老师纠正；学生犯错误了，老师批评；学生捣乱，老师惩罚。可是无论你怎样的苦口婆心，学生们依然是傲然睥睨。所谓言者谆谆，听者藐藐……

1997年，毕业于锦州师范大学的张中山回家乡任教。面对农村教育现状，他曾手里拿着一棵病了的秧苗思索，苦于自己理想与现实的纠结。

他就是从那时开始审视关于农村教育的种种弊端的。他怀揣着“农村教育的关键一定要关注学生的心理健康”这样一种理念，于是他决定从自己做起，从课余找学生谈心入手。他经常与学生探讨怎么上好语文课，询问学生到底喜欢什么样的课堂。于是，正如唐代著名文学家柳宗元所言，“日与其徒上高山，入深林，穷回溪，幽泉怪石，无远不到。到则披草而坐……”但他没有倾壶而醉，而是用丰富多彩的课外教学，带领学生体验文中意境和作者的创作背景，用高声朗读来领略作者的豪放情怀。

张中山致力于“情感语文”的探索和实践，于是荣誉和成绩接踵而来：2003年10月，他执写的《故乡》教案，被中国创造学会评为一等奖，该教案被收录在《辽宁省创新教案》一书，同时被中国创造学会评为全国创新教育研究骨干教师；12月，他被辽宁省锦州市教育局评为2003年度基础教育课程改革师资培训工作先进个人。

2004年5月，他的“情感语文教学实践与研究”在辽宁省语文年会上交流；7月，他应邀参加在长春举行的中国教育学会中学语文专业委员会举办的年会，会上做了《情感语文教学为农村孩子健康成长服务》的中心发言，该文章被刊载在《农村中学语文教育》第三期上，同时他被该学会授予全国农村优秀语文教师称号。

2005年3月17日，他被锦州市第十七中学邀请做示范课，并做了报告。

张中山用八年的探索与实践研究创立了自己的教学模式——情感语文教学。2005年9月，破格晋升为中学高级教师；他从2003年逐渐走向仕途，历任公办学校的政教主任、副校长，后任县区教育局研训室副主任兼语文教研员。当他的学生问他“学生”和“官”在他心中的分量孰重孰轻时，他说：“无论是当领导还是当教师，要看它对农村教育的价值，哪个价值大就选择哪个！”也是基于这个观念，2008年他为了实现自己的教育理想，毅然辞去令人羡慕的公职，只身投入到民办教育事业中来，成为唐山英才学校第四任校长兼党支部书记。

英才学校的理想校长

我国新教育改革的发起人朱永新在《新教育之梦》中这样写道：一个理想的校长应该是一个不断追求自己人生理想和办学理念、具有独特办学风格的校长，应该是一个能给教师创造一个辉煌的舞台、善于让每一个教师走向成功的校长……

张中山28岁就已经有了自己的“情感语文”教学模式，又历经了几年领导岗位的历练，他已经成为一个有着先进办学理念和独特办学风格的、站位很高的领导者。

当我们信步走进唐山英才学校，首先映入眼帘的是镌刻“孝悌、谨信、爱众、亲仁”八个大字的石碑，还有教学楼正面醒目的四个大字“见贤思齐”；当你进入教学楼，无论门厅正中整面墙壁的《弟子规》大型牌匾，还是楼道墙壁的魏书生格言，无不让你领略到丰富的校园文化建设，感受到它浓厚的文化品位；上至领导，下至老师、学生，彬彬有礼、谦恭礼让；无论是林荫小路、温馨广场、青青草地，还是古典园林，所见所闻，无不在散发着浓重的文化气息。当然，这些都离不开一个高素养深内涵的领导者——张中山校长。

透过七九班看教育的简单化

张中山校长爱孩子，喜欢做老师。他总会回忆起和孩子们在一起的幸福快乐时光。自从当了校长，他感觉离孩子们太远，感觉自己的思维不能和孩子们的想法同步。于是，他时常走到教职员工们当中，了解教师们的思想；他时常走到学生们当中，了解学生们的心声。他说："校长应该在老师们中间、应该在学生们中间，做他们的助手。"于是，作为校长的张中山做了七九班的辅导员。

校长因为整天忙于日常事务，没有过多的时间去给他的学生上课，所以他总是抓每天早晨的空儿，去他的班里看看；通常在黑板上留下几个字，既能以示提醒，又能给孩子们一点精神鼓舞。

班里有起得早的孩子，已经把课桌上的椅子全放了下来，整齐地摆放在课桌下。当孩子们逐渐进入教室，一个学生迟到，班主任张老师批评教育了他很长时间。可张校长认为张老师不如用更多的时间表扬一下那名早到的同学，因为他知道培养一个班主任，一定要用欣赏的眼光看待，而不要带着鉴赏的心态去指责和评判，要给他们一个独立发挥的平台，所以他当时什么也没说。他回到办公室写下这样的文字："张老师虽然年轻，没有太多的经验。但她热情，这就是做班主任最为基本的要素。每天晚上六点下班，但她都会陪孩子到九点多，直到孩子们就寝之后才走。对孩子们如此的眷顾，我想就没有什么做不好的。"

"缘分"是张中山校长给七九班学生上的第一节课，他只讲了这一个词。"为什么有这所学校？这是董事长公益与教育的缘分；我为什么来到英才？其实这就是我追求教育的缘分；同学们为什么来到英才？那是我们家长和我们自己追求成长的缘分……总之，大家走到一起就是缘分。人生最为重要的就是要惜缘，因为上天让我们做人就是难得的机缘，又让我们从茫茫人海中聚在一起更是难得，我们相聚于这个教室真是了不得的缘分。当然这一切都是缘分，包括我们呼吸的空气，包括我们的一草一木，包括我们周围的一切的一切。连我们所遇到的磨难和困苦都是我们最好的朋友，'磨砺'和'苦寒'都是我们必走的路程。因为它们告诉我们，我们一定会有宝剑之锋，一定会有梅花之香。"

这样的一堂课，在每个学生的学习生涯中是不可多得的，学生们不仅会理解拥有了难得的"缘分"，而且会延伸到一个词"珍惜"，珍惜校长给他们当辅导员的机会，爱护学校的一草一木，珍惜在英才学习的机会。

第二天早起，张中山校长用无声的语言给七九班学生上了极其生动的一堂课，主题依然只有两个字——“尊重”。每个年级的门口都有写着班主任、副班主任姓名的门牌，七九班门牌上这样写着：“班主任：张君；副班主任：于显富；辅导员：张中山校长。”校长看到后把它改为：“班主任：张君老师，副班主任：于显富老师，辅导员：张中山老师”。校长一个小小的改动，显示了校长对老师的人文关怀和人格尊重，自己俯身与老师平等的姿态，从而让老师和学生感觉到一种亲切和温暖。

身教重于言教，“尊重”是张校长在师生的心灵上构架起的平等交流的天平。多一些尊重，我们的校园就多一些美好。

如果教育简单到只有一个词、两个字，这样的功课学生当场就能吸收，而且会记忆终生。其实教育本身就需要简单化：简单就是一种平和，简单就是一种睿智，简单是一种艺术，简单是一种美丽。抛却功利性、应付性的表面文章，避免让那些形式的、外在的、功利性的东西削减了学生对知识的渴求和热爱。

为学生的幸福人生奠基

张中山校长说：“成功的教育不是带着学生走好一段路，而是让学生学会如何走好人生幸福路。”

学校教育虽只有短短的十几年，但担负的却是能够承载学生整个人生的教育。而“德”是做人的根基。做一个“有德人”是一个人最基本的人生价值。

张校长说：“德育是素质教育的灵魂。像人一样，缺少了盐，就失去了筋骨。但盐不能单独吃，必须溶解在菜肴中，这样才会让人乐于接受且主动摄取。于是德育就达到了‘润物细无声’的境界。”而这丰富的菜肴就是我们开展的丰富多彩的主题活动。

张校长如何在学校开展德育教育呢？他把“孝悌、谨信、爱众、亲仁”作为英才学校的校训，首先要做到这八个字，其次才是学习文化知识，并且在学校开展一天两次的“道德长跑”，早晨集中诵读《弟子规》接受心灵的洗礼，晚上写心灵日记，对照《弟子规》每日三省吾身。

“百行德为首，百善孝为先”。学生每个回家周的“孝心作业”是英才办学的一个亮点，也是张校长对于学生精神层面的一个关照。可以是跟父母说一句温馨的话，给父母端一杯热腾腾的茶，给父母洗一次脚、做一顿饭……

德育本身就是培养孩子生生不息的爱心，让每个孩子都具有一种责任感，从而打造一种高尚的精神境界。“孝心作业”更是爱的拓展和有利导向，激发孩子从爱父母开始，进而爱他人、爱社会、爱国家，让爱心在孩子身上能够由此得到延伸与拓展。

“孝心作业”不仅是帮助学生健康成长的感恩教育，也是英才德育教育的一个集中体现。

张中山校长还经常保持与教育大师对话，多次聘请德育专家张国宏和教育专家魏书生来校做德育专场报告，让老师和学生家长有机会和教育大师近距离交流，从而丰富教育管理经验。

2009年以来，张校长已经把自己的先进德育教育思想泽惠全国各地。3年时间，他在国内的唐山曹妃甸、河北石家庄、吉林白山、河北邯郸、河北永年、山东枣庄、浙江温岭、山西临汾等地做了多场报告，他那些凝练了英才学校的思想和他个人的教育经验的文章，不仅指导了本校的办学实践也为兄弟学校的教学提供了最真实的参考。

播撒爱的种子

爱的能力——这是身为一名教师最重要的能力和品质。

教师的爱，是用道德、理性、智慧、激情编织而成的。他们身上肩负着培养祖国栋梁的大任，所以不允许教育工作者平庸，不允许教育工作者惰情。这种爱往往以美为出发点，以美为归宿。张中山校长就是一位挖掘美、品味美、展现美的高手。正如他所说："如果想让学生成为天使，最为关键的就是老师们用一颗天使般的心对待学生。"

最美的发现在张校长纯净的心灵里。当他每天置身于孩子们中间，就像置身于耀眼灿烂的星河之中，在这片闪耀着七彩的星光里，他用天使般清澈明净的心灵观察，他用敏捷锐利的灵动感知，他从生活中的微小细节发现，去发现美、发现感动、发现向上的力量。

他习惯下晚自习后，到班级走一走。有一次，他发现一个小女孩正在桌子上贴一张字条。上面写着：考个好成绩。他以为女孩在默默地为自己加油，可是女孩的答案却出乎他的意料，她并不在这个班级考试，也不知道坐在这里的会是谁，但她愿意把最美好的祝福送给他(她)。

自此，张校长在他的日志里写到：我的心禁不住一颤，这是怎么样的一种爱啊！这种向上的力感染着我。我想一定也会感染那个坐在这里考试的同学。这不仅是一种感染，更会是一种传染，更一定是会有"爱"相互传递。

张中山校长把发现的美放在博客里，当然这个美会生发和延续，它会像一粒生命力极强的种子，在英才校园生根发芽，开出姹紫嫣红，芬芳校园、芳菲天涯……

人格魅力的光芒

"领导做不到的，老师可以不做；老师做不到的，学生可以不做；一切榜样领导先行，要领导先行，校长必须先行。"

子曰："其身正，不令而行；其身不正，虽令不从。"管理是一个下属效仿领导的过程。在校长的办公桌里收藏着两张罚款单，它们像一面镜子，时刻提醒他自省自律。学校有严格规定：开会时手机必须调至静音；下班要关掉所有电器。制度面前一律平等，校长违反了，即便所有人都能谅解，但是他自己决不能容许。他要让自己做到一个少犯错的人，做到一个坚持原则的人。

在每个学期的教师培训中，“廉洁从教”始终是主旋律，张校长带领全校教师用真、善、美来捍卫自己的高贵和尊严。如下是摘录张校长的一段博文：“原来总在焦虑，人家认为我不正常，两袖清风，很世俗，现在我感觉这很高贵。当世俗的商人和我说回扣的时候，我总在想这个世界的龌龊。其实他们并不是的，因为他们也在生存。于是我学会了轻轻地善意地拒绝，告诉他这个世界还有一分清澈。”这正是张校长真实生活的写照。当他每一次面对金钱物质的诱惑，他都用正直战胜邪恶，用清正廉洁捍卫了身为一名教育工作者的尊严。

张校长的自省自律让他的人格魅力散发出耀眼的光芒，他像一面旗帜，成为引领无数老师前行的风向标。所以每到开学，财务室里有老师主动上交的购物卡，总务处里堆放着家长送的海产品……提到这些，你兴许感到世俗，其实，这都是他们为人师表的体现，他们不愧为学生的表率。他们在用实际行动告诉家长，英才学校是一个清白世界。

校长爱书！读书、买书、订书、借书，书成为他生命中的一部分。当他有一天突然意识到一本好书或许可以改变一个人的命运，于是他马上付诸行动，采购5000元图书，赠给那些让他感动的学生、让他感动的家长和那些需要帮助的孩子们……

每一本赠书，张校长都会亲自题写赠言。予人玫瑰手留余香，他用爱心的温度去温暖每一颗幼小的心灵，陪伴他们度过寒冷的冬季，为他们奏响春的序曲。相信，一本好书会展现一个光明的世界；一本好书会影响孩子的整个人生。一次赠书便是赠者一次人格的闪耀。

教书育人，无私奉献。张校长将自己的心血无私地奉献给了自己钟爱的教育事业，家与学校是他两点一线的生活轨迹。在他的日历中没有休息日，他甚至生病发高烧也没有请过一天假，不管是法定假期还是双休日；不管风霜雨雪，还是严寒酷暑，他是一个与启明星为伍，与月亮结伴而行的人。晚上十一点以前从没有休息过，忙至后半夜是常事。他没有社交活动，校园是他被囚禁的天堂，他将自己所有的时间留给了学生，留给了工作。无法计量他每天工作的时间有多长，只知道他每天睡眠不足五小时。他说：“睡眠很重要，但睡得太多就是在浪费生命。”

张校长用他的默默言行诠释着他人生的价值，正如他所说的：“如果我不能鹰击长空，无法做到火树银花大放异彩，那么就让我做一颗流星吧。因为流星当它划过天际的时候，给人一个亮点；当它落地化为尘埃的时候，就去做护花的春泥。我将一路播撒希望的种子，让它未来的果实证明我曾经有过的存在。”

后　记

他的善良如澄净水面上的粼粼波光，捐资助学，赠阅书籍，仗义疏财，热衷于公益事业，始终恪守着“给予才是快乐”的信条。

他的谦和如云淡风轻日子里的明媚暖阳，他愿意和老师们并肩同行，他喜欢蹲下来和孩子们说话。

他有追求理想的执著，如浩瀚夜空下的点点繁星，是致力于完美教育的“教育黑客”。

他有行走人生实现自我的心灵智慧；他以独特的气质和流溢的才华，拥有无数粉丝和拥趸，但他从未迷失自己，永远的坚定、淡定、笃定，拥有一个透明的自我。

他像一本可以使人生光明的经典，在脑海，盘旋弥漫；他像一杯芳香醇正的陈年佳酿，在心口，吐露浓香……

俯首甘为孺子牛

——记唐山英才学校副校长杜建平

人物简介：杜建平，1952 年 9 月出生，中国共产党党员，经济师。

自 1975 年参加工作以来，先后工作于滦南县畜禽联合加工厂；滦南县肉联厂；羽绒制品厂；滦南县牧、工商总公司。自 2007 年来唐山英才学校工作至今。

工作期间先后担任滦南县财政局农税员；油盘庄公社团委副书记；滦南县团县委员；滦南县畜牧局、畜禽联合加工厂厂长；唐山牧业集团总经理；唐山英才学校副校长。

先后被授予滦南县青年标兵、劳动模范、优秀共产党员、唐山市共青团先进工作者等荣誉称号。

【座右铭：人生伟业的建立，不在能知，乃在能行。】

在英才学校，有这样一位众人一致啧啧称赞的领导。他并不伟岸，却在平凡的工作岗位上作出了不平凡的业绩；他并不张扬，却用自己扎实的工作作风默默奉献在最前线；他并没有什么豪言壮语，却时刻用自己的实际行动诠释着俯首甘为孺子牛的诺言。

他就是唐山英才学校的副校长——杜建平。他额头的皱纹像流水冲刷的沟壑，头顶上的头发也所剩不多，但是他目光依然炯炯，神情依然矍铄。他每天行色匆匆，用他的脚步把英才校园丈量。我们会经常在校园里见到他把手机贴在耳边，一边疾行一边接听电话的身影。白天很少在办公室里见到他，而晚上他办公室的灯却总是亮到很晚。

说起我第一次见到杜校长的情景，还有一段小故事呢。那还是我 2010 年第一次来学校报到的时候，学校围墙外面一群民工在挖沟埋管道。在这些人里面一个穿着深蓝色西装、白衬衫，额头有着深深皱纹的老人格外引人注目，虽然他在这群民工中俯身劳动的身影没什么两样，可是他的穿着和气度在人群里显得那么另类。我猜测：他一定是一个以身作则的包工头，或者他是一个身体力行的建筑公司经理？

在食堂吃饭时，我惊诧于在这儿也能见到他——那位皱纹深深，头发稀疏的老人。依然是蓝色西服、白色衬衣。他排队打饭，老师们都频频向他点头微笑。餐桌上，一碗热汤默默地放在他的面前，饭后有人无声地接过了他手里的餐盘。看到学生和老师们都对他如此敬重，难道他是学校的老师，还是……。回想第一次见到他的情景，一丝疑惑在心里存留。

我在公寓工作一段时间以后，一次去水房打水，在三个忙着通下水道的维修工里再次见到那个熟悉的身影。他还是初见时的那身衣服，正猫着腰伸手认真地给那个通下水道的师傅打下手。我看着眼前的景象，大脑再次高速运转，猜想这个老人的身份……。这时，他们简单的对话令我心头的迷惑又被渲染了一抹更加浓重的色彩。其中那位穿迷彩服的工人对一直站在一边观看的那个人说："快下手，也不是来看热闹的。"那个工人吭吭哧哧地说："等找副手套再干吧……""连杜校长都下手干了，你还等着戴手套?"我愕然，他是——杜校长?

我要去找陈文梅主任问个水落石出。当我把几次遇见神秘老人和水房对话告诉陈主任的时候，她哈哈大笑起来。她反问我："是不是你觉得杜校长就应该倒背着手指挥?"我无语，但是内心里对杜校长的崇敬却油然而生。我从陈文梅主任那儿得知杜校长那年已经59岁，在2007年来英才学校任主管后勤的副校长，在这之前曾是唐山牧业公司的总经理，注册经济师。看似精明干练的他也并非身体无恙，曾经做过心脏支架手术。他是一位永远以身作则，把工作放在首位的领导，就连爱人住院，做了胆囊切除手术，他都没有在医院陪过她一个整天……

杜校长多年的领导经历，让他始终保持着严谨认真的工作态度和一丝不苟的工作作风，但他却丝毫没有领导的架子。

杜校长经常一副严肃的表情，没想到他却是一位平易近人的领导。去年夏天一次回家周，我赶3路公交车去车站，出校门到3路站点有一段路程，需要步行十来分钟。那时学校东侧的马路拓宽，路面已经被翻开，我穿一双高跟鞋深一脚浅一脚地走着，炙热的太阳在头顶上无遮无拦……。一辆蓝色尼桑轿车突然停在我的旁边，随着车窗玻璃的下滑，我看清坐在副驾驶的是杜校长。"上车吧，带你一段。"真如同雪中送炭一样及时，天气虽然炎热，可心里却像吃了冰激凌一样清爽。

在学校，按杜校长的级别是有专车的，可是他早起上班和晚上回家总是和老师们一样乘坐校车。老师们都知道他从没有利用职务之便用公车为自己办过一次私事，可是有一次他竟然为一名普通教师破例了。

这是小学老师张洁给我讲的一个故事：那是2011年上学期在校的最后一天，老师们把工作总结做好、把教案补完，下午就可以回家了。可是这时张洁接到家里的紧急电话，镇里党组织对她进行例行家访，父亲限她必须赶在午饭以前回到家里。她知道父亲怕她着急，给她留了足够的坐车、倒车的时间。她去找学部领导请假，领导说把工作完成才可以走。这次镇领导到访是她入党以来的第一次家访，不能在镇领导面前食言、留给党组织一个不守信用的印象，可是校领导的任务也不能违背，纠结之下她埋头迅速赶那没有完成的工作。等她把工作完成的时候已经接近十一点了，如果坐班车回去，不用等车也得一个半小时，等她到家也已经过了午饭时间。思忖着时间，她就去找学部领导申请派车送她回家，可是领导说从来没有过这样的先例。无奈之下，她想到杜校长，就贸然给杜校长打了电话。当她把情况如实告诉杜校长的时候，杜校长果断地说："你直接去校门口等着，我马上给你找车。"最后张洁按时回到了家。

杜校长始终保持着勤勤恳恳，兢兢业业，甘于奉献的淳朴本色，用真诚和热情去感动和温暖着周围每一个人。

这是一个陈文梅主任讲述的故事：每当暑期，北方进入雨水频繁的季节，由于校园内路面全部硬化，如果某一处下水道堵塞，就会造成路面积水。在她任后勤主任期间的一个傍晚，突然下起雨来。她打伞到校园各处检查下水道，每到一处，下水道都畅通无阻，每个下水道口都有被清理的痕迹，没有一处被柴草或者食品包装袋堵塞。正在她疑惑间，看到前面一个穿着雨衣的模糊身影，这会是谁呢？当她走近才看清是杜校长，他已经先她一步检查并清理了校园里所有的下水道。

每次下暴雨，无论白天还是夜晚，杜校长都会亲自把140亩校园里的每一个下水道进行详细检查、排除隐患。每当进入烤火期，他会每天亲自过问教室和学生公寓的温度。每一次锅炉故障，他都亲自组织维修。每个大雪天，老师们自发出来扫雪，当然那个扫雪队伍里少不了杜校长。虽然大雪纷飞，寒风呼啸，杜校长忙碌的身影像一缕阳光，总能给教师的心中，注入光芒和温暖。

难忘那个全体教职工大会上，杜校长表扬在火灾中表现突出的教职工的情景。当我在台下听到我的名字时，我的脸瞬间火热。在那场救火中，充其量我只是一个表现积极的参与者而已，我所做的真是无足挂齿……

这是我亲历的故事：那是一个回家周返校日，大约下午一点多，办公室里老师们还没有到齐，杜校长突然出现在宣传部门口大声喊道："拿上灭火器，跟我去救火。"我和办公室的几个同事赶紧起身，有些懵懂地从门后拿起灭火器冲出教学楼。此时，杜校长一手拿一个灭火器已经跑到了餐厅那。他步履矫健，身形敏捷，我们在后面紧追，却怎么也没有赶上这位60多岁的老校长。教师公寓二楼从窗户冒着浓烟，在这紧急时刻，所有人都有些慌乱，唯有杜校长沉着冷静，一边打电话报警，一边有序指挥救火。当听到消防车的声音，他猛然想起门口施工被挖开的路面，他赶紧指挥一辆钩机过来填土埋沟……。由于杜校长指挥得当，用最短的时间扑灭了火，学校损失降到最小。

杜校长是救火现场最年长的一个，在救火中他的临危不乱、思维敏捷给所有人留下了深刻印象，他的表现让在场所有的人肃然起敬。他开会表彰救火英雄，唯独没有提到他自己。

维修组长张宝福曾经是县锅炉厂的工人，在那儿上班远远比当维修工工资高，做维修工不但要起早贪黑，还要受到很多误解。但是他说："我折服于杜校长的办事风格，就冲着杜校长，再苦再累我都没有怨言。"当然，作为后勤职工的张师傅对后勤校长最有发言权了，他对于2010年暑假的热力泵工程也最知情：那年暑假，随着孩子们放假离去的脚步，校园热力泵安装工程就紧锣密鼓地开展起来了。杜校长为了英才这个大家庭的温暖，把全部的精力都融入了英才的建设之中。他为了尽善尽美地完成此项工程，整个暑假没有休息过一天，他每天亲临现场监督安装；晚上，常常工人们已经下班离去了，他还在校园查看，躬身整理施工材料；有时刚刚回到家里，因为学校临时有事，他还要匆匆赶回来。白天他坚持盯现场，晚上加班加点办公，他办公室的灯光里总有他伏案办公的身影。临近学生开学，热力泵工程圆满结束了。当他看到孩子们有了冬暖夏凉的生活和学习环境，这才知足地微笑了。

学校的张启和师傅是学校的垃圾清理工，2006年就来学校上班，那时除了每月300元工资以外再没有其他待遇。自从杜校长来校主抓后勤工作以后，杜校长给他争取了和其他后勤员工一样不少的劳保待遇，工资也涨到了每月700元。张师傅的心里感激杜校长，是杜校长让他真正感受到了自己是一名真正的英才人。2009年，张师傅遭遇一场车祸，腿受伤，杜校长亲自到家看望，安慰他安心养伤，学校会一直给他留着这个工作岗位。张师傅默默无闻为学校做了许多工作，包括把自己的电动车义务给学校使用。他没有一句怨言，他说自己所做的一切都是对杜校长认可自己的一种回报。

在英才，杜建平校长算是一个长者，但是事无巨细、事必躬亲。自从2007年以来，每年学校都搞建设，经常会见到杜校长和工人们一起干活的情景。从2010年10月开始的高中部的建设中，杜校长投入太多精力……。尤其是2011年的夏天雨水特别多，给施工造成诸多不便，杜校长唯恐工程不能按时交工，影响学校正常运行计划。他每天面临着体力和心理的双重压力，不管烈日炎炎还是大雨倾盆，每天来来往往于各个建筑工地之间，经常亲自监督施工进程，晚上还要熬夜做第二天的工作计划。当我不经意从他的窗口路过时，对他时而凝神思考，时而埋头书写的印象久久难以忘怀。在整个工程进行期间，杜校长几乎没有睡过一晚安稳觉，直到2011年9月学校顺利开学，学生公寓正常入住，新教学楼传出琅琅书声，他才再一次微笑了。

学校扩建工程后期维护还没有结束，绿色种植、养殖基地又投入新的建设了。修路、盖厂房、建大棚……。杜校长从1978年参加工作以来，从没有做农活的经历，对于种植、养殖，60岁的他又开始了新的学习……

杜建平，自从我知道他是一位与众不同的领导起，就多次想实地采访，一直没有实现。在每次路过杜校长的窗前，我都会留意他今天是否在办公室，今天是否有一个采访机会。可是杜校长忙碌的身影总是让我却步，我告诫自己："别再占用他的时间了！"

丰富的人生阅历是一种财富。“生命对每个人只有一次，当你回首往事时，不因碌碌无为而羞耻，不因虚度年华而悔恨。”杜校长把学校工作当成了自己至高无上的事业追求，始终以忘我的精神投入到各项工作中，像一头躬耕不辍的老黄牛，用默默无闻的实际行动诠释着自己的无悔人生。

多么可亲可敬的杜校长啊！他自信、干练的身影；他奔波、劳碌的身影；他平凡、质朴的身影……所折射出来的，正是他对自己的严格要求，对事业的无比忠诚，对下属的无比关爱……

第二篇

矢志不渝　无私奉献

师爱如甘露，可以滋养心扉；师爱如阳光，可以照亮灰暗；师爱如风，可以吹开蓓蕾；师爱如花，芬芳校园，芬芳四季，芬芳天涯……

英才女强人

——记英才学校总务处主任张素芝

人物简介：张素芝，1975 年 8 月 28 日出生，大专学历。2001 年来英才工作至今。任教期间，一直于教学一线，从事班主任工作和教学管理工作，担任教学骨干，所教班级所任学科在各类考试中，成绩名列前茅。先后荣获县级优秀教师、优秀班主任、师德标兵、县级先进工作者、县政府嘉奖、县优质课一等奖、论文二等奖等荣誉称号。

【座右铭：认真做事　诚信做人】

2001 年，一个年轻人抱着一摞证书，来英才应聘。接待她的工作人员好奇地翻动着这些鲜艳夺目的红本本——优秀教师、学科带头人、优质课评比一等奖……。整个办公室的人都抬头打量眼前的这位年轻女士，不住地欷歔，难掩内心的惊诧……

不多时，一辆黑色轿车停在办公室门口，从车上下来一位戴眼镜的老者。经过简单地询问，老者随即给这位前来应聘的女士安排了一次试讲。试讲完毕，老者淡然地说："等通知吧！"女士担心试讲没有令评委满意，显然有些焦急地说："难道这还有什么定不下来的吗？其实一次试讲说明不了什么的，只有真正到课堂上讲课才知道是不是真的适合。你只要让我留下来，我可以先不要工资……"老者依然平静地说："学校有学校的规定，你先回去吧。"

这位老者就是英才学校德高望重的赵子慎校长。这个女士就是来自唐海的张素芝。她曾在老家做了六年半的民办教师，在职期间平均一年获得两个以上奖项。一位如此优秀的教师也难逃河北省"代课老师一刀切"的政策。她消沉地在家待了半年，当听说自己以前的一位同事在滦南一家私立学校教书时，就有了来英才应聘的念头。因为张素芝相信自己的实力远在那位同事之上，所以满怀信心前来应聘，结果却悻悻而归。

从滦南回去以后，自尊心极强的张素芝两天没有出门。丈夫安慰她："滦南教育局我有朋友，我给你找个人说说吧。”倔强的她说：“找人？丢人。凭我教书的实力，如果通过走后门让我当老师，我是不会去的！”丈夫知道她的脾气，就没再坚持。

时隔不久，学校打电话通知张素芝第二次试讲。她固执地回绝了。赵子慎老校长不舍失去这样一个优秀的人才，亲自给她打电话，她这才勉强来参加学校的第二次试讲。参加工作以后，赵子慎校长问她当初为什么执意不肯参加二次试讲时，她说第一次试讲没被录用已经伤害了自尊，为此她待在家里不愿见人。赵校长听后哈哈大笑，开玩笑说：“参加两到三次试讲是学校的规定。你是凭借实力上来的，不是走后门啊！”

要强的张素芝给赵校长留下了极其深刻的印象。

2002 年 8 月，学校从老校区搬到新校区，赵校长打算在五年级设两个班级，以前的两个老生班合并成一个班，58 个新生组成一个新班。这样分班明显不公平，但是老校长有他的个人打算，老生的行为习惯和对于学校纪律已经基本熟悉，新生的行为习惯还需规范和培养，这样更便于学生的管理。那时录取新生是非选择性的，不参加入学考试，报名就录取。学生无论从成绩到行为习惯都有很大差异，这对新生班的班主任具有极大的挑战性。赵校长找到张素芝老师谈心，让她带这个新生班。赵校长语重心长地对她说：“这个班非你莫属，别人根本带不了，我不相信别人具备这个能力。”张素芝清楚带这个班级的难度，但是还是心甘情愿地接受了赵校长的任命。

张素芝自从接手这个班级后，每天起早贪黑，出习题、补差生……尽管她费了九牛二虎之力，第一次月考两个班平均分还是整整相差了 15 分。她不服输不气馁，相信自己的努力一定会有所回报。在后来的月考中，两个班的平均分差距越来越小。那年期末正赶上县里抽考，有几年没搞过这样的抽测了，老师们都很紧张地备考。张素芝对赵校长说：“校长啊，你一定要告诉董事长做好考砸的心理准备。”老校长鼓励她：“一定能考好，我对你有信心，你不要有压力。”但是她还是不能轻松，毕竟这是对英才学生的一次成绩检验，成绩的好与坏有可能影响生源和学校的发展；成绩也是家长最关注的事，她担心如果考不出好成绩会令英才荣誉受损。

张素芝老师对于这次县里抽测拿出了“拼命三郎”的劲头，每天晚上辅导差生、选习题、刻板、油印、辅导做题……她的努力老师们都有目共睹，当时的教务主任曾大发感慨：“如果张素芝拿不了第一，那别人的成绩都是假的！”当考试结束，公布期末成绩的时候，五年级数学成绩位居全县第一名，张素芝的班级超出另一个班平均分两分多。

张素芝在英才的几年教学中，她所带班级的数学成绩多次在县统考中取得第一的名次；她多次被评为优秀教师、教师评定嘉奖、优质课评比一等奖。

张素芝兢兢业业的工作态度备受领导赏识。在英才工作几年间，她跟随董事长、各届校长走访参观了盘锦大洼、山西、江苏洋思等地。通过学习考察，增长了经验，开阔了视野，一个后备干部历练成熟。2009 年，她被提拔为学部主任。

张素芝任学部主任期间组织了学校的几项大型活动，充分显示了她的谈判能力和外交水平，同时也展现了她对待学生的热爱之心，也彰显出她对学校忠心耿耿的一颗赤子之心。

2011年5月学校购进了六辆校车，学生们为此欢欣鼓舞，“可以出去春游踏青了!”学校上至董事长下至教师、学生，他们共同研究春游去哪里玩。最后一致要求去天津航母主题公园一游，具体事宜由张素芝主任承办。她亲自去天津考察，和天津航母主体公园一方洽谈、交流参观具体要求和注意事项、协商门票团购价位等事宜。

张主任回校后制订出游计划，设计出游方案。她周密组织领队、落实每次出游学生人数、安排校车座次……全校师生1716人陆续分批参观了天津滨海航母主体公园。她先后跑了天津六次，第一次铺路，中间四次保驾护航，最后一次结算。历经半个月的时间，学校花费近二十万元完成了天津滨海之旅。通过这次游览参观使师生深入了解了现代国防科技的迅猛发展，既开阔了学生视野，又进行了爱祖国爱科学的爱国主义教育，也激发了学生奋发向上的学习热情。

每年的暑假学校都组织夏令营活动，2011年暑假也不例外。由张主任通过多次和北京夏令营组委会联系，经过多方商洽，又亲自去北京考察落实了学生住宿情况后正式签约。临去北京，她整整忙了两个通宵，整理出行方案，安排校车、领队……

2011年7月22日，参加以“爱科学”为主题夏令营的师生早起正式出发。张素芝主任作为总领队，肩负着为350名师生保驾护航的使命。

第一天到达北京，安排住宿时宾馆已满，部分学生被安排在高校学生宿舍里。因为七月正值北京最热的季节，学生宿舍里没有空调，洗浴也不方便。这与当初夏令营组委会的承诺相违背，张素芝主任马上把电话打给组委会负责人，以住宿安排与合同条款不符为由，提出改进住宿环境的要求，组委会很快就给解决了。第二天晚上，所有学生都住进了舒适的宾馆。第二天，她又发现伙食太差，再次与组委会协商，晚上伙食便得到改善，十个人一桌，而且多加了好几个菜。

7月25日，安排营员去登临八达岭长城，刚走到长城脚下，便下起了毛毛细雨，可孩子们依然游兴不减，既不能无功而返又不能让孩子们淋雨登临长城。张素芝又一次把电话拨给组委会，质问他们对于活动安排缺少预见性，北京的夏季本来说雨就是雨，为什么没有防范准备？不消一会儿工夫，组委会管理员就给学生们送来了雨披。孩子们穿着五颜六色的雨披顶着细雨兴高采烈地登临雨中长城。孩子们到达目的地时高声呐喊，俨然一群坚强无畏的勇士，他们欢快的声音在雄伟的长城上空久久回旋。

7月26日，是夏令营的最后一天，他们游览了美丽的颐和园，孩子们依然兴奋异常，可是张素芝主任愁眉紧锁，因为她还有一件心事未了——还有四个未参加此次活动的学生预交费用没有落实。她找到组委会一个教授，总结了活动的几点欠缺：“首先活动偏离爱科学的主题，学生以增长知识、开阔视野为目的，导游对于线路安排，景观介绍不到位；再就是伙食不好，虽有改进，老师们能理解，可是担心学生家长不理解，感觉出游不如意，没有安全感。”组委会领导人见她的说法有理有据，不得不怀着歉意说：“有什么要求只管提出，我们会尽量满足。”“我们此次报名参加活动的学生都是来自农村的孩子，每个家庭的经济来源都不易，有四个孩子因为生病不能参加，费用请您们尽量酌情退回。”最后四个学生的费用如数退回，张主任心头的一块石头落了地。下午一点她领队安全返回，又一次圆满完成了重大使命。

2011 年 7 月，一年一度的教职工聘任大会，张素芝被聘任为总务主任。张素芝主任是一个干练领导，她以校为家，处处为学校做打算。她自从当起了英才总管，她不仅严格清点了各个办公室的办公物品并做了详细记录，而且尝试申购改革，采用废旧物品以旧换新制度，提倡节约从一点一滴做起。

她是一个要强、有韧性的事业型人才，同时也是一个外刚内敛的人。从 2001 年来校至今，整整十年，英才的每寸土地都留下了她坚实的步伐，英才的每一次发展、每一次进步都有她辛勤的汗水和无悔的付出，在任何困难面前，她总是坚定而从容。

2011 年，爱人几次住院，她每次都是因为忙于工作而无暇陪伴。每次对她的采访她都巧妙地略去这一片段，从来没有把内心的荏弱展现在同事的面前。

下面这个故事是从纪海春老师的日记里摘录的：“张素芝的爱人已经在北京住院快两个月了，作为妻子的她真就不想回到爱人的身旁照顾一下、体贴一下、弥补一下吗？我想，她是很想的，但她没有回去，只是委托别人在医院照料。自己能做的也许只有几个简单的慰问电话，即使偶尔探望，也是在一天里匆匆地来匆匆地去。在办公区和老师们一起工作的日子里，她的手机偶然轻声响起，她总是怀着歉意对同事们说：‘爱人的电话，对不起我出去接一下。’隔着办公区厚厚的玻璃，我们不知道她和爱人说了些什么，只是在短短的几分钟后，当她再次推开办公区的玻璃门进来时，她的眼睛里已经浸满了泪花。同事们只有默默地把头低下，继续听着她那铿锵有力，有条不紊地部署着一项项工作、一个个计划。”

在张素芝主任的家里，在她女儿的案头张贴着一张警示语：不准给张主任打电话；不准到张主任办公室找她；不准干扰张主任工作；不准……。面对这张纸片，像在照一面镜子，映衬出的是张素芝对家人更多的愧疚。女儿上初中了，学习紧张，她很少为女儿做一顿饭，也没有为女儿洗过衣服，只是偶尔辅导女儿功课……。她一直感谢家人对她工作的支持，对家人的亏欠只有在夜深人静时深深地自责。

十年足迹，十年奋斗。十年英才历程，有汗水有收获，有幸福也有苦涩。张素芝主任一直把赵子慎老校长留给她的“六个一视同仁”作为规范自己行为的准则。她欣赏一句话：泡一杯茶，自己去品；闯一条路，自己去走；坎坷荆棘背后是你的幸福人生路。

餐厅“老爷子”

——记唐山英才学校餐厅主任肖树林

人物简介：肖树林，男，滦南人，1973至2000年，在本县商业局饮食服务公司工作，工作期间，担任过第三门市部主任、第四门市部主任，并荣获“县先进个人”三次。2002年至今，在唐山英才学校食堂工作，曾担任组长，现任餐饮部主任。

2010年，荣获“滦南县学校安全卫生工作先进工作者”荣誉称号。

【座右铭：让我们将事前的忧虑，换为事前的思考和计划吧！】

在唐山英才学校，餐厅主任肖树林算得上学校的“公众人物”，上至领导下至小学生，每个人每天至少有三次机会见到他，他的工作关系着学校2600名师生的一日三餐。餐厅人都亲昵地称呼他“老爷子”，可见他的下属对他的尊重和认可。

肖树林出生于20个世纪五十年代初期，今年已经61岁，自1973年就在县商业局饮食服务公司工作，任部门主任多年，2000年退居二线。同年3月，他经朋友介绍来学校餐厅工作，职位从滩长升至餐厅主任，手下人也从当初的几个人，发展到目前的四十多个人。

“身体瘦削，却似钢筋铁骨，舞刀勺，耍厨艺，不逊青年；脊背虽弓，却似磐石坚韧，搬菜筐，抬笼屉，不减当年；虽不善言辞，但在准备一日三餐的战斗中，却似沙场点兵的将军，一道道明确的指令，准确无误，有力铿锵。厨房内，二十余人紧张劳作，各司其职，井然有序，有条不紊，官兵难辨，闲人难寻；偶尔一句指令传来，寻声望去，却不见声源；唯见刀勺舞动，锅铲撞击，好不繁忙。”这是吴茂栋主任在一篇文章里对餐厅主任肖树林的描写，虽简短数语，却对他的外貌和工作以及餐厅一日的忙碌，描写得淋漓尽致。

很早就接到肖主任的采访任务，一直因为他工作忙而一再推迟。这次小学已经开始放暑假，我想他工作可能会清闲一些，所以找校办干事联系他预约采访时间，校办干事说每次通知学校领导开会就肖主任不好联系，手机不接，办公室电话也没人接，果真这次他们费尽周折才把电话打通，肖主任倒是爽快答应了采访的事，时间定在第二天上午。

第二天吃过早饭，我径直去餐厅找肖主任。一进门便目睹了一场锅碗瓢盆交响曲。二十来个人统一白色工作服，都在捋胳膊挽袖子忙碌着，真是“官兵难辨”，好不容易才搜寻到肖主任的身影。他胡须依然刮得透着青茬儿，脸上细微的汗顺着深深地皱纹被连成线，闪着晶莹的光泽，白色工作服袖子依旧挽到手臂处……

忙碌中，肖主任抬头看到我，歉意地微笑了一下。我说：“没事，我过会儿再过来。”

当我再去餐厅时，他撂下手中的活儿说：“去楼上待会吧。”

我一边爬着楼梯一边和肖主任说话：“这会儿闲在点了吧？”

他说：“哪有闲在的时候啊，只能忙里偷闲。”

肖主任的办公室位于餐厅二楼，整洁、简单，两把椅子，两张办公桌，靠墙放置一张单人床。

简单落座，采访步入程序，我简单介绍我的采访主题后，肖主任说：“从英才办学至今十年，我在餐厅工作了十年，工作每天如一，别提贡献，没出过差错（食物中毒事件），我就知足了。”

餐厅是学校的重要后勤保障部门，卫生和安全是首要工作。肖树林主任说：“餐厅严格按照食品卫生法的要求去做。从原料到成品保障三证齐全，米面、粮油都留样封存，一日三餐饭菜留样封存，餐具消毒严格记录。”

肖主任说话声音不高，表情也有点严肃，显然有些紧张，全然没有“舞刀勺，耍厨艺”的那股飒爽，脸上的细小汗珠更密集了，我说咱们只是随便聊聊，可以简单介绍餐厅的工作和管理……

这时推门而进的餐厅副主任邸国卫打破了冷场。他是个善于表达的年轻人，是肖主任一手提拔的餐厅负责人。我把话题指向小邸，他说起肖主任，这个小邸真是滔滔不绝。

邸国卫说：“餐厅工作人员都是来自农村的，文化水平相对低，对于他们的管

理难度很大，肖主任却有他的管理法宝——公平、公正，以理服人、以身作则。”

——肖主任家在距离学校三五里远的松树村，骑自行车几分钟就能到家，即便离家这么近，他每个月最多回去三两次。如此十年，家里大事小情他都甩手给了老伴，为此家里人都戏称他“甩手大掌柜”。

有一次，他正在餐厅忙碌，接到儿子打来的电话，说母亲身体不适，头晕、腿脚有点麻木不听使唤。肖主任对儿子说：“你带你妈去医院检查一下，我这儿很忙抽不出时间。”

经过医院检查确诊，老伴患了脑血栓，需要住院治疗。他听到这个消息有点蒙，本以为一点小病小灾，怎么……。他联想到那些因脑血栓而半身不遂的、目光呆滞、口齿不清的病人，一下子充满了对老伴的负疚，感觉对不起老伴，在一起生活了四十年没有陪她逛过一次商场，没有给她买过衣服，每当她添一件衣服自己还要唠叨半天……

他带着赎罪的心情在医院陪老伴了三天，老伴头晕症状已经消失，说话口齿也清楚了。医生说老伴是轻微脑血栓，因为治疗及时不会留下任何后遗症，住院一周就可以出院，以后要特别注意不能受累、不能生气，不然复发一次比一次严重。他听了医生的话心里一块石头落了地，随即学校的事情又占据整个身心，第二天他就回学校上班了。

——餐厅职工刘翠华负责饭菜留样工作，她工作认真，饭菜留样三餐不误。

6 月中旬，总务主任对餐厅的例行检查中，查出饭菜留样不全，负责人刘翠华被开了罚单。刘翠华找到肖主任，鼻涕一把泪一把地诉说自己的委屈：事情出在 6 月 14 日的停电问题上，因为临时电路故障，食堂不能正常做饭，只好从市场买来馒头，因为饭菜不多而没留样……

肖主任听着，猛然想起自己忽略了那天停电的细节。之后他又经过调查核实，确定刘翠华叙述翔实，专门召开部门会议，当众向她道歉。刘翠华心里的疙瘩解开了。

——去年冬天的一天，上班时间过了五分钟，职工宋卫玲还没有到岗，肖主任拨通宋卫玲电话询问原委，电话通了但是无人接听，他接连打了几个，还是无人接听。他神情紧张起来，随即拨通宋卫玲家里电话，家里只说按时上班了，他把拨通电话无人接听的情况告知宋卫玲家里，让他们赶快找她，找到马上回话。

家里这才从上班必经的路上找起，看到横躺在马路上的宋卫玲的自行车，这才知道她出了车祸，从路人口里得知她已经被送进了医院。家人马上赶到了医院，交押金，进行抢救。宋卫玲的家人很庆幸宋卫玲有这样一个负责任的领导，要不是肖主任查对及时，家人还一无所知，不知道事情的后果会怎样。

——餐厅这个团队是学校不享受寒暑假待遇的特殊团队，学校 2010 年暑假空调改造，2011 年暑假装修校舍，这个团队完成了公寓床铺拆装、搬迁，校园浇花除草等任务。在每一支忙碌的队伍里都有肖主任的身影……

衣橱翻新，喷漆这道工序谁都不愿意干，肖主任抢先换上旧衣服，戴上手套、口罩，戴上眼镜、拿起喷枪……。因为那次喷漆，头发上弄上了油漆，肖主任破例剃了一次光头，当了一个月“光头主任”。

肖主任就是这么一个以身作则的人，员工的事就当自己的事。他是一个认真的人，一个善于反思的人。他经常会针对餐厅具体情况召开部门会议，他总是先进行自我批评，检讨自己对于问题的责任。所以工作中没有拈轻怕重责任推诿现象，他们协调合作，形成了一个开拓进取、荣辱与共的团队。

肖主任对每一位职工都关爱有加，职工生病住院他总是第一个打电话问候，然后组织同事们去医院慰问，把亲人般的关爱送给病中需要慰安的职工。他用无声的行动为职工们做着表率，用无形的力量让他们团结成一个坚不可摧的整体。

“营养均衡，荤素搭配，花样翻新，精工细作……时时刻刻，他和他的团队挂在心间，调查研究，群策群力，力调众口；采购制度，保鲜措施，留样规定，检验标准……条条款款，他和他的团队反复修改，推陈出新，全面翔实，严谨明确……每个夜晚，忙碌了一天的工友们大都休息了，而他还在灯下与几个助手核算成本，反思工作，运筹明日的三餐……”

所以学校食堂被誉为：唐山市 A 级食堂，唐山市健康食堂，市级卫生达标餐厅，县级环境达标餐厅，县级先进餐饮单位，县级模范食堂……

正因为有了肖树林主任和他的这群员工，餐厅才有了今日的辉煌，他们是这些成绩的真正创造者。

采访肖主任的那天，他欠身从上衣兜里掏出一张有点湿漉漉的纸片递给我，是吴茂栋主任那篇《他和他的团队》的打印稿。

原来这个不善言辞的人，所有的辛苦，所有的无奈，一点点理解就足够消除所有的劳累和抱怨。我曾经听人说过，他经常把这张纸片装在贴身的衣袋里，有空闲的时候就拿出来看看。如今眼见为实，回忆起他从衣袋里摸出纸片的镜头，所有的不解一下子有了答案。

历经十年，肖树林主任工作依然，情怀依旧，十年如一。用吴主任的话说：他脸上皱纹多了几条，头上白发增了几缕。人愈加瘦了，腰更弯了。但“三个确保”的信念始终不变：确保开饭时间，确保饮食安全，确保饭菜质量。老伴生病住院无暇顾及，孙子本校读书无暇过问，他心中只装有他的责任。

校园常青树

——记英才学校校办主任贾凤淑

人物简介：贾凤淑，女，中学政治高级教师。

2002 年 8 月至 2009 年 9 月在唐山英才学校任职期间，任教过初中历史课、政治课，被聘唐山英才学校政教处主任、唐山英才学校副校长。主抓过学校德育工作、后勤工作、学校办公室等工作。

2011 年 10 月返校工作，负责筹建学校综合档案室，现任学校工会主席兼校长办公室主任。

【座右铭：人生伟业的建立，不在能知，乃在能行。】

她是滦南教育战线上的一名老兵。近四十年来，她在自己热爱的教育岗位上，始终身体力行、务实工作，踏实忙碌的身影一直跃动在教育的最前线。

她从意气风发的壮年到如今的花甲之年，对待教育的热情和对待工作的激情丝毫没有减淡，依然是老骥伏枥奉智慧，呕心沥血洒余热。

她就是在英才当了六年副校长的贾凤淑，今年六十岁，是教育战线上出了名的“常青树”。她从 2002 年来英才任教，九年时间见证了英才从蹒跚学步到发展壮大的一步步艰辛历程，展现出英雄暮年壮心不已的豪迈，也透射出一个教育人对教育事业的绝对忠诚。

贾凤淑毕业于北京师范大学哲学系，曾任滦南县一中政教处主任、办公室主任之职。她结合教育教学工作实际，撰写多篇论文发表在省市国家级报刊上；任副主编编辑出版发行了《思想政治与国情教育》《新时期宣传思想工作概论》《社会主义市场经济学》等论著，获唐山市科研成果一等奖；连续多年，被评为滦南县先进工作者、师德标兵、优秀共产党员、育人标兵，并荣获唐山市规范教育先进工作者、唐山市优秀教师称号；主持河北省教育科学规划立项课题《对班干部值周组换制班级管理模式的研究》，取得了很好的教育效益。

贾凤淑 2002 年退居二线后，来英才学校发挥余热。她先后任政教主任、办公室主任和副校长等职。2011 年，本来可以颐养天年的她，受董事长之约再度出山，组建档案馆，任档案馆馆长一职并兼任办公室副主任，2012年再担重任——任校长办公室主任兼工会主席。

艰苦奋斗，一心为校

出生于20世纪50年代的人都具有吃苦的精神，贾凤淑更不例外。2002年，刚刚搬入新校区的英才还处于百废待兴时期，点点滴滴的细节都需要完备。

2003年2月15日，学校正式聘用贾凤淑为政教处主任，她遵循赵子慎校长的办学思想，组织了英才第一个阶段的校园文化建设。校园文化是一个不断建设、提高的整体工程，是学校综合办学水平的重要体现，也是学校个性魅力与办学特色的体现。贾凤淑为了给学校节省资金，没有花费一分钱，“废物利用”创建了英才最初的校园文化。

贾凤淑首先向“电脑”学习，寻找设计创意；然后她翻遍了学校的图书室、仓库，从里面找出老师们用过的或不用的“教学挂图”图片；组织发动老师们自己动手分类组合，制作展板张贴于教学楼各个楼层的楼道墙壁上。2003年，唐山市民办教育交流会在我校召开，与会的省社会力量办学会长和市县教育界人士视察英才教学楼道文化时，都给予了高度赞赏。英才校园文化被滦南县教育局局长刘占国誉为“滦南县校园文化的旗帜”。之后，县教育局多次组织各校校长来英才参观校园文化。

2003年11月，学校正式聘用吴献新任英才校长，贾凤淑任德育副校长。2004年暑假，在吴献新校长的倡导下，开始了第二个阶段的校园文化建设。为此，贾凤淑专门买了几本书，利用一个假期的时间广泛搜集资料，制定出周密方案。无论是文字还是图片，每一个细节都是她亲自整理定稿。她亲自跑广告公司监督展板的制作情况，每一块展板必须出具小样，经贾凤淑审核通过以后，再实施制作，确保了每一块展板都精确无误，尽量不为学校浪费一分钱。

第二阶段英才校园文化的建立，营造了教学楼楼道文化的系统化和层次化；学生公寓文化温馨化；教室文化个性化；英才校园的每一面墙壁“都向学生说话”的育人环境，达到了营造良好的育人氛围、提升学校的办学品位的目的。贾凤淑的工作得到董事长和吴献新校长的高度认可，得到社会各界来访参观人士的一致赞赏。校园文化成为英才学校的一大亮点。

真正的“爱与责任”

贾凤淑无论是任政教主任还是德育副校长，都真正体现了她的“爱”与“责任”。

贾凤淑自任政教主任起，就在赵子慎校长、吴献新校长和鲁福胜校长的领导下，遵循寓教于乐、寓教于活动中的育人原则，组织了很多项有意义的学生教育活动。诸如：智力竞赛、书法比赛、文艺联欢；“学雷锋”活动；“无声餐厅”、“轻声楼道”；“三管住，四弯腰，六节约”活动；暑假带领学生走出校门参加全国中学生爱科学夏令营活动……。这些活动既活跃、丰富了学生生活，而且把理论的德育说教转化成学生看得见摸得着的活动，在潜移默化的过程中培养了学生各种好行为、好习惯，同时也促进了学生学习的进步。

贾凤淑从一个女性细致、细心的角度，对学校的安全进行管理，真可谓是面面俱到。学校2003年第一次参加县运动会，她与班主任和体育老师进行周密的筹划和安排。为保障学生的安全，选择走乡间小路，她亲自先把路线探好，本着安全第一的原则，制定工作流程。她来回步行20里路，脚上磨出了血泡，为领队老师和学生做了表率。圆满完成县运动会工作，英才学校第一次向社会展现了英才学生的良好精神风貌。

她还极其关注学生的心理健康，教育女生学会矜持，自尊、自重。她组织若干期心理讲座：每年组织高年级女生和初中女生的《青春期女生生理卫生》专题讲座；组织初中生参加校会，主题是《如何正确处理男女生之间的关系和如何正确对待上网》。

贾凤淑的心里装着学生。一千多人的大学校难免有突发事件发生。有一年，因为一名学生不慎造成意外事故，她亲自带领学生连夜去往唐山就诊，挂号、检查忙活一夜，等到把学生和家属安顿好，她来不及休息片刻，第二天早晨趟着没膝的大雪赶回学校。

2007年的一天，公寓主任梁树彬半夜给贾凤淑校长打电话，一个学生得了急性喉炎，需要马上去医院。她赶忙起床，急得连袜子都没来得及穿就跑下楼，一边下楼一边联系校车，一时又找不到司机。她突然想到白天好像见过在家休假的曹雪峰，就摸黑去敲他家门，把曹雪峰喊起来开车把孩子送到京东医院。到了医院挂上急诊，医生说：“幸亏来得及时，如果晚到一会儿孩子可能就有生命危险。”

当学生家长凌晨三点赶到医院的时候，护士十分激动地对家长说：“孩子现在没事了，你们一定要感谢英才，如果不是送医院及时，孩子的性命就难保了。”家长对贾校长千恩万谢，握住她的双手久久不肯放开。

时隔不久，一个学生回家周返校日，班主任奚晓伟打电话说一个家长怒气冲冲地来找学校，说学生打架，老师在旁边见到了没管，而且家长要求一定向主管校长反映情况。

当家长推门进入副校长办公室的时候，家长阴翳的脸色十分难看，但家长在跟贾凤淑对视的一刹那，随即转变了表情。家长满脸堆笑：“贾校长是你呀，不认识我了吗，那天我家孩子得喉炎，是你送去的医院，那天多亏你了，我们一家都感激不尽呢。”贾凤淑热情地接待了前来投诉的家长。家长不好意思地说：“其实也没啥大事，就是一个学生说我家孩子跟另一个孩子打架老师看见了没管，孩子半夜生病校长都亲自送医院，贾校长管教下的老师看见学生打架怎能不管呢？没事了，没事了，我相信英才的老师都是负责任的好老师。”

一件家长跟老师的纠纷就这样迎刃而解。

一丝不苟做事，真真实实做人

2007 年，八年级班主任冯丽把收的一个学生的3000 元学费弄丢了。下早自习后她把装学费的包放在本班教室讲台桌斗里，带学生去餐厅吃饭，连续上完两节课后，拿起包到财务室交钱时，发现包里的钱不翼而飞。连续找了几天也没有着落，冯丽愁得几天不吃饭，同年级的老师们绞尽脑汁想办法，有的还找“神仙”算卦，但始终不见钱的去向。

贾凤淑校长知道后也寝食难安，如果钱找不到的话，责任就得冯丽老师自负，就需要她用自己两个月的工资来补偿。她下定决心破这个案，不仅仅为了冯丽，也为改正一个学生的不轨行为。

她通过深入的调查研究，掌握了冯丽老师把钱包放进桌斗后带学生去餐厅，教室的门没有锁，而是用锁把门挂上了这一细节后，断定这钱不是在上两节课的过程中丢的，肯定是在早饭后上课前这个时间段丢的。但冯老师调查早饭后最早回教室的几个学生，没有得到任何有价值的线索。之后，贾校长经过缜密分析，提醒冯丽，这个拿钱的学生座次应该是前一排的，肯定是趁他吃完饭但别的学生还在吃饭的当口儿，他第一个返回教室，拿走钱后又迅速离开了教室，等教室人多了时，他又回到教室的。

贾校长组织老师们在楼道值周的学生中寻找线索。很快从值周学生那里了解到一些有价值的情况。那天确实有一个穿着黑夹克的学生从教室出来，用锁把门搭上后匆匆离开了。但是没有看到正面。她得到这样一个线索后，马上发动老师们找这件黑色夹克。公寓主任说，冯丽班里一个男生确实穿过一件黑色夹克。破案的攻关环节开始了：上课了，贾校长走进这个班的教室，一言不发，在教室里巡视了两圈。她的目的已经不言而喻，因为学生们已经知道了班主任丢钱的事；她离开教室后，叮嘱在教室上课的历史老师刘秋红认真观察学生的动态尤其要关注第一排的男生。下课后，刘秋红找贾校长汇报，确实第一排一个男生在校长离开教室后，神色有点慌张，听课心不在焉；她又找那个提供线索的值周学生从教室外指认后，让冯丽把那个学生叫到她的办公室。

在办公室里，贾凤淑先问学生班主任对他好不好，学生点点头。她又告诉了学生班主任一个月的工资是多少，老师把学生钱丢了自己要用两个月的工资偿还，问这个学生愿不愿意帮老师把钱找到？学生点点头。她又说，我相信你会有办法帮助老师把钱找到的，你去找吧，老师相信你。

她远远地尾随这个学生径直走进公寓宿舍，看到学生从床垫深处把钱拿了出来，学生跪在地上哭了起来。她把学生扶起来，告诉这个学生，自己不会声张这件事，相信这样的事是第一次也是最后一次发生在你的身上，从今以后你依然是一个纯洁善良的好孩子，老师是信任你的。孩子感激得热泪盈眶。从那以后这个学生痛改前非，成为一个各方面都十分优秀的学生。

贾凤淑任职副校长期间，公寓是她的主管部门，梁树彬是他手下一个得力的助手。有一次一个学生体育课打篮球时不慎肩部软骨骨折，事故牵扯到梁树彬一件训斥学生的往事。

家长找到一个学生做目击证人。眼看梁树彬陷入一场官司里，面对他的还有处分和罚款，还有一个公寓主任打伤学生的罪名，还有英才学校受损的在社会各界的名望……。贾凤淑校长是一个秉公办事的人，不能容忍学校有体罚学生的现象存在，也不能容忍一个尽心尽力的公寓主任背上一个不明不白的罪责。孰是孰非？为了弄清事情的真相，她开始了这件事的调查走访工作。

贾凤淑首先从学生下手了解梁书彬。她首先了解到他也是一心为校。她知道每一位英才老师都肩负着沉甸甸的责任，一定把事情弄个水落石出，还梁树彬一个公道。

贾凤淑找到英才法律顾问汪丽君，对她说明自己的想法，汪律师劝她断了这个念头。她坚持己见，千方百计说服律师，汪丽君终于被她一心为了老师的诚心诚意所感动，跟着她走访了五位学生和家长取证。终于第五位学生的家长说出了实情：出事学生的家长几次找到那个学生，无奈答应做了伪证。

贾凤淑为公寓主任梁树彬洗清了不白之冤。

后　　记

贾凤淑主任一心为校，一心为了学生，一心为了老师……。求真务实、精益求精的细节在她的经历里其实还有很多。她一直都秉承着严谨的工作作风，在工作实践中一次次地证明着自己的价值。

已经60岁的贾凤淑现任校长办公室主任一职。校办每天面临繁杂的事务，对部门主任素质要求相对高，这个岗位正是对贾主任业务水平和工作能力的综合体现。在采访中，贾主任回首自己十年的英才历程，无限感慨：“为了英才，努力过，奋斗过，不言贡献，但求心地坦然；人生的价值，不在于职务的高低，而在于工作的质量！”

她从走上教育岗位的那一天开始，无论经历了什么，或顺境或逆流，或顶峰或低潮，贾凤淑都以平常心待之。她始终都保持着一颗快乐、洒脱的心态——淡泊名利、潜心工作。这是一种至高的人生智慧，也是一种质朴的处世之道。如今的她，依旧年轻，依旧活力四射，依旧充满动力。

躬耕不辍孺子牛

——记英才学校初中教务主任吴茂栋

人物简介：吴茂栋，男，汉族，1947年11月出生，中共党员，中学一级教师。2002年8月，应聘到唐山英才学校任中学数学教师。

2007年8月，任学校魏书生教育思想研究室主任。2011年8月至今，任九年级教务主任。

【座右铭：珍惜生命，挚爱工作。勤恳主动，踏实认真。】

吴茂栋，一位和蔼可亲的长辈，一位博学厚重的学者，一位兢兢业业的领导。他身材魁梧，散落着黑色老年斑的脸上总是挂着亲切的微笑。他来英才整整九年的光景，在2002至2005年，任初中数学教师；2007年8月，任魏书生思想研究室主任；2011年8月，兼任初中部九年级教务主任。

他曾经当了三年教务主任、七年校长

吴茂栋，生于1947年，今年已经65岁。他是农民的后代，有着中国劳动人民的淳朴本色，自幼丧父、饱经风霜的他养成了坚韧的性格。他从小勤奋刻苦，毕业于唐山开滦一中。1966年，刚刚毕业的他恰逢那个乌烟瘴气的政治动荡年代，一个重点中学的高材生被无情地淹没在“文化大革命”的浪潮里……

两年以后，吴茂栋回到农村老家，也许是命运的眷顾，他当上了一名初级中学的数学老师。有了这个工作，自幼不服输的性格让他下定决心：既然投身于教育，就一定把这个工作做好。

在工作中，吴茂栋凭着勤奋和刻苦，促使他的教学水平不断提高。1975年，调入高中任教，他任毕业班的班主任兼数学教学工作。1977年，恢复高考制度，他也曾跃跃欲试，但是看着自己一高一矮两个孩子以及年事已高的母亲，决然放弃了这个念头。他把全部精力都放在毕业班的教学上，那一年他所任教的班级的数学成绩在同类学校高考中排名第一。这样的成绩使他一直担任毕业班的教学兼班主任工作，一干就是十年，他在这十年里教过九届高中毕业班。

1981 至 1986 年，吴茂栋连续被评为县级先进工作者，在 1979 年被转为国办教师。1990 年暑假调入安各庄中学任教务主任，1993 年升任校长，其间多次获得优秀教师、优秀知识分子、劳动模范等光荣称号，于 2000 年 7 月退居二线。2002 年 8 月 24 日，受聘于唐山英才学校。

在英才重拾执鞭梦

2002 年，吴茂栋，这个做了三年教务主任、七年校长的人，在英才重拾执鞭梦，做了一名普普通通的数学老师。他怀着永不消退的教育热情投入到自己钟爱的教学中。他精心钻研，备课仔细充分，授课形象生动，能够充分调动学生的积极性，真正做到以学生为主体，教师为主导，把“教”和“学”有机结合，显著提高了课堂效率。

2004 年，英才学校开始接触魏书生教育思想，引进魏书生著名的“三段六步特色”教学模式，他积极参与教学研究，打破原有教学模式，拓宽自己的教学思路，在实践中不断创新。他所教的班级数学成绩明显提高，连续 3 年在优质课评比中获得奖项。

筹划魏书生思想研究室

2007 年 8 月，董事长、鲁福胜校长策划成立魏书生思想研究室。在董事长和校长的大力支持下，由吴茂栋牵头组建了魏书生教育思想研究室。研究室从筹划到成立，他为之付出了心血和汗水，做了大量工作。

他精心规划魏书生思想展室，设计并定做了墙上挂的展板、靠墙的展架、放置展牌和物品的展桌；他撰写、修改、完善展室文字资料；他收集、整理图片、照片，并且每年都充实和更新，逐步积累达到了目前展室水平。几年以来，这个展室接待了数以万计的各级领导、各地教育同仁、学生家长和社会各界人士。

他多次下盘锦取经，考察魏书生教育教学思想。他搜集几次参观采访的记录，整理出数十篇关于魏书生生平、经验、思想教学的文字资料。这些文献有的在网络广泛传播，有的在橱窗展示，有的运用于教学，也便于社会、家长、师生对魏书生教育教学思想的进一步了解和认识。

2007 年 10 月，魏书生思想研究室布置完成，研究室的工作步入正轨，并完全发挥它的职能作用。吴茂栋主持并主讲全体教师的业务培训，每两周一次，宣传魏书生“民主”、“科学”的教育思想，培训、指导教师们用魏书生的“三段六步”教学法开展教学。他积极地参与听课、评课、教学指导，定期组织优质课评比和开学初优秀教师的示范领路课，为快速提高广大教师，尤其是青年教师的教学水平作出了一定贡献。

更进一步在英才推广魏书生思想

2007 年 11 月 10 日，在学校电化教室召开了由全体教师参加的“魏书生教育理论宣讲”报告会，吴茂栋做了题为《学习书生教育思想，攻进课堂教学方法》的宣讲。他从如何改变教育理念，到“三段六步”教学模式的内容、特征、原则、理念及具体操作，结合几次盘锦之行，在魏书生思想教育发源地的几处学校的听课感受，以及本校教学现状，逐一分析讲解，深入浅出地进行了论述，台下教师受益匪浅。

12 月，学部组织了语、数、外三科优质课评比活动，参赛的 16 名教师充分展示了自己的教学风采，他们精心备课，精准把握重点、难点，在课堂上充分发挥了学生的主体性；灵活运用了魏书生先进教学法，并最大限度地发挥了电教媒体辅助教学的功能，使整个课堂围绕教学目标展开，收到良好的效果。这是魏书生先进教学思想的初步体现，是英才教改的一个良好开端。而这背后是与吴茂栋的辛勤指导分不开的。

12 月 24 日开始，学校进行全校优质课评比，分语文、数学、英语、综合几大学科，由全校教师共同参与，由学部主任、魏书生思想研究室成员和各科教师组成评委，按照一定的评分标准，当堂打分，这次活动调动了教师参与教改的积极性；一度在学校引起学习魏书生思想和“三段六步”教学法的高潮。而这一切离不开吴茂栋的默默付出。

在以后的几年里，吴茂栋一直致力于魏书生思想的研究和推广；坚持听课、评课。2009 年 12 月 14 日，学校研究室为全体教师进行了业务培训，他对全体教师做了题为《提高教学实效性，向四十五分钟要质量》的宣讲，给老师们留下了深刻的印象。“向四十五分钟要质量”、“向四十五分钟要效率”成为教师们致力研究的课题。

几年来，吴茂栋针对在听课中发现的问题以及教师在学习运用“三段六步”教学法中存在的疑惑，通过分析研究，参考各种资料，结合自己的感悟和见解写成学术论文，以网络平台小助手的形式传给老师们。个人撰写论文近 200 余篇，收集成册《教学观察与探讨》。这部论著，有力地指导了近几年英才教师的教学工作，促进了教师教学水平的提高，对教学质量和学生学习成绩的提高起了进一步的助推作用。

他为推动教师业务能力的提高，多次组织优秀教师做教学示范引领课、公开课；组织实施全校性岗位练兵评比活动，本着以老带新、以新促老，取长补短、共同提高的原则。老教师先讲，做示范引领，新教师做分组评比，层层选拔，经四级评比，评选出优胜者，通报并颁发奖品鼓励，大大调动了老师们钻研业务的积极性，使一大批青年教师快速成长起来。

躬耕不辍孺子牛

2011 年暑假以后，吴茂栋任初中部教务主任。在开学初的教师业务培训中，从

“怎么上好开学第一课”开始，到如何备课、如何写教案，细致到对于怎样的学生该怎样的管理……做了累积20多个小时的指导讲解。

吴茂栋主任是一个敢于碰硬、敢于较真的人，对于不正确的做法，他敢于指出，从不畏首畏尾。一次小学回家周，一个八年级数学老师被安排送校车，而这个老师有四节课，无奈之下，她去找吴主任调课。他了解事情原委以后，当时就拿着接校车安排表去了校长室，最后，这个老师送校车的安排被取消了。

吴茂栋是一个脚踏实地，对工作兢兢业业的人，无论在哪一个岗位，他都尽职尽责地完成领导交给的任务，对于英才的发展也起到了推动的作用。他作为教务主任，算得上业务精湛、轻车熟路了。他的工作绝不拖沓，就如他做的报告《向课堂四十五分钟要质量》一样，他也向他的工作时间要效率。19日，我对他进行采访时，他的办公桌上放着一个手写的“初中月考安排表”，那是月底才需要的东西，他已经提前十天定了出来。我在他办公室待的大约三十几分钟的时间里，他处理了几件事情，看了一次表，说了两句“就这个意思吧”。我站起身跟吴茂栋主任开玩笑：“您反复下逐客令，我不得不告辞了。”他微微一笑：“今天上级领导检查验收高中部，事挺多，不好意思。”他和我一起下楼，他匆忙的身影很快消失在楼道里。

勤于学习，善于研究成为他每天的必修课；敢于创新，务本求实是他的工作态度；团结协作，严格要求是他一贯作风；他严于律己，率先垂范，用他的无言行动做着学生和老师的表率；他在工作中和老师们坦诚相待，大胆探索，积极开展教研活动；灵活掌握巧妙运用魏书生的教学方法，突破固有的思维模式，创新求索，做好教研领头人。

吴主任说：“自己的工作是平凡的，心境是平静的，生活是充实的，每天做着自己喜欢的工作，每天都对得起自己所从事的——教育事业！”

吴茂栋，像一个躬耕不辍的老黄牛。在英才人的心里，是勤勤恳恳、埋头苦干的实干家，是耿直倔犟、忠于职守的典范！

在英才，落地生根

——唐山英才学校初中部德育主任李志军

人物简介：李志军，河北省唐山市滦南县人，1981 年 11 月 23 日出生，2004 年 6 月毕业于唐山师范学院教育技术学专业，本科学历。

2005 年 8 月 26 日来英才工作至今，现任初中部德育主任。先后被授予滦南县先进教学工作者、滦南县德育班级管理先进工作者奖等荣誉称号；先后获滦南县优质课评比一、二等奖，滦南县优秀教学设计三等奖。

【座右铭：只有一条路不能选择——那就是放弃的路；只有一条路不能拒绝——那就是成长的路。】

英才学校初中部德育主任李志军，敦实的身材，走路脚下生风；他五官端正，大耳垂轮，褐色的脸庞透着朴实和正气。从外表上看，你一定会觉得他是老成持重的干练领导。但是说起他的年龄，属鸡的，今年虚岁才 31 岁，他是一名真正年轻有为的部门领导。

李志军 2004 年毕业于唐山师范学院物理系。2005 年 8 月 25 日，受聘于唐山英才学校。那一年，因工作需要，他学理教文，担任七年级政治教学兼一个班的班主任。每当李志军主任说起那时的工作，依然会眉飞色舞。他那时年轻，对待工作有高度的热情和狂热的痴情。

那一年，一起应聘的有六十名新教师。李志军工作积极，在同行中有比、学、赶、帮、超的干劲；他备课仔细认真，每天总要加班到晚上十点以后才回去休息。那时的生活非常充实，他和学生一起吃一起住，晚上上厕所也要到学生宿舍看上几眼；他把班工作做得特别细致，因为量化严格，班级做卫生都是亲自带着学生做，教室里纤尘不染。他把自己班级卫生定位很高——参观的标准。

严爱统一的教育

李志军在学生管理中特别注重“严”、“爱”统一的教育。“严”并非苛刻、死板、固执己见，而是要从学生的根本利益出发，对学生的不良思想和行为倾向进行正确地教育和引导；“爱”也不是溺爱和娇宠，而是对学生学习和生活的关心，对学生思想的关注和用鼓励性的语言让学生充满自信，增强上进心；从而做到“严”中有爱，“爱”不失严，培养学生的荣誉感和责任感，使班级具有内在的凝聚力和亲和力，并能够确立班级和个人的奋斗目标，使集体和个体都能健康、向上、和谐的发展。

拉开李志军办公桌的抽屉，那是一个“花花绿绿的世界”——他珍藏的学生贺卡和信件。

——“两年了哈，第一次写信！说实话已经习惯了您的教诲，很有特点：摔手机，不用去办公室，直接学部。在县一中没有人再说我了，说实在的真有点不适应。谢谢您，如果没有当初您那么‘可怕’的批评，我想现在早已颓废到一定程度了……”这是李志军曾经教过的学生刘媚写给他的一封信。

刘媚是一个叛逆性很强的学生，时刻在挑战着班主任的权威。她的父母离异，父亲再婚。父亲几乎没有来学校看过她，她的上学费用都是姑姑支付。带零食、手机，组织团体闹事，样样少不了她。学校严格的制度对她形同虚设，正在李志军苦思冥想对她教育的切入点的时候，无意间发现了一件事。

晨会时，李志军发现刘媚趴在书桌上哭。他找刘媚要好的同学了解到真相，原来当天正是刘媚的生日，以前过生日都是奶奶操持，可是奶奶过世了，她感觉再也不会有人记得她的生日了，因此为思念过世的奶奶而伤心。李志军终于找到刘媚的软肋，一个貌似坚强的孩子，不是铁石心肠；她外表排斥亲人的关照，内心极其渴望亲情的温暖。随即李志军拨通刘媚父亲的电话，近似乞求地让她的父亲一定来给孩子过生日。

父亲准时来到学校，还特意为女儿定做了一个用奶油写着“祝女儿生日快乐”的大蛋糕。当刘媚见到这个完全出乎自己意料的情景，眼泪不自觉地顺着脸颊滴落下来……

经过李志军对刘媚的开导和劝慰，加之父亲来校看她的频率的增加，刘媚完全理解了父亲，所有对父亲的误解和偏见都消除了。孩子的心结打开了，所有的问题都迎刃而解。刘媚变成一个特别懂事的孩子，学习也用功了，中考以优异的成绩考入县一中。

——您曾经给我写的一句话：“坚持就是胜利，勇敢才能无畏，善良是完美人生的基石，未来一定更美好。”这句话我永远都会记得，它陪伴我走过了高一、高二。您还说过：“一定要多看看蓝天，这样的心灵才能更加的纯洁和宽广。”我会时常品味这句话，努力做一个单纯、快乐的女孩……

写这封信的孩子是李志军曾经教过的学生张丽娅。李志军说自己说过的话早就忘记了，没有想到学生还记得。实际上，很多时候老师的“严”与“爱”就是率先垂范，是一种无形力量的感染，是一种心灵的浸润。老师曾经一句无意的话，而他们却早已镌刻在了心里，而改变孩子的不仅仅是当下，改变的或许就是整个人生。

扎根英才，献身教育

2009年9月，李志军被聘任为八年级学部主任。那一年工作繁重，他既担着八年级学部的工作，还当了三个月八七班的班主任，同时还兼着九年级四个班的政治课。他经常会因为开会而临时调课，很多时候没有时间补课，多亏了九年级老师的理解和支持。那时，他没有时间在白天备课，每天晚上在其他老师下班以后留在办公室加班加点。那段时间，他办公室的灯几乎总是最后一个熄灭。

这一年，正是因为繁重的工作量，李志军的家人强迫他参加国办老师的招收考试，家人已经把外部关系做好了充分的铺垫。当他递交辞呈的时候，张中山校长、杜建平校长找他谈话。领导的重视，推心置腹的交谈，让他打消了离开的念头，默默收回辞呈，放弃了国办考试。从那一刻起，他被两位校长的人格魅力和敬业精神深深折服，在辞去公职的校长面前，他为自己有这样的念头而羞愧难当。从那一刻起，李志军已经立志扎根英才。

2011年7月，一年一度的教职工聘任大会，李志军被聘为初中部德育主任。正值学校的二次创业之际，学校扩建改建，学校事务繁多，李主任一个假期没有休息，他累得人整个瘦了一圈儿，工作得到领导的认可，但是跟爱人之间却种下了深深的矛盾。

肩头沉甸甸的是责任

2011年7月22日，学校组织的北京“2011年全国爱科学主体教育”夏令营，李志军作为带队领导参加。临行前，带队领导、教师和司机都与学校签订了责任状。到达北京的当天，爱人给他打电话，姥姥去世，要他马上返回参加葬礼。他果断地告诉爱人，回不去，他不能扔下三百多名学生不管。爱人生气挂断了他的电话。后来，他觉得自己失礼，想跟爱人解释，可是爱人赌气不接他的电话。他随即给岳父打电话说明自己的情况，希望岳父能够谅解，并请岳父代为向家人解释。

李志军主任在北京的第三天，又接到父亲的电话，家里一个叔叔去世。他怀着悲痛的心情再次向父亲解释，自己身上肩负的责任重大，请谅解不能回去之过……

学校组织的夏令营活动，是使学生增长知识、开阔视野，接受爱科学、爱祖国的教育的一次活动，而李志军主任却重责在肩——肩头是三百名学生的安全。他白天组织学生出游，晚上每个宿舍都要查看，直到看到每一个学生和老师都安全他这才放心去休息。

26日活动结束，全部师生安全返回。一下车，校门口站满了迎候的校领导和来接孩子的家长。尽管李主任归心似箭，想去给一直生气不接他电话的爱人去解释，但是他还是留了下来，亲自看着一个个学生安全被家长接走。董事长准备了丰盛的飨宴为领队教师接风，他必须替董事长挽留住一个个急于回家的领队老师。吃过饭，他这才迈着沉重的步子，怀着负疚的心情往家里走。一路上，他仍在思忖怎么给爱人解释……

李志军主任是一位热心肠，朋友多，路途广。爱人的妹妹在医院上班，有老师生病了，他说："找我小姨子。"他有朋友开手机店，有老师要买手机，他说："找我朋友去买，提我保准进价。"

李志军的"工作忙"成了口头禅，女儿都学会了。小姨子家请吃饭，请不到他。他上幼儿园的女儿会带着稚嫩的童音说："找我爸爸吃饭？他哪有空儿呀，他学校工作忙！"

学部领导轮流值夜班，三天一次，晚上要随学生住到学生公寓值班室。晚上女儿打电话："爸爸，我想你了，什么时候回家呀，我还等着睡觉呢。"李主任无语，每天回到家，女儿已经睡了，早起女儿还在睡梦中，他又要上班了。晚上十一点回到家，他见爱人还在玩电脑，关心地说："这么晚了，怎么还没睡？"爱人对他没好气："自从搬来英才住，十点以前睡过觉吗？"眼看自己一句话又要引起妻子的埋怨，他赶紧圆场："这足以说明，你已经融入英才的节奏了！"李主任对爱人是谅解的，她不善表白，却在背后一直默默支持自己的工作，承揽了所有家务。姥姥去世他没能参加葬礼这事一直令爱人纠结，相信时间会淡化妻子对他的误解。

心系英才

暑假了，朋友们约好一起出游，李志军不能赴约。好不容易朋友聚会请到他，席间有朋友问到英才学生收费的问题，自然他就会耐心细致地解答，有的朋友就会打趣他："是来吃饭还是来做招生广告的？"

李志军说："今天我在英才，我是一个招生点，明天或许我不在英才，我依然会是英才的招生点。是英才培养了我，是英才成就了我，我已经扎根英才，我的心是和英才在一起的！"

李志军在英才六年，一直在初中部工作，从2010年任九年部主任，中考取得了七连冠的好成绩，当人们纷纷对他投去赞扬的时候，李志军说："我没做什么，那都是老师们的付出，成绩永远属于他们！"

性格坚韧，语言质朴，这就是他——李志军。淳朴踏实，仿佛脚下的厚土；坚韧智慧，如同身后挺拔的大树；厚土托起了万物生长的希望，大树撑起一方蓝天，令万人瞩目。

有人说："把平凡的事做好就是不平凡，把简单的事做好就是不简单。"是的，李志军就是这样一位领导，在自己的岗位上辛勤耕耘，始终把事业和对学生的热爱放在第一位，虽没有惊天动地的壮举，却无时无刻不在打动着身边的每一个英才人。

凌寒梅花独自开

——记唐山英才学校学生公寓主任陈文梅

人物简介：陈文梅，女，1958年生于滦南，共产党员。自2008年8月来英才工作，先后任商店售货员、库管员，后任总务副主任、公寓主任等职。在校连续荣获优秀职工，优秀共产党员等光荣称号。

【座右铭：高调做事，低调做人，别人的快乐是我最大的快乐！】

每当看到公寓主任陈文梅，我不由得会想到王安石的诗句："墙角数枝梅，凌寒独自开。遥知不是雪，为有暗香来。"在寒冷的季节，风雪飘摇，只有梅花会傲雪微笑着绽放。

陈文梅就是一朵傲雪红梅。她原是县服装厂一名下岗职工，在那儿工作近三十年，从事管理工作十几年。在知天命之年，她克服自己年龄的障碍，直面人生的挫折和惨淡，勇担重责，在英才再次找到发挥余热的平台。2008年8月，她从英才一名商店职工干起，尽管岗位平凡，她依然一步一个脚印走过来。在2010年，她从商店职工提为库管员，四个月后提拔为后勤主任，一个月后任公寓主任。"隔行如隔山"，每一次调动对她来说都是一次挑战。

在英才学校，陈文梅主任是无人不知无人不晓的人物，大家都知道她是一位名副其实的"干将"。作为公寓主任的陈文梅是一位干练领导，她对待工作，泼洒了作为一名共产党员的满腹豪情：对党忠诚、对工作认真负责、对同事团结友爱、对学生给了他们无私的爱……

两段鲜为人知的故事

陈文梅在商店上班期间的两段花絮：一段是见义勇为，另一段是高风亮节。

那次因为电动车坏了，下班后，在学校食堂工作的丈夫李友明用摩托驮着她回家，走到纸厂门口，看见围了一大群人，一个小伙子躺在血泊里，在他不远处有一辆摔坏的摩托车。陈文梅让丈夫停下来，丈夫知道她爱管闲事，就极力阻止。她着急地朝丈夫大声喊："李友明，你不停下你就不是人!"她从摩托上下来赶紧打120求救，又打110报警，然后询问了受害者家属的电话号码，与家属取得联系。等到急救车赶来，她安排围观的人们把受伤的小伙子抬上车，而后她安排丈夫保护现场，紧跟着她也抬脚上了急救车。她把受伤的小伙子送进急救室，给他办住院手续，这时她才得知小伙子是梁泡村的，今年才十八岁，名字叫梁栩。等她安顿好患者，病人的家属才赶到医院。家属怒气冲冲地大着嗓门质问她："到底是怎么回事?"她理解家属此时的心情，没有和他们计较，耐心给家属讲述了事情的经过。了解事情原委的家属马上转变了态度，握住她的双手，说不尽感激的话语……

还有一次，她骑电动车上班走到中红门口被一辆突如其来的摩托撞倒，她躺在地上挣扎了半天才起来，眼睛被血水模糊得看不清东西，嘴角也往下滴着鲜血……。撞她的人看到她这个样子，随即也躺在了马路上……。她镇定以后，给商店同事赵玉梅打电话。这样，学校才知道她出了车祸，马上派车过去，把她送至医院。董事长和校领导前去慰问，董事长安慰她："安心养伤，不用惦记工作的事，什么时候养好了什么时候去上班，工资照发。"

董事长的话让陈文梅感到温暖，董事长越是这样她越是不好意思老住在医院里，而且商店离开她也不行，还有看着撞她的家属天天跑医院也实在于心不忍，她在医院仅仅住了三天就出院了，在家里又输了四天液。她没有要撞她的人一分钱，那家人感激得不得了。她好了没两天就去上班了，整天带着一个大口罩，眼睛上带着青眼圈，还有伤口结的痂掉了后的色素沉着，活像一个大熊猫。

这两段故事，彰显了一个共产党员的英雄本色，也是一个共产党员区别于一个普通群众之所在。

公寓主任陈文梅

中层领导就如同一个上有公婆，下有儿媳的中间婆婆。滦南有一句俗语："中间的婆婆不好当。"既要协调上下级的关系，又不能违背领导意图，还得为下属做好率先垂范。陈文梅这个中间婆婆就当好了，工作得到领导的认可，下属对这个主任也由衷钦佩和服从。英才学校由上至下，从领导到员工，每一个人说起公寓陈文梅主任无不竖起大拇指。以前生活老师像走马灯一样换了一个又一个，自从陈主任上任以来，频繁更换的情况再也没有发生过，公寓管理工作很快步入正常轨道。

公寓的工作繁忙琐碎，上下班没有准点，没有节假日。英才中学部一千多名学生，公寓教职工二十多位，没有一个完善的签到系统，为监督生活老师到岗情况，陈主任总是先于生活老师到岗，从不缺勤；晚上应对突发事件，有时忙到后半夜才回到宿舍休息；为某些特殊学生，还要奉献一个个不眠之夜……。为此，她的嗓子总是哑着。用这句诗形容她很贴切："优美润泽的嗓音都被天使羽化，羽化成沙哑的噪声回荡在楼层……”

陈文梅主任总是提醒生活老师，公寓工作一定要耐心加细心，有情况不能隐瞒。每天还要不厌其烦地强调：“为了学校和谐和学生安全，安检一定放在首位。”一次在每日的例行安检中，李建辉老师从一个学生的枕头底下发现一把刀子。陈主任马上落实调查，找到当事同学。陈主任用特有的拉家常的方式与学生沟通，孩子们在她循循善诱的教导下都会卸下防范，把所有的隐衷和盘托出。原来这把刀子就为了和同学之间一点未解的矛盾，终于一场尚处在萌芽状态的灾祸冰封瓦解。想到这件事，陈文梅至今还有点后怕，如果工作稍有差池后果将不堪设想。为了年幼无知的孩子，为了信任我们的家长，一定要认真工作，避免任何疏漏。

陈文梅的足迹遍及校园每个地方，她任总务主任期间，每一朵花，每一棵草，每一尾鱼都得到她的眷顾。任公寓主任，每一个员工都受到她的呵护，每一个孩子都受到她的关爱。她了解每一位下属的家庭背景，化解他们家里的矛盾，解决他们的生活困难；孩子们生病了，她亲自带去医院检查，并且还会顺便捎来可口的水果……。而她自己病了，若学校有事，她会毅然拔掉输液器；有次，她把腰扭伤了，一点都动不了，无奈之下才去了医院，同事都劝她休息几天，但是她挺着僵硬的腰板一天也没有缺勤。

伯乐陈文梅

陈文梅还是一位爱才的领导，是一位慧眼识英雄的领导，是一个不让千里马骈死于马厩的伯乐。

赵珊是财务室的会计，和陈主任情同母女，她念念不忘陈姨是她在英才最要感激的人。初到英才，她和陈文梅同在商店工作，她是一个大学毕业生，学的财会，有会计证。为了赵珊，陈主任几次找董事长、校长极力推荐。一个大学生不能被埋没在商店，英雄应该有她的用武之地。功夫不负有心人，她的泥腿子精神最后打动校长——赵珊被安排在财务室工作。

编辑部的张银霞曾经是公寓的生活老师，她是一个怀才不遇的才女，热爱文学，擅长写诗，曾在征文比赛中获过奖项，与著名诗人艾青有过书信往来。陈文梅明白，把这样一位才女老师留在自己的身边，她会成为自己的得力助手，公寓的工作会省心许多，可是她怎么甘心一块金子蒙尘呢？她再次在校长面前力荐，亲自把张银霞的作品送到校长办公室。校长更是一个任人唯才的领导，他大胆启用了这个只有初中文凭的生活老师到了编辑部。这件事曾令很多人欷歔，校长的一句话平息了所有疑惑的流言和飞语——英雄和出身又有何干？

陈文梅具有平和的心态，她有一双善于发现的眼睛，她具有一颗从不嫉妒的心灵。在英才二次创业的关键时刻，她再次解决了领导心头的忧虑。公寓这块儿，公寓主任本身就有空缺，再加上高中部的成立，公寓主任的任命一直是领导挠头的问题。她大胆提名她的下属，一个曾当过多年校长的有领导经验的生活老师刘绍贵和一个有多年教学经验的生活老师段其伟。经过领导的多方审查，终于采纳了陈主任的提议。如今，他们已经就职。但愿他们不辜负陈主任的提携和领导的厚望，坚守岗位，发光发热为英才创造辉煌！

红梅妖娆傲冬雪

细数陈文梅这么多年来所走过的人生路，它拥有厚厚的一摞锦旗、奖状、荣誉证书，那都是对她无私奉献的褒奖。

她 2011 年又被学校推荐为出席滦南县唯一的一个县级文教系统优秀共产党员。在整理她的讲演稿的时候，我看到这样一段话："在工作中，我不怕得罪人，敢于较真碰硬，不管远近亲疏一律对待……"她是这么说的，也是这么做的，在她任总务处主任期间，一次处理废品，来拉废品的正是董事长的弟弟，根据以往惯例是不收费的，但是她照章办事不讲人情，如实过磅，按价收费。

陈文梅这种严谨的处事作风，赢得了人们一片喝彩声。她用实际行动彰显了一个共产党员的公正本色。

陈文梅主任个人是极其低调的，一直和爱人住在教师宿舍。由于工作性质决定，无暇回家，家里的暖气管被冻坏了，喷出的水从门口流出来，邻居通知后她才知道，家里新镶的地板砖冻裂了，悉心养了十八年的君子兰也冻死了，她挥挥手，作别烦恼；学校为提高教职工幸福指数，为教师盖了教师公寓，教师们纷纷递交住房申请。陈文梅把申请写了，撕了，又写，又撕。最后她了解到递交申请的不多，她重新写了一份，在申请的末尾特别写了这样一段话："如果房子少，申请住房的教师多，我愿自动放弃！"

她常说："自己文化水平低，管理经验不足，只有努力再努力才能跟上英才前进的步伐，只有不断加强自身修养才能百尺竿头更进一步。"陈主任的努力有目共睹，对于信息社会不可或缺的电脑，她是门外汉，但是她不甘于平庸，不甘于被时代淘汰，努力学习拼音、学习打字。在她的办公桌上放着一个标注着汉字的字母表，那是她认真学习的见证。现在她终于能独立操作电脑。不仅用电脑阅读、完成每日的工作日志，而且也赶时尚，学会了用电脑写作。

她没有领导的架子，从来不在乎同事们怎么称呼她，无论喊她"陈姐"还是叫她"陈姨"，她都微笑迎人，给人以家的温暖，释化了所有的压力和不快；当孩子们亲热地称呼她"姥姥"的时候，能看得出来，他们的心意是相通的，没有隔阂，没有界限，没有障碍……

她非常欣赏张中山校长的几句话："如果你为了事业选择英才，英才会打造你；如果你为了孩子选择了英才，英才一定会让你走上幸福人生路；如果你为了民族选择了英才，那么就让我们携手走向辉煌的未来！"

有了红梅的妖娆，才有了肃穆季节的生机；有了红梅的艳丽，才有了银装素裹世界里的灵动。有陈文梅这样的共产党员，是我们党的骄傲；有陈文梅这样的领导，是英才学校的荣光；有陈文梅这样的"姥姥"，是英才孩子们的幸福！

退伍不退色

——记英才学校财务部主任刘建林

人物简介：刘建林，1974 年出生，初中毕业后参军，1996 年 7 月考入军事经济学院襄樊分院学习，2000 年自学军队财务大专毕业，2005 年取得高等教育自考军队财务专业本科学历。2010 年 1 月至今，任唐山英才学校财务部会计工作。

【座右铭：爱岗敬业、踏踏实实办事、老老实实做人。】

他，曾经身着橄榄绿，雄姿英发、万丈豪情；他，曾经在部队任师级财务科会计，对工作兢兢业业；他，曾经荣获过三个三等功，获得嘉奖和优秀士兵奖无数次。当他脱下军装开始另一种生活，依然不改守纪、严谨的军人作风，那是他应有的品质，也将成为他永远不会改变的信念！

他就是英才学校财务部会计、财务部主任——刘建林。他出生于 1974 年，1992 年 7 月，年仅十八岁的刘建林应征入伍，服役于陕西某部队。在部队十六年，他曾任财务科会计多年，志愿兵四级士官。2009 年 7 月，转业回滦南，2010 年 1 月，经战友介绍来唐山英才学校工作，任财务部会计。

刘建林，不高的个子，三十八岁的他头上已有些许白发，一张不苟言笑的脸，经常穿着一件有些退色的夹克，朴实中透着利落和干练……

制度面前一律平等

严谨细致是对于财务工作的基本要求。多年的部队生活，严谨细致已然成为刘建林主任的一种习惯。初到英才工作，他对学校财务部业务不熟悉，虽然在部队从事财务工作多年，但是具体细节却有很大差异；他坚持学习，努力提高自身的思想和业务水平，把部队的优良传统借鉴到学校财务部的工作中，在很短的时间内理顺思路，工作很快步入正轨。经历多少个熬灯夜守，财务室工作在他的努力下井井有条，哪怕是一本本票据凭证，他都做得平整、细致。他细心记账、做账，总是要求精益求精，经他的手做过的账目，从来没有出现过任何差错。

以前开学初和学期末，学生的学费收缴极其混乱，班主任把学生名单和已收学费交到财务室，有时剩下学生的学费会延误很长时间，核对是一个很耗费时间的工作。自从刘建林接手财务工作以来，他改进缴费制度，要求班主任把未交学费打欠条，走正常手续下账，这样致使缴费账目清楚，这一项工作也简单化了。这种混乱局面的转化，财务室现金赵珊深有感触。

刘建林对待工作一贯严肃认真，一丝不苟，遵守制度更是他雷打不动的军人作风。按财经纪律、财政法规和财务制度办事，不徇私情，不以权谋私。他经常会说："制度面前一律平等，如果开制度的口子，制度就形同虚设，没有制度的制约，工作无法正常进行。"他坚持原则，不怕得罪人。每个学期都会有因各种原因学生退学而退费的情况发生，退费有严格的标准，无论谁的人情，他一律平等相待。关于结账，也经常有人碰钉子，必须按计划支出的规定日子付款，既然有计划就不能随便变化，以免对学校的正常开支造成不利的影响。如果不按规章办事，不走程序，就是校长或董事长他也不会网开一面。

勤俭节约从我做起

财务部是学校的坚强后盾。刘建林主任像一个心思缜密的主妇，勤俭、节约、细心、细致、持家有道。财务室从教学楼搬到综合楼，乔迁，似乎都是该扔的扔该添的添。一盆半死不活的花儿他也舍不得扔；一袋拆了袋的花肥，别人说过期了，他也会说留着用吧，那东西没有保质期；除了因为负责保险的尹丹划归财务同室办公，而不得不添了一台电脑以外，其他什么都是旧家当。以前没有电脑椅，坐的是普通椅子，一天班下来腰坐得僵硬。这次刘建林捡来一个椅背已经外闪，底座轱辘也不灵便的被别人遗弃的靠椅，但他却感觉比以前的椅子得劲儿多了。财务室每个月除了正常的办公用品，没有申购过其他东西，从来都是能省就省。"不积跬步，无以至千里；不积小流，无以成江海"，这些节省下来的办公经费虽然九牛一毛，但是以少聚多吧。刘主任的这些表现足以展示他的个人品质，也深深地影响着同办公室的年轻人。她们说："刘主任能凑合用的，我们有什么不能将就的呢！"

"不当家不知柴米贵"，正值英才的二次创业之际，身为财务部主任的刘建林掌握着英才的全部家底。他清楚学校有限的收入，对于英才扩建改建只是微不足道的数目，一笔一笔的办公经费从他手里支出，他都特别心疼。常常有人说："家大业大，浪费一点没啥。"他却说："家大业大，能守住才伟大。"他希望从自身做起，用自己勤俭节约的优良传统去影响别人，希望其他教职工都能像他一样，那么每个月就能节省大笔的办公开支。

任劳任怨，孜孜以求

财务室现金赵珊说：“如果说以前我能留在英才工作，是陈姨(陈文梅)对我的影响，那么现在能继续留在财务部，就是刘建林主任对我的影响。当我偶尔因为懈怠，想得过且过时，我想到刘主任对待工作，的态度，我就会潜下心来把工作做精做细。”

每个月结算工资，按以往的惯例，各部门把部门工资的电子表传到财务室，由于假期各部门电脑配备不齐，就把手写稿交到财务室，再由赵珊录入电脑。月初月末财务室工作特别多，晚上他们经常加班到十点以后，所以在开学学校步入正轨以后，看着餐厅交上来的纸稿就有点发牢骚。刘主任批评她说：“以前都做了，继续做吧，干工作别抱怨。”刘主任一贯语气强硬，一时难以接受，但是过一会儿，她想想刘主任对工作一直都是任劳任怨，财务室工作多时，经常自己忙到深夜；他经常为了不耽误工作，利用中午休息时去银行办业务；有时晚上刚回到家，接到学校的电话，马上开车返回，对待工作，刘主任从来没有过一句怨言。赵珊想到这些，就尽快调整心态把自己的工作做好。

学校全体教职工的工资数目都瞒不过财务室，年轻人自觉不自觉地就会把自己放在这些员工中进行一个横向纵向的比较。没有休息日、没有加班费，还要承担着一份不小的责任。当办公室有人议论这些时，刘建林主任说：“哪个部门的工资都是有核算标准的，该得多少就是多少。作为一个员工，服从领导是首要的。”“上有主任做表率，他都不争，比起他的付出咱们还差得远呢。”想想这些年轻人也就心平气和了。

退伍不退色，军人情怀依旧

“细节决定成败”、“向解放军学习，深忠诚度，高执行力，令行禁止”是英才的治校理念。军人出身的刘建林，他极其注重细节。每次他去领导办公室，先喊报告，得到领导允许后才进门，双手呈上需要签字的单子，站立在领导旁边，帮助领导一张一张地翻动单据，在领导签完字后，询问领导还有没有事，得到允许以后，倒退三步后才转身离开。他的这一做法经常得到董事长和校长的赞扬。16 年的军旅生涯，军人作风已经在他身上打上深深的烙印。工作严谨，做足细节代表刘建林的工作态度，于细微之处见精神，于细微之处见境界！

每当别人在背后评价刘建林“对待工作认真得有点死板”时，财务室的赵珊听到后会替他打抱不平：“刘主任的工作态度，刚接触他的人会难以接受，时间长了你会了解，他是一个好人。财务工作需要这样认真、坚持原则的人，董事长也需要这样坚持原则的员工。”这是熟悉他的人对他深层次的解读。刘建林的美不在外表，其美潜藏在灵魂最深处。

每当有人说起他的军人作风，他总是谦虚地说："我没有董事长做得好。"说到不计得失，工作兢兢业业，他说："我只是在做好我的本职工作，要说兢兢业业，我比张校长、杜校长差得远呢!"

刘建林，军营十六载，一丝不苟，脚踏实地，恪尽职守是他贯穿于工作过程的风格；不贪婪、不嫉妒是他一直以来的处世态度；不奢侈、不浪费是他一贯节俭生活的优良作风。他不心浮气躁，不好高骛远，穿着军装是军人，脱下军装还是军人，退伍不退色，军人情怀依旧，是他永恒的信念!

第三篇

情洒校园　爱生如子

如果把老师比作蚌，学生就是融入蚌体里的一枚沙粒；老师用爱去包容他，去打磨他，去浸润，去淘洗……沙粒就是一颗光彩熠熠的——珍珠。

孩子们的温馨守护者

——记唐山英才学校小学语文教师王淑娟

人物简介：王淑娟，女，河北省唐山市滦南人，出生于 1976 年 10 月，毕业于河北师范大学。2001 年来校工作至今，一直担任小学部高年级组语文教师、班主任。曾多次获得先进教师和先进工作者的光荣称号，所讲课多次在县优质课评比中获一、二等奖。

【座右铭：学高为师，身正为范。】

一个聪明伶俐的小学生、人见人爱的小女孩，她是三年级的体委，是一个责任心很强的班干部。如果哪个学生违反纪律，她一概严惩不贷，像个小老师；如果哪个学生不舒服，都是她领着去校医室，还会伸手摸摸学生的额头，像个小大人……。见的次数多了，我便问她叫什么名字，她便脆快地回答：曹卉。

当我跟校医说起这个与众不同的曹卉时，校医说，她是王淑娟老师的女儿。从那时起我便对这位王老师特别感兴趣，能培养出如此优秀的女儿，她该是怎样的一位母亲，该是怎样的一名教师呢？

终于有个机会，王淑娟老师来校医室买药，校医告诉我她就是曹卉的妈妈——王淑娟老师。她，一个个头不高，微胖的女子，鼻翼上带着细小的汗珠。

王淑娟这个名字很普通，普通到你不会在众多名字中一下记住这三个字。而王老师也像她的名字一样普通，普通到你和她擦肩而过却没有留下深刻印象。王淑娟的名字很女性，听到这样的名字你会想到一个贤良淑惠的母亲形象。人如其名，当你见到她，令人信服、平易近人、和蔼可亲这样的词语就会在你的头脑里次第闪现……

王老师是英才建校以来的第一批教师，十年来，她与英才共风雨，她与英才共成长。她是颇受学生爱戴的老师，英才给了她许多的荣誉：优秀教师，骨干教师，元勋教师……。让我翻开尘封的历史，摸索、探寻她十年的成长历程……

2001 年，在一个租来的校舍里，王淑娟作为第一批教师中的一员，迎来了英才的第一批172名学生。她担任一年级的班主任兼语文学科的教学，结识了24个可爱、天真的孩子。就像许多刚走出大学校门的学生一样，她有着对未来生活的憧憬，有着对于教育事业的激情。她喜欢孩子，望着孩子们充满渴求的眼睛，悄悄地在心底播撒她的教育梦想。

一个刚走出校门的年轻教师，对待这些孩子虽然热心满怀，当现实真实地摆在了面前，往往弄得她束手无策。是那些孩子第一次让她感觉到了理想与现实之间的差距。

那时候，最难以克服的就是这些刚刚离开父母的孩子们想家的问题。白天，带着这些孩子上课、游戏……。因为有老师慈母般的关爱和20多个同学的相互陪伴，整个白天孩子们都过得开心、愉快。一到晚上，孩子们回到公寓宿舍，孤独地躺在黑暗里，想家的情愫就会在大脑里蔓延，终于有一个孩子抑制不住哭了起来，紧接着两个、三个，一会儿哭声一片。印象最深的是一个叫做姚汝静的女孩，一到晚上就哭，只要她一哭，就像一场哭戏拉开了帷幕，别的孩子也跟着大哭起来。没有哄小孩经验的她，忍不住也在偷偷地抹眼泪。董事长过来一边抱抱这些爱哭鼻子的小鬼头，一边语重心长地安慰那个含着泪水的孩子王："如果你认为这件事很难，那么你首先应该战胜的就是自己，然后才能有信心去战胜这个困难。"老校长也用几十年的教学经验传授严中有爱的道理，亲自到教室教她写粉笔字，用自己的一言一行教导着她这个年轻的老师。在最初的教书生涯中，王老师从董事长和老校长那里学到了许多的宝贵经验。

2003年，"非典"来袭，王淑娟永远也忘不了那段刻骨铭心的岁月。在"非典"初期，每天给孩子们发放板蓝根，形势更加严峻的情况下，学生都放假回家。在那段非常时期，为了使英才的孩子在停课期间不停学，学校从2003年5月9日起组织一线教师，利用校园网，以学生自学为主，教师引导为辅的方法，结合电话解疑辅导等方式指导学生学习。每天把各科习题资料发到网上，然后耐心地守候在电话旁，等待为学生答疑解惑，同时用一颗不安的心时刻牵挂着这些不在身边的孩子。每天用电话保持与学生的联系，及时掌握每个学生在家的学习情况。那一段最令人难忘的坚守，虽然没有和孩子们在一起，可与孩子们的心灵是相通的，每一时每一秒都没有忘记那群孩子……。6月10日，英才的孩子们终于返回了阔别一个月的校园，学校的一切重新步入了正轨。那一刻，她和孩子们久久地拥抱，把孩子们抱在怀里就如同拥抱久别重逢的亲人，把孩子们紧紧地抱在了怀里，才感觉到了一份真实，一颗久久牵挂的心终于放下了……

王淑娟老师边学边摸索，渐渐地积累了一些教育教学经验，班级工作也逐渐有了头绪。她逐渐体会到，和孩子们相处，有时很简单，只要一个微笑，只要一点真诚，只要你能够真诚地去接纳他们，去爱他们，那么孩子们也会真诚地接纳老师、回报老师……

班级里有一名学生叫马晋升，他是一个特别调皮的孩子，成绩不好，令许多老师头疼。王淑娟接手这个孩子以后，曾几次找他谈心，在临月考的时候，她和马晋升协商，作文一定达到字数要求，一定把字写清楚。结果，月考成绩出来，马晋升成绩一团糟；拿出试卷，字迹凌乱，乱七八糟，真令人生气。再看马晋升大气不敢出的样子，也许他已经意识到自己错了，看他那样怯怯地看着老师，于是她反而气消了，既然孩子知道错了，也没有批评的必要了。期中考试临近，王老师不辞辛苦地给马晋升补习，他们共同奋斗了一个月。临考，她再次对马晋升说，一定把作文写满，有些题不会做可以原谅，但是一定把字写清楚，保持卷面的整洁。考试成绩出来了，令人想不到的是，一切都还是以前的老样子，这次王老师真生气了，把马晋升叫到办公室和他谈心。王老师说："老师对你很失望，有一种受伤的感觉，我感觉你欺骗了老师。"马晋升看着对自己一直负有期望的老师，他再次对老师立下保证，一定要认真学习，争取下次月考一定取得好成绩。这次，孩子主动和王老师拉钩，"拉钩上吊一百年不许变，谁变谁是小坏蛋……"

月考成绩出来了，马晋升第一次考了及格的分数，而且卷面工整。报分的话音未落，教室里响起一片掌声。所有同学都为有进步的马晋升鼓掌喝彩，他羞涩地低头一笑。期末的时候，马晋升语文考了 72 分，这样的成绩虽然是班里的最低分，但是对于孩子自己来说，这是他所取得的最高的一次语文成绩。

每天早上，王淑娟老师都会在黑板上，为同学们画上一幅小画，写上一句鼓励祝福的话语；每天都把需要吃药的孩子们的杯子摆在窗台上，为他们沏好药，晾上开水；每天都不忘给他们一个拥抱，轻轻地贴一贴他们的脸颊……。这些细小琐碎的事情就如同春天播撒的种子，在孩子们的心里成长、开花……。于是，她稍微一个直一下腰的动作，就有学生问，"老师你腰疼了吧?"就有小拳头轻柔地雨点般落在她的背上；老师稍微用力清一下嗓子，会有稚嫩地、甜甜地问候，"老师，嗓子哑了吧?"学生看到老师的眼睛有点红肿，就会有最知心地嗔怪，"老师，以后不准老熬夜，熬夜会让你老得很快的。"在老师不经意时，会突然有孩子搂住老师的腰，送给老师这个世界上最真诚，最甜美的微笑。此时，写到这里，我特想眯起眼睛回味一会儿，你说这不就是一个家吗？一个妈妈为孩子们撑起的温馨的家吗？我的耳边会响起《全家福》里那个有很多人演绎的片尾曲《温柔的牵挂》："还记得吗/我们那个家/有你有我有爸妈/长大了，会想它梦里那个温柔的牵挂……"

王淑娟母亲般的细腻，母亲般的关爱，赢得了学生的爱戴，使他们之间心有灵犀。在课上她是一位严师，生动的课堂总能调动起孩子们的兴趣，偶尔一个学生思想开小差，只需看他一眼，他马上规规矩矩地坐好，孩子们在犯错误时就怕王淑娟老师那双洞穿心灵的眼睛；在课下她是一位慈母，孩子们都愿意与她亲近，跟老师开个玩笑或者在老师面前撒撒娇，孩子们病了，她会提醒他们吃药，而王老师稍有不适，也会被学生体察，便会有最最温馨的问候。和学生的这种爱是彼此的、是相互的，这种浓浓的师生情谊，源于融合、源于理解。

当然有的时候，王淑娟也会为班里几个不遵守纪律的同学发脾气，但事情过后，她的情绪渐渐平静的时候，总会反复地反思自己，是不是没必要对孩子们发这么大的火？是不是有点小题大做？下课后她赶紧给学生们主动承认错误并诚恳地道歉："今天是老师不对了，是老师情绪没有控制好，不该和你们发脾气……"还没等她把话说完，孩子们便大度地说："老师，不用往下说了，我们早已经原谅你了。"然后便是一片愉快的笑声。

这样的事体现了师生之间的尊重，而这种尊重建立在信任和平等的基础之上。学生对于老师的尊重，不是老师有力量打败学生，也不是老师用声高压倒学生，它需要的是老师人格魅力的吸引，是一种折服。

临考试，王老师的学生都知道老师有一个固定环节，就是要挨个嘱咐学生考试应该注意的事项，这已经成为他们班里的一道雷打不动的规矩。每到这个时刻，她搜遍大脑里储存的词语，她要送给孩子们最恰当的语言，对每个同学嘱咐的话尽可能做到有新意不雷同。在每次考试前，孩子们总是眼巴巴地等待老师的关照。她总是针对每个学生的优、缺点逐个地交代考试应注意的细节，对于"皮实"的孩子，适当给他们点压力，考不好的话要严厉批评；对于胆小的孩子，适当给予鼓励，尽量缓解他们心理的压力；嘱咐一些马虎大意的孩子要认真审题；嘱咐写字潦草的孩子一定要工整书写……然后会在临考的前一天晚上，她在送学生回公寓时，还会反复叮咛。王老师对工作认真对学生负责，每次的努力都不会白费，他们总是以最优异的成绩回报老师。

做王淑娟老师的学生是幸福的，每一个孩子在老师的眼里都是一颗闪耀的星星，每个孩子都能体验到老师带给的不一样的宠爱，这就是关注。关注与被关注都是幸福的。

王淑娟老师所带的五年级临放假的时候，她要和学生一一拥抱，虽然下学期还会在一个学校，但是有可能不在一个班级了，所以都要有一个临别拥抱。大男孩比老师的个头都高了，他们不像是老师在抱学生，倒像是学生在抱老师，他们会拍拍眼含热泪的老师的背安慰老师，没事的；小女孩在老师的怀里会忍不住眼泪，让泪水把老师的衣服打湿，王老师会拍拍她们的背，没事的，我依然会爱你们，老师永远在英才等着你们……

这样一个小小的细节体现了王淑娟老师的细心和智慧。众所周知，现在的孩子缺少感动。人是情感动物，现在的孩子不是没有情感，而是情感处于沉睡。王老师用这小小的拥抱激活了孩子们潜在的情感，让可贵的眼泪滋润他们已经干涸的心田。无疑，这样的活动是可以铭记于心的。

临别，同学们纷纷与老师交换 QQ 号。学生们的网名有的阳光，有的个性，有的使用什么所谓的火星文……。王淑娟老师登录 QQ 看到另类的网名总是把他拉入黑名单，当学生给老师留言的时候，王淑娟才知道那些原来都是她的学生，看到她把自己的学生都放在了黑名单里，心里充满愧疚，重新把他们都拉了回来，那时王老师就有一种失而复得的感觉。她笑自己：很多时候都是老师在教学生，原来也有老师不懂的时候呢，感觉自己有点落伍，是她的学生教会她看懂那些乱七八糟的看不明白的文字。

王淑娟十年的教师生涯，教过的学生数都数不清，每一个学生的形象都镌刻在老师心上，和这些孩子不单纯是师生关系，更多的时候更像母亲与自己的孩子，他们有血浓于水的亲情……

一次，路上遇到一个姑娘和她打招呼，喊老师，她仔细辨认才想起那是她第一届教过的一名叫李明娴的学生，已经出落成一个漂亮的大姑娘了。她们谈了很多，说起她的同学，有的上了大学，有的经商了，还有一个做了空姐的……

王淑娟这才意识到自己不知从何时起好像已经不再年轻了，在英才已经十年了。可不，从 2001 年 8 月 25 日王淑娟迈进英才的大门，到今天 2011 年 8 月 25 日，王淑娟和英才一起走过了整整十个年头。十年的岁月说短不短，十次的草木枯荣，十次的季节更迭；十年的历程说长不长，那跟孩子们一起哭鼻子的画面仿佛就在昨天；十年的岁月，英才从一个懵懂的孩童走向成熟的壮年，王淑娟从一个满怀豪情的青年成为一个教学经验丰富的教师；英才浴火凤凰涅槃重生，王淑娟也历练、成熟、稳健……

让我做我会做，让我说我说不好

——记唐山英才学校小学数学教师刘莲娜

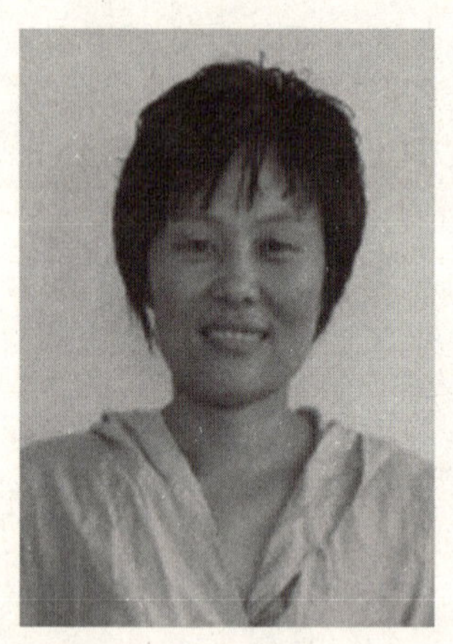

人物简介：刘莲娜，女，滦南人，生于1973年，自2011年来校任教至今，一直担任小学高年级数学教学兼班主任工作，曾多次获县级论文一等奖，多次获县班主任大赛一、二等奖；多次荣获县优秀班主任称号。

【座右铭：有志者事竟成。】

英才建校十年，作为首批英才十九名教师中的一员，刘莲娜已经在英才工作了十年。我想，十年的故事一定能装满一车皮吧？但是，在走访她的时候，却完全出乎我的意料——没有很大收获。

那天，我敲开住在教师公寓的刘莲娜的家门，她热情地迎接了我。

刘莲娜中等个头，略显消瘦的脸庞，一双大眼睛炯炯有神，肤色略黑，眼角已经有了细微的皱纹，看上去似乎与她三十八岁的年龄有点不符。

短暂的寒暄，我说明来意。交谈步入正题：谈谈十年教师生涯中你的教学、教育故事吧。

此时，这个在课堂上飒爽英姿的教师略显笨拙，迟疑半天，才说出话来，“这么多年我勤勤恳恳地做我的本职工作，要我做我能做，让我说我真不会说。”

“你一直教小学有没有爱生如子的事迹?”我在一旁启发她。

“根据季节温度变化，提醒孩子们加减衣服；孩子们有个感冒发烧的，带生病的孩子就医；给成绩差的学生补课……。这都是一个老师应尽的职责，没有什么特别值得表白的。”

在一旁，她的婆婆急得直插嘴：“我不知道她别的具体事情，但是我知道她对工作认真负责，每天晚上十点以前没有回过家，回到家还要抱回一摞作业本。”她抬手怜爱地摩挲着身边的一个四五岁左右的小男孩的头说：“我们家孩子这么大了，我儿媳妇从来没管过……”婆婆说到孙子，在一旁委屈的有点哽咽。

“妈，别说了，快别说了！”在一旁的刘莲娜嘿嘿笑着，把婆婆拉进卧室里。

刘莲娜出来时有点不好意思地说：“别听我妈说，咱在英才上班的谁不是这样？我真没做啥。”

看她实在不想说，我也没办法，只好告辞出来。只有找接触过刘莲娜的人从侧面了解了。

公寓主任说，刘莲娜做得多，说得少

这是公寓主任陈文梅讲的一个故事。她说：“刘莲娜做得多，说得少。”

有一天，刘莲娜班级的学生吴泽慧肚子疼，刘莲娜就带他来校医室。校医给他检查了一下，说可能是肠炎，校医室没有化验设备，建议刘老师尽快带孩子去医院检查。刘莲娜看着歪在床上的吴泽慧，双手捂在肚子上，头上豆大的汗珠在往下滴答。她赶紧打电话找学部主任派车。

到了县医院，刘老师忙着楼上楼下忙活，交钱、挂号、化验……。经过医生诊断，吴泽慧被确诊为肠炎，需要马上住院治疗。她打电话通知家长后，立刻自己掏钱给孩子交上押金办理了住院手续。把他安置在病房里，输上液，她这才长出了一口气，稍作休息，又给孩子买来可口的饭菜和水果以及住院需要的东西，她拖着疲惫的身子给孩子喂饭，扶他上厕所……。当第二天远在外地的吴泽慧的妈妈赶到医院，她这才回学校。

孩子出院后，吴泽慧的妈妈特意来学校对刘莲娜老师表示感谢。可是刘莲娜老师发自内心地说，“作为一个外地学生的班主任，学生生病家长不在身边，老师给予孩子妈妈般的照顾是理所应当的。”

张韵林说，怕以后再也遇不到刘莲娜这样的老师了

张韵林是六三班的插班生，他的年龄要比同班孩子大，按他的年龄他该上八年级，好像休过两年学，在家也没人照顾他，家人把他送到了寄宿学校。

有一次，在刘莲娜老师的数学课上，当老师走到张韵林的座位旁，张韵林慌忙把书本合上了，这一细微的动作引起刘莲娜的注意。她走近前把书拿起来，里面掉出一张折叠好的纸，打开一看是写给六一班一个女孩子的信，刘莲娜就把信收了起来，继续巡视。

直到第二天，刘莲娜也没有追问张韵林写信的原委，张韵林却如同热锅上的蚂蚁一样坐立不安，他在课堂上回答问题时也会故意把尾音拉长，下课也会做几个怪动作引起老师的注意。刘老师凭借多年管理经验断定——张韵林一定有问题。

一天大课间，张韵林正在擦玻璃，六一班的两个女同学来水房（六一班在教学楼一楼，六三在教学楼四楼），这两个女孩里其中一个就是张韵林信中的女孩子，

这便引起了刘老师的注意。她一边把两个女孩子叫住，一边观察张韵林，他根本无意识地擦着玻璃，手里的抹布老在一个地方左右滑动着。她让张韵林回教室，回到教室的张韵林还是坐立不安，一会儿进水房洗手，一会儿出来张望一下，看到这些有多年班主任经验的她心里更有底了。

刘老师问两个女生为什么来这儿洗手？她们有些支吾，当她拿出那封信，问那个女孩是怎么回事时，无奈女生说出了事情的原委，原来张韵林已经给她写过好几封信了，有时约她在三楼见面……

刘老师找到张韵林，她并没有批评他，只是把他带到校园里，在一棵苹果树下停住。她伸手摘下一个尚未成熟的苹果，随手递给张韵林："你尝一尝，好吃吗？"张韵林接过苹果咬了一口，酸涩得实在难以下咽，只好吐了出来："不好吃，又酸又涩。""因为还没有到成熟的季节，没长成的果子怎么能好吃呢？"张韵林深深低下了头。

后来张韵林表现很好，还在六一文艺演出里表演了节目。提到刘莲娜老师张韵林不无感慨地说："我们班主任就像有什么特异功能一样，我想做什么事儿她都会预先知道，说真的当时我有点恨班主任，可是后来想想我还是很感激她，那些事要不是她发现及时，我早就被开除了，不知道上七年级的时候还会不会遇到刘莲娜这样的好老师？"

借鉴马卡连柯教育中的"激将法"

一个自习课上，一个学生告知刘莲娜老师，张宁家庭作业没完成。刘老师走到张宁那儿去检查家庭作业，不看则已，一看令她火冒三丈，已经布置到四十五页的作业连二十五页还没做完呢。一向脾气急躁的她生气地说："张宁，你是来学习的，还是来混日子的？"说这话的同时，她也自责自己工作的松懈，为什么始终没抽查他呢？

张宁胆怯地说："练习册丢了，刚找到。"刘老师又从上节课测试的试卷中翻出他的那张，一看更是气不打一处来，八道题全是以前布置过的作业，可他却只做对了第一题，并且字迹潦草，真想给他一拳！她忍着怒气，将试卷与练习册一起甩给张宁："晚上别走！"晚上下课后，同学们都走了，她看到张宁那愁眉苦脸的样子，怒气消了一些，心想让他把题全部补完是根本不可能的事。于是拿出一张空白试卷，"明天下午前把这张试题做完。"

第二天下午，刘老师去检查张宁的作业，可是这个孩子磨蹭着怎么也拿不出来，支吾着说："我……我在放学路上丢了。"这时同桌的张威站起来说："老师，昨晚我和他一起回宿舍的，我看到他手里揉着一张纸！"听了这话，刘老师反而平静了，想试试"激将法"对这个孩子有没有效果，于是她说："怎么样，我早就料到张宁是一定不会做的！""老师，不是的！"张宁解释说："我跑着回去的，好像是跑丢了。"刘老师止住他的话头："别说了，我知道你一定会找借口。今晚我再发给你一张，你也一定不会做的！”刘老师有意当着全班同学激他。

刘莲娜老师想起马卡连柯教育一个爱偷东西的孩子的故事。当那个孩子在表示悔过自新时，马卡连柯却连连摇头说：“你呀，改不了，还得偷，还会有第二次，第三次的。”后来果真又发生一次，马卡连柯说：“怎么样，还会有第三次的。”但最终第三次再也没有发生。

晚饭后，刘老师又来到班里，将昨天的试卷再发一张给张宁：“同学们，都看着，明天他一定还不会做，一定还会找借口说理由的！”第二天，她坐在办公室里没进班，可张宁却手拿着试卷来到了老师面前：“老师，我做完了。”看着他的试卷，书写还算不错，八道应用题只有一题有小错误，只给他扣去 2 分。刘老师平静地说：“落下的作业你能一天补一页吗？”张宁坚定地说：“能！我一定能！”刘老师严厉起来：“能？我不信！明天你一定还不会做，以后你一定还会找理由经常不做的！”刘老师没给他好气，他也没得到表扬就离开了办公室。可自此以后，每天早晨刘老师不找他，反而他天天手捧作业本主动来找老师……

张成源的妈妈说：刘老师，太感谢你了

在刘莲娜老师的班上有一个叫张成源的学生，他沉默寡言，独来独往。这个学生刚入学时，他的家长找到刘老师，哭着说：“刘老师，我的孩子学习成绩很差，数学成绩才二十来分，我们在家没时间辅导，他也不听我们的话。说实在的，我们参加入学考试当时没被录取，是托人讲情才进来的，孩子这成绩肯定给你班拉很多分，拜托你了老师……”说完深深地给刘老师鞠了一个躬。

经过一段时间接触，刘老师发现这个孩子有点不合群，于是尽量接近他，找他所在的小组成员做工作，让他们能主动热心地帮助张成源，让他感觉到集体的力量与温暖，从而愿意主动加入到集体的队伍中来。借着这个机会刘老师每天都找出他的优点进行表扬，给他表现的机会，给他信心，让他不断地发现自己的闪光点，渐渐地他开始有意识地和老师说话了。有一天，他找到刘老师悄悄地说：“老师你比我妈妈还好，等教师节时我送给你个小礼物行吗？”

刘老师私下里测试了这个孩子，发现他的基本知识掌握很差，就让他找来上学期的课本，给孩子从基础知识开始辅导。她用心观察这个孩子，他课上虽然从来都不调皮捣蛋，但是他的听课效率却不高。于是她经常在课上提问张成源，提问一些简单的问题，以便他能回答正确，这样既能提高孩子的注意力，又能增强孩子的自信心。这样在师生的共同努力下这个孩子成绩提高很快，有一次数学测试考了 99 分。

孩子的家长看到孩子的进步，知道都是刘老师的功劳。一次给刘老师打电话，说买礼物肯定不能收，就一定要请刘老师去吃顿饭，还是被刘莲娜婉言谢绝了。家长只能激动地送给刘莲娜一句话：“刘老师，太感谢你了！”

后　记

给学生补课可以说是我们英才老师的家常便饭，有许多老师起早贪黑，备课或批改作业。有许多老师为了工作忘记了自己的孩子，忘记了自己还是一位妈妈……

一颗星星不足以点亮夜空，群星璀璨才是最美的风景。正是因为有了许许多多像刘莲娜这样的英才老教师，英才才有了今天的辉煌。也许他们没有姣好的容貌，没有华丽的语言，但是他们有对事业的忠诚和对英才无怨无悔的奉献，在自己的三尺讲台奉献自己的青春和爱；在自己的教育田地里无私地耕耘和播撒……

母爱深情

——记唐山英才学生公寓生活老师王桂敏

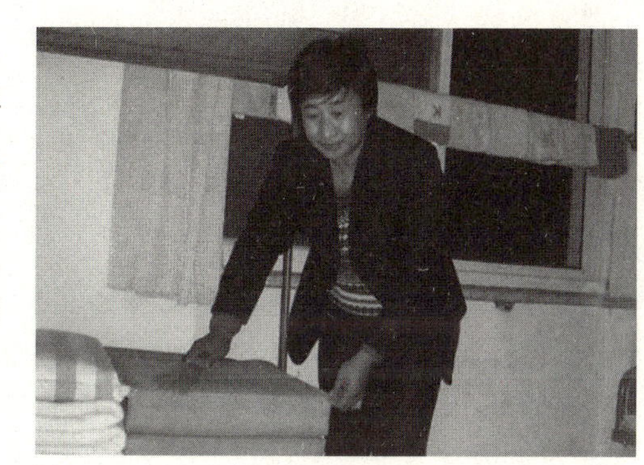

人物简介：王桂敏，女，滦南人，于2001至2010年在英才工作；2001年在学校后勤工作，后任公寓生活老师，公寓主任等职。

在公寓工作期间，工作勤恳，为人热情，给学生以母爱深情，孩子们都亲切地称呼她“老妈”。

【座右铭：千教万教，教人学真；千学万学，学做真人。】

王桂敏老师是见证了英才每一步发展的元勋教师。我2010年11月来学校时，王老师已经离职，虽然没有和她见过面，但是她的形象却清清楚楚地印在我的心里。

王桂敏2001年来校直到去年离职，在英才整整九个年头。她用母爱深情征服了所有学生，学生们都亲热地称呼她“老妈”。她勤勤恳恳的工作态度和对待学生的满腔爱心深为人们所称颂。她从一个生活老师的层面做了一名塑造学生灵魂的工程师！

“王桂敏是一个具有英才人最可贵品质的老师。”这是在我来学校后，第一次听到有人对她如此的评价。这句话源于她离职后的悄然离开，在学生离开公寓后，她无声地收拾行李，没有依依不舍的师生送别，没有泪洒衣襟的难舍难分，她深深隐藏了和学生的那份难以割舍的情感。她只为学校的安定和学生情绪稳定的大局着想。

从那一刻起就有了对于王桂敏老师的美好印象，而第一次听到她的事迹是张中山校长在全国第二届企业家论坛的一段演讲视频里。

“有一个姓朱的叛逆女孩，她早恋、打架，没有她不能做，也没有她不敢做的事。有一次，她想去厕所小便，当她看见王桂敏老师正在走廊里，她就蹲在走廊里小便。她明显是在老师面前示威，但是王老师什么也没有说，回头从卫生间拿来墩布，把尿液墩干净再到水房里去涮墩布，然后用手拧干，然后再拖地再拧干，如此往复，直到把地面墩干净。”

“第二天正赶上双周学校放假的日子，学生们走后，王桂敏老师进入宿舍的时候发现女孩的床特别凌乱，就过去帮助整理，当她掀起被子的时候发现床单上是女孩例假时不经意留下的污渍。等到周日返校的时候，女孩发现她的被子叠得整整齐齐，床单洗得干干净净。两周后正是学校放暑假的日子，王桂敏老师照常帮助女孩收拾行李，拿东西。当女孩走到门口的一刹那，女孩放下行李回头抱住王老师：‘老师，我错了！……’”

这是一个王桂敏老师用无言的真诚打动孩子心灵的故事。她用无声的语言换来了孩子的感恩。

在对学生和老师的采访中，所有和王桂敏老师接触过的人都说她是一位和蔼可亲的人，是一个你每次见到她都会有一种莫名的温暖游走心间的人。九年来，王桂敏老师正是用她那份真挚的“爱”、“责任”，执著地诠释着她做人的品格。她在与同学们相处的点点滴滴中真正做到一言一行皆用心，一颦一笑总关情。王桂敏老师用爱支配着自己的工作，用责任和智慧播撒爱的种子，默默耕耘着神圣的教育事业，她无愧于学生共同给她的称呼：“老妈”。

我们通常说一个人心肠慈善的时候用到佛教语“大慈大悲”，然而对于大慈大悲最通俗的解释是：“像母亲对待自己孩子一样的感情”。爱自己的孩子是一个母亲的本能，能用爱自己孩子的方式去爱学生则是神圣。可见对于王桂敏“老妈”的称谓，是孩子们对于一名生活老师最由衷的赞美。

2009年，七二班有一个女生，自残、抑郁，曾经有过割腕写血书的历史，也有因一时冲动跳楼的念头。王桂敏老师利用午休时间开始做这个女生的思想工作，首先对于她的行为给予严厉批评，然后是正确引导。晚上等到学生们肃静下来，王老师再次找到女生谈心。王老师对女生说：“孩子，你是世界上最幸福的孩子啊！”女孩听着王老师的话显然有点诧异：“为什么？”“你们的校长班主任天天打电话询问你，是否过得快乐，心情好不好？咱学校一千几百学生里你能得到校长的关爱，难道你不是幸福的孩子吗？”这次，这个女孩哭了。第三次王老师再找这个女孩谈心，她从校长的关心、家长的惦记，说到孝道的时候，女孩扑在她的怀里呜呜地哭了起来。她哭着说：“老妈，我伤害了所有关心我的人，我对不起校长、对不起你、对不起我的父母……”那天晚上，女孩把所有郁结于心的事都告诉了“老妈”。是王桂敏打开了女孩紧锁的心扉，成了女孩生活中最知心的朋友。

有一次，正值夜里王桂敏老师值班，十一点当她巡视到女生五楼的时候，听到九年级一个叫媛媛的女生在宿舍里小声说话，由于怕影响别人休息，王老师没有批评女孩，只是在门外轻轻地敲了几下门，以示提醒。第二天她找到媛媛，对她进行了严厉地批评，但是女孩对王老师的批评并不接受，认识不到自己的错误，感到很委屈，因为王桂敏考虑到九年级学习很紧张，就让她先回去上课，她只是叮嘱同宿舍学生把这件事告诉班主任。晚上，班主任带着媛媛来找王老师道歉，女孩儿只是抽泣着哭，无论班主任怎么强调给生活老师道歉，她也不说话。

媛媛是班里成绩不太理想的学生，尤其是她的数学学科，学习不主动，缺少上进心。这次，她生病在家休养了二十多天刚刚返校三天了。王桂敏老师看着学生伤心哭泣的情景，心里很不好受。她反思自己，一定是自己没有考虑到学生的难处。随后给学生写了一封长长的道歉信："媛媛，我带你快两年了，也许我冷淡过你，也许我伤害过你，也许……如果真是这样，老妈给你道歉，在此对你说一句：孩子，对不起！以后我一定多关心你，一定照顾好你，请你原谅我的无心之过好吗？如果你还不接受的话，请你不要再叫我'老妈'，因为我对不起你，不配'老妈'这样的称呼。"信写好后，王老师把信连同三块蛋糕包好，放在了学生枕头下。那天晚上，王老师看到孩子异常乖巧，虽然没有给她道歉，但是内心同样达到了安慰。第二天午休时，媛媛把一封信悄悄地塞到王老师衣兜，不好意思地莞尔一笑跑了。

王桂敏，一个普通的公寓生活老师，她就像一个塑造孩子心灵的工程师，无论怎么叛逆的孩子到了她的手里都变得乖巧、可爱。有这样的生活老师，有力地辅佐班主任的工作，让他们的班工作能够顺利进行；有这样的生活老师，让离家在外的孩子体验到温暖和理解，让那些忙于工作的家长安心、放心。

王桂敏，一个公寓生活老师能得到班主任和任课教师的尊重；王桂敏，一个普通的公寓生活老师，在家长来校时会专程来看望她，为她对自己孩子的无私奉献表示真诚的谢意；王桂敏，一个普通的公寓生活老师能够得到领导的认可，每年获得先进职工的光荣称号……。这足以证明王桂敏工作的到位，人格的可贵！

王桂敏说：在英才我不仅是孩子们的导演，又是总编和播音员。我愿做学生灵魂的塑造者，把每个学生的名字都刻在心里。

在孩子们中间，王桂敏老师成为他们内心世界的开拓者。"千教万教，教人学真；千学万学，学做真人。"这是她工作中的座右铭。

王桂敏老师还说过："作为一名生活老师，即使再苦再累，只要自己的真心付出能够带好学生，感动学生，哪怕是牺牲一点自己的时间，我依然相信，苦尽必然甘来。更何况家长们把孩子们交到了我们手里，就是希望他们能够学习好、身体好、品德好，样样都好，所以我作为一名生活老师，有责任也有义务做到尽心尽力，把本职工作做到更好。"

王桂敏老师用她的母爱深情打动着学生，感染着同事，在自己的工作岗位履行着作为一名生活老师的爱与责任！

勤于务实　笃学尚行

——记唐山英才学校招生办主任柴立国

人物简介：柴立国，男，生于1973年7月，河北唐海县人，专科学历。

从教17年曾获得唐山市民办教育先进工作者荣誉称号。现任唐山英才学校招生办主任一职，负责学校招生和家校联系工作。

【座右铭：路虽远行则必至，事虽难做则必成。】

柴立国是英才学校的一名老教师，是一名“从士兵到将军”的英才功臣。在英才学校，他从最初的一名普通体育教师到综合教研组组长，最后任公寓主任、校长助理，历经十年时间，2011年暑假以后，他任招生办公室主任一职。

2002年在那个老英才们都念念不忘的劳动场景里，一个小伙子格外引人注目

夜里十二点，在淅淅沥沥的小雨里，老校长和老师们都在翘首企盼，焦急地等待着姗姗来迟的两辆拉教学器材的卡车。

终于汽车明亮的大灯打出一条笔直的光束，好长的卡车呀，装得满满的两车皮教学器材。教师们一边卸车，一边往楼上搬运，通过那个扶手还没有修好的楼梯搬运到四楼。在这支搬运队伍里，一个眉清目秀的小伙子格外引人注目，别人一次搬两把椅子，他要搬六把；别人走了一趟，他已经上上下下了两趟……。从那以后这个能干的小伙子被赵子慎老校长任命为“劳动组长”。

这个小伙子就是柴立国，他是来自唐海的一名教师，在此之前已在老家的一所学校当了十年民办教师。当他听说滦南一个私立学校正在招聘老师时，立刻前来参加应聘。2002年6月，他正式成为英才的一名体育老师。

在柴立国仅仅上了三节体育课以后就赶上期末考试，七月初就开始放暑假了。

那一年的暑假，英才老师一天也没有休息，上午军训，下午教师业务培训，有劳动任务时随时投入劳动。经过所有教职员工的共同努力，2002 年 8 月 25 日英才学校迁入新校区，于九月一日举行了盛大的开学典礼。

新学期开学不久，董事长执意辞退柴立国

现在的阶梯教室，那时还是一个全体任课教师集体办公的大办公区。音、体、美、外语、书法教师组成一个综合教研组，一共十三位老师，由柴立国任这个综合教研组的组长。

柴立国作为一名体育老师，对待本职工作兢兢业业，那真是没有半点含糊。但是，他在生活上是一个不拘小节的人，因为每天在室外上课，夏天要顶着烈日训练，所以他经常头戴一顶遮阳帽，脖子上随手搭一条毛巾，上身只穿一件跨栏背心，下身穿一件运动短裤。偶尔进办公室时，他很随意的一抬腿坐在办公桌上，帽子歪戴着，再随手点上一根烟……。这个镜头被董事长无意撞见，董事长立即找到赵子慎校长，执意要求辞退柴立国。在几位来自唐海的老师的共同担保下，他才勉强被留了下来。

张素芝老师和柴立国是一个村的，按村里的辈分张素芝要跟柴立国叫哥哥。当时张素芝找到他苦口婆心地劝说："哥，咱们英才的教师一定要有英才形象。你要是非要戴帽子就把帽子戴正，再热也别把手巾搭在脖子上了，你要是实在想抽烟就找个避人的地方，千万别再到办公室抽烟了。"柴立国听了张素芝的这番话才知道董事长执意辞退自己的真正原因。

拼全力一心为校

柴立国当体育老师的时候正是董事长创业最艰难的时期，学校刚刚搬进新校区，各项设备还不是很完善。为了节约资金，很多辅助体育设备都是柴老师和阎生满(原英才体育教师)自制的：放教具的架子，放海绵垫的托架等。那些利用业余时间制作的教具，到现在一直还在使用。

那时他们经常举行有意义的文娱活动，如篮球比赛、象棋比赛等。起初装象棋的盒子都是纸盒，用一两次就坏了。柴老师为了避免棋子丢失，用薄木板做成画着棋盘的大木盒，历经十年，依然完好无损。如今再见这些东西，都会回忆起建校初期创业的情景。往事，仍历历在目。

现在的学校操场，铺着绿色柔软的草坪、红色国际化标准塑胶跑道，这不但是英才的一道美丽景观，而且是夏季师生消暑纳凉的最佳去处。在刚迁进新校区的那一年，操场是土的，跑道是用渣子铺成的，孩子们摔跟头后腿上会粘上一层黑色的粉渣儿。只有位于东墙边的跳远坑，每天都以新的面貌迎接学生。那是柴老师为了保证坑内沙土的松软，每天都亲自用铁锹翻一次。

柴立国老师在学校刚迁入新校区不久就勇于克服种种困难，积极筹备校秋季运动会。那时的他每天脚上穿着一双雨靴浇场地、画跑道。操场是一个不规范的扇形，规划跑道时，弯道差不容易精确计算，他们就用一个圆形轱辘，外围套上皮尺在跑道上滚动，一圈一圈地测量，所有的弯道都是用这种方式画出来的。他们晚上还要加班研究、策划运动会的各项流程。从晚上忙到凌晨，仅休息几个小时，早起照常训练。

苦心规划好的跑道，遭遇夜里一场雨就全部被毁了。他们并不气馁，第二天继续画。所有的老师都目睹了他们的艰辛，被他们不屈不挠的精神感化，只要有时间就到操场上帮忙。

2002 年 9 月 29 日，新校址第一届秋季运动会隆重召开，花束队、鼓乐队、彩旗队阵势恢宏，县五套班子领导都来参加。

时隔不久，柴老师还带领他的体育代表队参加了县运动会，而且成绩显著，取得了两项第一、一个第六、一个第八的名次。

柴老师的体育课上，孩子们训练有素，整队、训练，体委一个人就能独立完成。柴老师累瘦了，董事长见到他比画着一个手掌说："立国有病了吧?"他听到董事长的话有点迷惑不解，董事长依然比画着手掌说："刀脸了，怎么瘦了呢?"他这才明白了董事长的意思，"没病，带着学生训练累的。"董事长说："那就好，只要没病，扒两层皮也没事。"

严爱有加的教育

2004 年，公寓抽烟、打架现象时有发生，公寓管理是一个难点。吴献新校长发现柴立国工作积极肯干，管理学生有方式、方法，他大胆起用柴立国任学生公寓主任。

柴立国上任以后，迅速了解公寓现状，根据实际情况完善公寓管理制度。把各项规章制度上墙，并且召开公寓教职工会议进行公寓内部治理。他每天晚上亲自值夜班，学生不规范行为都销声匿迹了。每天学生回公寓，他都坚持站在门口迎候，学生礼貌问好，右行礼让。

有一个叫魏宏伟的学生，在同学中很有号召力，经常打架，违反纪律。有一次柴主任例行查宿时，看见他正在用热水烫脚，脚上满是冻疮，有的地方已经溃烂流出黄色的渗液。粗中有细的他发现孩子床下的一双单鞋，心里很不是滋味。第二天正赶上倴城大集，他从集上买了一双厚厚的棉鞋送给了魏宏伟。从那以后，在魏宏伟身上发生了惊人的变化，他号召全宿舍同学学先进争优秀，争取宿舍达到五星级标准，他们的宿舍一度成为公寓的星级标杆宿舍。

还有一名四年级学生金佳俊，因受不了学校严格的管理制度而一直要求退学。他学习成绩不好，经常犯错误，老师批评他的时候，他就用力踢桌子表示反抗；他在公寓里也是一个老大难学生，晚上躺在床上不睡觉，用脚蹬墙，蹬暖气片，声音贯穿整个楼层。老师和生活老师拿他没办法，而他父母又远在北京做生意，知道孩子的情况后也很无奈，可是他们根本没精力照顾孩子。父母听说了公寓柴主任管理学生有一套，就专程找到他，恳求他管管孩子，只要孩子别退学能在学校安心上学就行。

柴立国答应金佳俊的父母一定尽心尽力照看孩子。他开始留意观察，并从生活上关心他，给他买来水果和生活用品。但是孩子还是一副冷冰冰的表情，他就把这个孩子叫到值班室，一顿严厉批评。从那以后这个孩子行为略有收敛，但是他还是感觉孩子的内心并没有真正服从。于是他就经常找金佳俊谈心，了解孩子的内心想法。通过交谈他了解到金佳俊只是想家，便带着金佳俊去看自己在一年级上学的儿子，告诉他这是他的小弟弟，他只有五岁，也想爸爸，但是父子虽然在一个学校也不是能随便见到的。

金佳俊留了下来，并且在英才学校读完四年级，又读了五年级，在六年级的时候被父亲接去北京上学。金佳俊的家长感激柴主任曾给予孩子无微不至的关照，每次在回滦南的时候都会专程来英才看他。

勤于务实　笃学尚行

柴立国任公寓主任期间，公寓楼值班室里一面立体“公寓楼学生分布效果图”成为公寓的一道风景，是来往客人参观时必经的一站。

效果图是用一块闲置黑板制成的，上面有楼层和宿舍之间清楚的分界区域，上面纵横订满了寸钉，挂着写满全校每一位学生的名字的娱乐牌。使人能一目了然地看出楼层和宿舍的布局以及每一个学生的具体位置。那是柴主任利用一个假期，使用了十几副游戏纸牌做成的。

公寓在柴立国主任的努力下呈现一派祥和的景象，再也没有出现过一起安全事故。公寓各项制度完备，秩序步入正轨；柴主任对于公寓管理轻车熟路，工作相对轻松起来。闲不住的他这时有一个大胆设想：解放前勤老师，把前勤和公寓分离（每天前勤老师把学生送到公寓，进行简单交接，签完字就可以走）。

他把这个想法告诉了吴献新校长，校长说这件事必须慎重考虑。后来他见校长一直没有行动，就写了一份书面材料请校长审批，经过校长和董事长合议，董事长举双手赞成。“公寓和前勤分离，即日起试行，试行期至学期末。”通过几个月的试行期，公寓工作运行正常，公寓开始正式独立。

柴立国是一个谦虚的人，面对成绩和荣誉，戒骄戒躁，面对物质金钱他看得很淡。领导对他的公寓工作高度认可，曾经颁发给他一笔奖金，作为他出色成绩的奖励。他说成绩不是个人的成绩，奖金也不能个人独享，他把这笔奖金平均分发给了每一位生活老师。

招生工作开新篇

柴立国接手招生办以来，进行内部机构调整，把接待办从招生办分离，成立了家长接待室，打造了接待办的微笑品牌。家长接待室起到一个学生在校安心，家长离校放心的作用。

柴主任重新制订招生办的招生计划，简化新生考试流程和学生录取流程，把人员分工落实到位，从以往家长用半天时间为学生办理入学手续简化到现在半个小时就能办完。

柴主任在学校外围把招生工作铺陈，培训为学校义务招生人士，在本学期内完成一百四十名的招生任务，还教师一个轻松假期。

后　记

面对董事长的重视，柴主任无限感慨。他说在英才有一些小的成绩，只是尽了自己微薄之力，离不开董事长、校长的信任和支持，离不开老师们的帮助和积极配合，成绩是全体员工凝聚力的体现。

这些年，柴立国与英才共同成长，他见证了英才学校从幼稚到成熟，从不足到完善的艰难历程。英才的辉煌有他的汗水和付出。我们期待他会更加成熟，我们也期待英才的明天更加美好！

送给孩子们母爱的阳光

——记唐山英才学校小学语文教师张红艳

人物简介：张红艳，出生于1970年，滦南人，本科学历；2001年在英才任教至今；担任班主任、学部主任及语文教学工作；曾多次获县级论文一等奖、三次获县班主任大赛一、二等奖；多次荣获县优秀班主任称号；荣立县三等功。

【座右铭：学习工作是享受，乐在尽责助人中。】

张红艳，唐山英才学校一年级班主任、语文教师。2001年，张红艳成为英才学校的一名教师。至今，她已融入英才这个大家庭十年了。十年来，她坚持做到恪尽职守，任劳任怨，以挚爱之心对待学生，以真诚之心对待同事，以坦诚之心对待家长，以赤诚之心对待工作，无怨无悔地耕耘于三尺讲台。她是骨干教师，她是先进工作者，她是优秀班主任……

2002年，被评为校先进工作者，所带班级一直是校“养成教育示范班”、“听课习惯模范班”；2003年，被评为县骨干教师；2004年，被评为县优秀班主任，并荣立县二等功；2005年，被评为优秀班主任；2006年，班会《自己事情自己做》荣获县一等奖；2007年，在县局组织的班主任综合素质大赛中荣获二等奖；2008年，被评为县继续教育先进工作者，几年来所撰写的教育教学论文在县级多次获奖；2011年，被评为县级先进工作者……

看着张老师一摞的奖状证书，我知道她是一个有经历的老师，在她身上一定发生过许许多多的故事……

然而，张老师留给我的最初印象似乎是一个难以接近的人。到办公区找她，她不在，打电话，不接。自高？自大？还是另有原因？一连串的疑问在我脑袋里回旋。等到她把电话打给我的时候，我才明白了这其中的原委。原来我找她的时间正是学生回公寓的时间，孩子们从教室回到公寓，像一群冲出牢笼的小鸟，自由而欢快，在孩子们的喧嚣声里再大的手机铃音也显得那么苍白无力。

经过几天的接触，一个妈妈般的教师形象在我的面前逐渐清晰起来。

“随风潜入夜，润物细无声”是对教师最好的诠释。张红艳，一名低年级教师，一名默默奉献的民办教师，就像春雨无声，默默滋润着孩子们的心田；她像一头埋头苦干的黄牛，默默耕耘于三尺讲台；她用自己的青春年华，用自己真挚情感，用自己的绵绵爱心，让孩子感受母爱的阳光……

2001 年，张红艳作为英才首批 19 名教师里的一员，担任小学三年级班主任。班里有一名学生叫高宇，是个特别贪玩好动的孩子，每天仿佛有用不完的精力，每天不是在教室弄翻了自己的椅子，就是在宿舍踩坏了下铺的脸盆。她每天都在担心着这个孩子，真不知道哪会儿就会闯祸。

那天，张老师看着孩子们睡着了，这才从公寓回到自己的宿舍，可她刚躺在床上，就接到了导育老师打来的电话，高宇从床上摔了下来。她赶紧穿衣下楼来到学生公寓，原来睡在上铺的高宇，想上厕所，不小心脚下踩空摔了下来，摔伤了手臂。她急忙联系学校值班司机将高宇送到县医院。挂号、拍片、检查，X 光结果显示右上臂骨折，需马上住院接骨治疗。医生催促赶紧交费办理住院手续，住院押金就要交 1000 元。张老师急忙给高宇的母亲打电话(高宇父亲常年在外地，只有母亲一人带他)，但是怎么也打不通，孩子母亲的电话打了几次总是关机。她立刻自己掏钱为孩子交了押金，办好住院手续。

接骨是疼痛的，医生怕孩子挺不住疼痛而乱动，于是张红艳毫不犹豫的紧紧将孩子抱在怀里。孩子咬牙忍着疼痛，豆大的汗珠顺着额头往下淌，牙齿把嘴唇都咬破了，血水顺着下巴滴下来。老师看在眼里疼在心里，眼泪也不自觉地从脸上簌簌流下来。高宇眼巴巴看着老师，反而安慰起老师来，“老师，不哭，我没事的，一点儿都不疼，你别担心。”接好骨，打上石膏，张老师把高宇抱到病床上躺好，护士给孩子打上点滴，张红艳一颗不安的心才稳定下来，肚子也饿得咕咕叫起来，她看看时间已经晚上 10 点多了。她又急忙到外面给高宇买来饺子，一口一口地喂给孩子吃。此时，这个坚强的男孩落泪了。

在英才十年，张老师做了十年的班主任，在与学生的亲密接触中，她一直努力做学生的良师益友，以自己水晶般透明的心去接近他们，去感受他们，去关照他们；她用自己坚强的臂膀为孩子们开拓一片希望的田野；她用自己一颗实实在在之心，用自己的坚定和执著为学生撑起一片自由翱翔的天空。

那一年，张老师的班级来了一名叫佟丽娜的插班生。经过一段时间的接触和了解，她发现佟丽娜是一名比较“特殊”的学生。这个小女孩来自丰南区大庄，她是家里第二个孩子，由于出生先天不足又加之父母重男轻女的封建思想，所以在幼年时把她送了人。孩子的养父母对佟丽娜百般虐待，无奈亲生父母只好把她领回家。从小孩子在缺少亲情的环境中长大，亲情淡漠的家庭生活以及复杂的身世，令她性情变得异常古怪。佟丽娜初来学校，对任何人都非常敌对，性情暴躁易怒，还有严重的厌学情绪，经常跟老师和同学发生冲突。但张老师没有放弃这个可怜而又怪异的孩子，她总是有意留下孩子帮老师整理作业本、帮助老师扫地、带她到草坪上捡垃圾……。说是干活，其实是故意制造与孩子接触的机会，与孩子近距离交流，让孩子能感觉到老师的关注，能做老师的小助手，不仅能让孩子感觉自己是一个有用的人，而且在潜移默化中医治了她那颗伤痕累累的心灵。慢慢地，孩子的情绪发生了改变，打人的次数少了，也不再我行我素了。课余时间，张老师和她聊天，知道她心里想什么，掌握她的思想动态。在张老师那真挚的情感与暖暖的爱心感染下，孩子以前抵触老师的情绪完全消失了，变得爱学习，热爱班集体，也能按时完成作业了。两个月后，她就和班中的其他同学一样，能正常地去学习、去生活了。

张老师用母亲的温柔感动着每一位学生，用她无私的爱心荡涤着孩子们的灵魂。后进生在她一次次感召中转变，她从教育孩子的过程中体验到了无与伦比的快乐，也感受到了自己作为一名人民教师的光荣与自豪。

有一位叫贾梦的女孩是张老师特别喜欢的孩子，她曾经担任班里的大队长，那个孩子组织能力非常强，为人也开朗热情。但是，到了四年级上学期，孩子的学习成绩直线下滑，为此张老师批评她好几次。后来这个孩子居然找到老师主动要求辞去大队长的职务，张老师用她细腻的女性直觉意识到这个孩子成绩下滑的背后一定另有原因。她拉着孩子的手，搂着孩子的肩，轻声细语地和孩子交流。这种温馨氛围，冲破了孩子最后坚守的底线，孩子的头一下扎在老师的怀里大哭起来。孩子抽泣着说："老师，我只信任你。"张老师怎么也没想到这样一个开朗的孩子原来有一个并不和睦的家庭……

原来贾梦小学三年级时父母离异，父亲再婚，现在又有了一个孩子。她一直生活在奶奶家中，父亲和后母常常编排母亲的坏话，所以，年幼的她心里非常恨母亲。她既渴望母亲的爱又恨母亲，孩子被这种情感纠结，于是她变得易怒，也自暴自弃，成绩越来越差。听了这孩子的哭诉，张老师反思自己工作的疏漏，内疚自己对学生的粗心。从那以后，张老师就经常找孩子谈心，有时张老师用信件与孩子交流，同时利用午休时间给她补课。张红艳发现孩子依然还是那么郁郁寡欢，她意识到孩子对她妈妈的积怨不是几句话就能消除的，解铃还需系铃人。为了一个学生的学业，为了一个孩子今后的人生，张老师没有知难而退。

张红艳老师找了一个机会，让家长来学校给孩子送东西。张老师见到孩子的父亲后，和他进行了推心置腹地交谈，探讨孩子的身心健康成长对于孩子人生的重要性，劝他为了孩子放下大人的恩怨。家长接受了张老师的劝慰，改变了对前妻的态度。在张老师和家长的合力下，孩子从复杂的矛盾中走了出来，脸上又出现了笑容。母亲节那天，孩子还给妈妈写了一封信。妈妈看完信后感动地哭了，特意打电话给张红艳，"感谢张老师为她们母女所做的一切，没有张老师，孩子不会有今天，将来一定要让孩子好好回报老师。"

张老师有时就像一部上紧发条的机器不停地运转着，体力的透支使她身体逐渐虚弱，曾经两次昏倒……

2007 年 4 月，正面临期中考试，工作特别紧张。不停的劳累令张红艳颈椎病犯了，颈部疼痛难忍，却没有时间休息，她一直忍痛坚持监考，终因体力不支昏倒在了考场上。躺在病床上的她，望着四周雪白的墙壁心情始终不能平静，学生的身影在脑海里来回晃动。她心急如焚，每天通过电话来了解学校和学生的情况。着急上火令张老师吃不下饭，但她强迫自己多吃，渴望自己尽快康复重返校园，回到学生们中间，体验和学生在一起的幸福时光。领导和学生来看她，面对真挚的关切，除了感动更多的竟是对自己没能坚守岗位的自责。

2008 年 4 月，张老师又因过度劳累，再一次昏倒在讲台上。同事们慌忙把她送进了医院，但是她身在医院，心在学校。她担心课上哪个孩子不听讲，她怕课后哪个学生作业马马虎虎，她怕早起哪个毛头小子忘了穿袜子，她怕哪个女孩子为梳不上辫子而哭鼻子，她担心班里几个小虎头又打起来……。她在医院仅仅躺了三天，便再也不顾医生的反对和家人的劝阻，毅然从病床上爬起来返回了学校。她真的离不开自己热爱的岗位、离不开自己深爱的学生啊！

张老师爱岗敬业，对工作孜孜以求的精神得到领导认可，2008 年，被任命为小学部主任。

张老师在任学部主任期间，工作中身先士卒，带动新参加工作的老师。她用和学生一幕幕爱心交流的真实场景感染着每一位教师。她毫无保留地把自己这么多年积累的经验传授给老师们。在谈起班主任工作的时候，她不无感慨地说："缺少了爱心的班主任工作显得苍白无力。因为爱是教育的源泉，爱是教育的核心。"

在公寓里，导育老师都知道，只要有张老师在，公寓工作就非常好做。孩子们在张主任面前像一只温顺的喜洋洋，孩子们懂事地以为，只要张老师看到他们都表现好的话，可以早点回去休息……。她每天早晨总是第一个走进学生公寓，挨个巡视孩子们的宿舍，看着孩子们还在静静地睡眠中，她无比欣慰。孩子们起床了，她悉心指导孩子们洗漱、叠被、督促孩子们加减衣服，为小女孩梳头、为小男孩系扣子，挨个查看孩子们是不是都穿了袜子，检查孩子们红领巾是否系得规范；每天晚上，她从办公室回来，无论多晚，她也忘不了再到公寓看一眼她的孩子们。

张老师赢得了学生的爱戴，在每个节日她都会收到孩子们写满祝福的贺卡和信件；在每个寒暑假，她都会收到孩子们诸如此类的电话："老师我想你了，什么时候才能开学呀?""老师，你好吗，我做梦梦见你了。"孩子们亲近张老师，孩子们爱张老师，这是孩子们对爱生如子，无私奉献的张老师的褒奖。她每每听到孩子们这样的话语，总会倍感欣慰，自己对于孩子们的一片心意总算没有白白付出。同时她也得到了家长的信任，他们总是这样说："把孩子交给张老师，我们一百个满意，一万个放心！"她每每听到家长鼓励的话语，会更加坚定自己执著付出的决心，会更加铿锵自己在教育事业继续前行的脚步……

"教学是一门艺术，而且是一门始终带着遗憾的艺术。"但张红艳老师却始终在努力，努力追求完美。为了补足遗憾，她为此付出了很多很多。她就是这样在教育这片沃土上默默耕耘，一直奉行着"苦中求乐、失中求得、敬天爱人、超越自我"的英才精神，一直把吃苦当作享受，把奉献当作自己的追求。

张红艳老师说："为学生所做的一切，我从没想过什么回报，只是出于一名教师的责任感，出于一名教师对教育事业的忠诚。"

张老师没有豪言壮语，有的只是她对待教育的一颗赤诚之心。用她躬耕不辍的实际行动谱写着她的教育之歌，用她真挚朴实的爱诠释着她的教育誓言。今后的路还很漫长，她仍然会执著而坚定地迎接一个又一个挑战……

用爱相伴春夏秋冬

——记唐山英才学校小学数学教师赵凤琴

人物简介：赵凤琴，女，滦南人，中师学历。2001年来校至今，担任六年级班主任同时兼数学教学。连续3年任小学数学教研组组长。2007年，被滦南县政府授予县优秀教师称号；2008年，被考核为优秀，同年撰写的《"三心"构建起班主任工作蓝图》一文在滦南县中小学班工作经验论文评选中获奖；2008年，被评为县教学先进工作者。

【座右铭：多用时间来瞻前，来实干；少用时间去顾后，去空想。】

赵凤琴，一个在教育战线上度过了20个春秋的老教师，用她自己的话说，自己是一个知识运输兵，前十年一直在滦南教育战线上转战。2001年9月来到英才学校，从此，赵凤琴在英才扎下了根基，结束了南征北战的转战生涯，在英才一干就是十年。

二十年的笔墨春秋，赵老师热爱自己的教育事业，胜过于爱自己的生命，用爱书写着无怨无悔的人生宏图！

1992年，获得滦南县青年教师语文大赛一等奖。2007年，被评为县级优秀教师。2008年，被评为县教学先进工作者。这仅仅是荣获的县级以上荣誉，校级荣誉就不胜枚举了，曾多次被评为校级优秀教师、优秀班主任。

爱心相伴春夏秋冬

歌里唱得好"你的爱像月光，多么温柔又明亮……"多少个夜晚，孩子们伴着老师如月光般的爱入眠……

开学时，已进九月，虽然过了立秋，但中午还是炎热难耐。来自吉林的新生孙连启，穿着长袖衣服，中午热得满头大汗。他的班主任赵凤琴看见他不住地用袖子抹汗，连忙过去询问，原来上学时妈妈没给拿短袖衣服。她立即起身从家里把自己儿子的短袖衫拿来，给孙连启换上，并嘱咐他要经常换洗。孩子发自内心地说："谢谢老师!"

冬至一过，天气转凉。家长总是要惦记不在自己身边的孩子，就近的家长纷纷给孩子们送来了床上铺的毛毯。这些平常的关照，孩子都已经习以为常，当赵老师把一个个厚实、绵软的小毛毯铺在几个外地学生床上的时候，这几个久违家庭温暖的孩子感动得热泪盈眶。来自东北的孙连启，来自广东的李业铭，来自江苏的王梓权都感受到了老师给予的妈妈般的关爱。晚上，躺在暖融融的被窝里，孩子们睡得特别踏实，脸上依然存留着幸福的微笑。

有了老师的爱，酷暑难耐，骄阳似火，英才的夏天不觉得热；有了老师的爱，寒冷的冬季，雪花纷飞，冰天雪地，英才的冬天不觉得冷。

失职的母亲，负责的老师

英才老师都知道赵老师有一对可爱的双胞胎儿女，而对于儿女，她更多的是愧疚。2009 年 9 月 28 日，是她永远忘不了的一天。学校才开学不久，她作为班主任，每天都有很多事务需要处理。那天她刚回到家里，手机铃就急促地响起来，她唯恐是班里学生有什么事，赶紧抓起手机，当她接通电话，原来是在一中上学的儿子的班主任打来的，随即被班主任告知的事惊呆了：儿子在玩篮球过程中，不慎摔倒，双臂骨折。

赵老师一时感觉不知所措，这消息对于一个母亲来说，不亚于晴天霹雳。她赶紧打车赶去了医院，医生说需要马上做手术，两边胳膊都必须先用钢板固定，一年以后做二次手术，取钢板。她想象手术后儿子的手臂上就要留下蜈蚣一样的两条疤痕，当时真是心如刀绞。情急之下，她想起在唐山二院当院长的嫂子，于是马上把儿子转到唐山二院，嫂子找了当时二院最好的医生为儿子会诊。会诊后，医生说，如果看护得当，这段时间伤处不错位的话，可以采取保守治疗，就不用做手术了。

医生的一句话让赵老师看到了一线希望，她决定采取保守治疗。孩子双臂骨折，生活不能自理，家属的护理很重要，但是她白天要上课没有时间照顾孩子，只能把儿子交给他爷爷照看，晚上她要等到学校的事情处理完了才能匆匆赶回家。因为唯恐孩子手臂乱动，伤处错位，她一夜也不敢合眼。劳累一天的赵老师，夜里是如何艰难地抑制着自己别瞌睡呀？儿子说："妈，你就请几天假，陪陪我吧。"当时她无奈地对儿子说："孩子，妈当班主任，咱英才的管理你应该是很清楚的，特别是新的学年刚刚开始，新生很多，学生需要妈妈，你能理解吗?"儿子默认了，但从他的表情中，赵老师感觉孩子有些失落和伤感。每天赵老师白天上课，晚上护理受伤的儿子，足足坚持了四十多天，她没请一天假，没耽误学生一节课。

儿子的骨折事情，想起来就会揪心地痛，每当想起儿子手臂骨折的往事，赵老师心头就会涌现出对儿子难平的愧疚；赵老师对学校、对学生的默默奉献却无怨无悔……

有一天，学生孙连启老感觉没精神，摸摸头有点烫，赵老师就赶紧带去校医室检查。校医给他测量了体温，发烧 39 摄氏度，由于校医室医疗条件有限，建议去医院检查。她立即带孩子到县医院做了全面检查，被诊断为猩红热。

返校后，赵老师马上汇报了学部主任并与家长取得了联系。因为家长远在吉林，又赶上雪天路滑，家长最早第二天才能赶到。赵老师和学部沟通，决定在校医室输液。把孙连启安顿妥当后，她又赶忙赶去教学区上课。第六节下课，孙连启再次高烧，不能排尿，校医说已经到了“少尿期”，公寓陈主任焦急万分，建议去医院再做进一步检查。她马上又带孩子到了医院，又做了一次全面检查，医生建议再次输液。这时已经快下午五点钟，医生快下班了，她托了熟人才勉强答应给孩子做皮试输液。挂急诊、开处方、买药，楼上楼下紧忙活。等到给孩子输上液，已是晚上七点多钟。这时赵老师自己饿得肚子咕咕直叫，才意识到孩子一定也饿了。于是赵老师把孙连启交给李丽萍主任看护，连忙回家做饭，熬了稀粥、用馒头片裹了鸡蛋炸的馒头干，加上以前煮好的牛肉、虾，赵老师和李主任一口一口地喂给孙连启吃。饭后她又给孩子买了罐头、酸奶及小食品，留着孩子晚上吃。输完液，回到学校，已经近晚上十一点了。

当孙连启的家长赶到学校时，看到被班主任照顾得很好的儿子，感激之情难以表达，激动地掏出几百块钱非要塞给赵老师，被她婉言谢绝。她对家长说：“我对孩子所做的一切，都是我应该做的，英才的任何一个老师，他们都会这么做。”孙连启的父亲激动地说：“这就是英才教师的优秀品格。把孩子送来英才是我们正确的选择”

即使付出再多也值得

赵老师说：“教师诚挚的爱，可以赢得学生上进的激情，可以除去学生心灵的自卑阴影，只要有爱，师生之间思想才能互相交流，互相包容，互相理解。”赵凤琴说了，赵凤琴也做了。她在教育教学中，始终用无微不至的爱做着表率，感染着、影响着……

来自江苏的王梓权同学刚入学时，不会洗衣服，赵老师把王梓权泡了一盆的内裤和袜子全洗了；天冷了，赵凤琴挨个检查有没有哪个学生好美穿的衣服不够多；放学了，送学生回公寓，监督他们洗漱，嘱咐他们按时就寝；学生感冒了，一杯热水递到学生手里……。这一幕幕场景，有心的学生都看在眼里、记在心里。

有人说，教师的职业就是一种良心的职业。是的，只有我们真正做教师的人才能体会到，教师的工作不能用简单的时间和量来衡量，学生占据你的不只是时间还有你的思想和灵魂。

2010 年春天的一个下午，赵老师带领学生刷洗篮球场，由于几天来工作的劳累，以及刷洗时间过长和用力太猛，赵老师眼前一黑就晕倒在操场上。当赵老师醒过来时，睁开眼的霎那她发现整个班级的学生全围在自己身边，一个个眼里浸满了泪水，紧张焦急地等待着，看到老师醒了过来，他们长长地出了一口气。刘长胜同学带着哭腔说：“老师，我带你上医院吧！您不能有一点儿事，要不谁来教我们啊!”其他同学也都这样说着，面对这样感人的场景，赵老师再也抑制不住激动的泪水。面对孩子们这样的回报，赵老师满足了，即使自己为他们付出的再多也值得!

……

这样的故事举不胜举，也是正因为英才有了赵凤琴这样的教师，英才人“失中求得，苦中求得，敬天爱人，超越自我”的英才精神才能在心中铸就，演绎一幕幕平凡中不平凡的英才故事，书写英才大步跨越的篇章!

爱，流淌在细节之间

——记唐山英才学校小学英语教师杨焕芳

人物简介：杨焕芳，女，1978 年 3 月出生于滦南县倴城镇张泡村，2001 年毕业于石家庄市外国语学院，大专学历。

2002 年来英才任教，任教期间英语教案获市级二等奖，2009 年度考核为优，连续多年被评为县级先进工作者。

【座右铭：我成功因为我志在成功。】

爱如涓涓细流

中午，烈日当头，一位年轻妇女骑着一辆自行车，后车座上一个戴着遮阳帽的小男孩双手紧紧搂在骑车妇女的腰上。

年轻妇女关切地对坐在后座的男孩说："孩子，你热吗？我给你买个雪糕吧。"

他们走到商店门口停下，妇女掏钱买一只雪糕，把包装纸撕开递给小男孩，一边看着他津津有味地吃雪糕，一边用遮阳帽给孩子扇着……

等孩子把雪糕吃完，她把孩子抱到车后座上，然后，骑上车子依然赶路。他们径直走进英才学校。难道是来送孩子上学的母亲？不是回家周不允许家长带孩子出去的呀！妇女抱孩子下来，把自行车放进车棚里，领着孩子径直走进一年级教室……

这个妇女是杨焕芳老师，孩子是她的学生张倬源。这是 2009 年夏天的一个场景，家在昌黎的张倬源同学，生病发烧，父母因为工作很忙，不能把生病的孩子接回家。杨焕芳就通过电话和家长沟通，问好了孩子输液常用的药物，利用中午午休时间，带孩子到学校附近的医院去输液。

杨焕芳老师对孩子无微不至的关怀，总能得到家长的信任。把孩子放在杨焕芳老师的班里家长最放心，暑假过后常常有家长为杨老师能继续做他们孩子的班主任感到庆幸不已，而那些没能分在杨焕芳老师班级的孩子们会感到一丝丝的失落……

执著不懈地追求

杨焕芳老师，自然淳朴，走路总是不紧不慢，说话也不急不缓，给人一种踏踏实实的感觉。她小的时候因为身体不好，经常会无缘无故晕倒，但是她心里却有着对于人生的热爱和对于求知的执著。杨焕芳老师在河北师范大学外国语学院求学时，学习很拼命，只要听说外教在哪班上课，她肯定第一个去占座，星期五是英语角，不管是东校区还是西校区她从不缺席。她就这样一天一天过着充实的大学生活，四年以后以优异的成绩毕业。

2001 年，已经毕业的杨焕芳去剑桥英语学校任教。她在那所学校辅导孩子们英语，尽管工资很低，但她仍然非常努力地工作。直到 2002 年，她听说家乡办了一所私立学校时，便想回来应聘。当家人得知她这一想法时非常反对，因为在家人眼里她并不是一个聪明伶俐的女孩。家人可没少给她泼冷水：英才学校，办得那么好的一个学校，像你这样的，人家肯定不能要的！这个工作不成，原来的也失去了，得不偿失啊。

倔犟的杨焕芳执意要回来试一试，她完全出乎家人的意料，依次通过了考试测验、试讲……受到学校评委老师的高度认可，被直接录用。

在英才从教九年，她一直担任低年级的英语教学工作，由于她工作努力、成绩优异，多次获得县级优秀工作者称号，英语教案获得市级二等奖，优质课评比也多次获得一、二等奖，多年年度审核为优秀。

爱，流淌在细节之间

杨焕芳已成为英才学校的一名优秀教师，可是应聘前家人对她说的话会时常在她耳边回响，成为激励她严于律己的警钟。她暗暗下定决心：一定要做一个不伤害孩子自尊的老师！

记得一个叫焦润姿的女孩，性格孤僻。她在一年级刚入学的时候，不愿意跟同学接触，只要一到晚上就想妈妈，没完没了地哭闹。杨焕芳老师总是耐心地把她抱在怀里，像哄自己的孩子一样，她永远不急不恼的好脾气、她不紧不慢和缓的语速，让孩子感到妈妈般的关爱，杨老师很快取得了孩子的信任，孩子和老师的心贴近了。从此以后，焦润姿和老师的关系相处特别融洽，只要有杨老师在就再也不会想妈妈。

焦润姿升到二年级了，离开了杨老师，偶尔还会想家，无奈之时，家长还会给杨焕芳老师打电话，可见家长多么信任杨老师了！

杨老师还教过一名叫薛文婷的学生，这个学生对画画有着特殊的爱好。在课上，只要杨焕芳看到薛文婷专注的低着头，一会儿左端详一会儿右端详，杨老师就知道她又在偷偷地画画，只要老师一喊她的名字，她准会慌乱地把画收起来。

杨老师下课后找到薛文婷，和蔼地对她说："你喜欢画画，是吗？"

女孩低着头说："嗯！"

"今天上课讲的问题听懂了吗？"

女孩本来低着的头更低了，小声说："没有。"

杨老师摸着薛文婷的头说："喜欢画画是一件好事，但你必须找对时间。上课的时候要认真听讲，绘画课的时候再好好画画。"

杨老师打电话和家长沟通孩子的事，建议给喜欢画画的薛文婷报上绘画特长班。家长听到老师对于孩子的评价，很意外，愉快地接受了杨老师的建议。薛文婷的家长激动地说："杨老师对孩子的关心要比我们做家长的还要细心百倍！"

薛文婷学习进步了，绘画水平也提高了。孩子高兴，家长满意。

杨宇航是一个特别聪明顽皮不会自主学习的孩子，只要老师把握好尺度，管得严格一些，这个孩子定会考出一个特别好的成绩；但如果他有过一次好成绩就一定骄傲，下一次必然马虎大意，成绩不理想。对于这个孩子，杨焕芳老师软硬兼施，有时适时表扬，让他用荣誉克制自己的顽皮举动；在他骄傲时，杨老师就必须严厉地批评，无论在说话语气和目光、态度上都冷淡一些，让他知道，如果表现不好，老师会对他失望的。

还有一名来自三河的学生郑浩义，刚到班级时成绩很差，听课习惯也不好，但是非常有礼貌。杨焕芳老师就抓住他的这个优点大力表扬他，使这个成绩很差的孩子充满了自信心。杨老师利用课余时间给他补习功课，后来他自己偶尔也会主动提出问题，不太明白的地方也能去找老师寻求帮助。

后来，郑浩义英语成绩提高了，能主动关心班里的工作了，班里的事情也都能积极替老师分担。如分加餐、发水果。渐渐地，郑浩义喜欢上班级文艺活动，凡是学校有文艺演出他都踊跃报名、积极筹备，并且在英语歌曲比赛中获奖，在学校六一儿童节文艺演出中表现突出。

"机会总在等着那些有准备的孩子"，杨焕芳经常用这样的话去鼓励她的学生。离开父母的孩子最坚强，独立能力也最强。英才的每一位老师都会把学生放在心底，不漏过任何细节，不放弃任何一个孩子。没有一位父母不爱自己的孩子，没有一位老师愿意放弃自己的学生。

孜孜以求，无私奉献

杨焕芳老师说：对待孩子，老师的心情其实跟家长是一样的，都一样喜欢孩子、爱孩子；所不同的是，家长会把全部的爱心给予自己的孩子，而老师却会把自己的爱平均分配给每一个学生。

杨焕芳老师，在教学上常常以鼓励为主，她经常进行外语测验，累积取得三个满分得一张奖状；为促进后进生，她还有一个规定：如果一个学生在一节课上得到三次表扬也算一个满分，让他们也能有得到奖状的机会。这样孩子们就会特别珍惜收获，听课特别认真，以兹得到老师的表扬。

每次期末，特别是临考试的时候，孩子们会特别心浮气躁，每次杨焕芳老师都会开临考动员会。她给每个孩子设定一个目标，为他们点名定分。比如，张倬源必须考95分以上，杨宇航必须90分以上，高帆80分以上……然后安抚学生的心灵，重点嘱咐几个爱马虎的学生，考试时一定沉着、冷静、细心。

每当考试结束，孩子们都会围在杨焕芳老师周围，兴奋地说自己在考场的出色表现：老师我答题不错，一定能达到您定的目标。她也会积极配合孩子们考完后放松的心情，和他们拍手击掌……

老师们都知道，教低年级既劳心又劳力，孩子们每时每刻都离不开老师的监控，即便是吃饭上厕所都是排着队集体行动，但是还是难免有特殊情况的发生；每天总有干不完的活，擦黑板、擦玻璃、消毒、打扫卫生，还要给个别孩子洗衣服、钉扣子……

一次，杨焕芳老师高烧四十摄氏度，她利用中午午休的时间在校医室输液。每天她趁输液在校医室睡上一小觉儿，输完液照常上课，照样干活。她连续输液七天，一天也没有耽误工作，输液的胳膊因为没有得到良好的休息，得了淋巴管炎，致使那一块血管坏死，至今仍然可以清晰地看到一块青紫色的印记。

作为一名教师，对于学生真正的爱，并不是给予家长的一种承诺，更不是经常挂在嘴上的一种漂亮的言辞，她是一份责任，一份义务，一份愿意为学生付出一切的真实行动。杨焕芳老师对学生的每一个细节，都是对爱最好的诠释！

杨焕芳老师，没有豪言壮语，有的只是踏踏实实的工作；杨焕芳老师，没有什么惊天动地的事迹，有的只是生活中细枝末节的小事，她用她的实际行动书写对学生的“爱”，让“爱”如同山间的涓涓细流，缓缓流淌在孩子们中间。

把爱洒满学生心间

——记唐山英才学校小学数学教师蔡瑞艳

人物简介：蔡瑞艳，女，1964 年出生，滦县人。2002 年 8 月来英才任教至今，一直从事小学高年级数学教学工作，撰写的《浅谈数学教学中引导学生自主学习，培养学生探索能力》一文，获国家级二等奖，由于工作业绩突出，曾多次获得校级和县级奖励。

【座右铭：老实做人，踏实做事。】

在回家周看护外省市学生时，几次和蔡瑞艳老师交接，便对她渐渐熟识。

初见蔡老师，看上去她四十几岁的年纪，中等偏上的个头，微胖的身材，齐耳短发，不善妆容的自然淳朴外表，很像一位农家大嫂。真让人看不出她有丝毫的独特之处，很难把她与一大堆荣誉联系起来，但是她却以自己的实际行动为我们展示了作为一名教师的高贵品格，用她的骄人成绩赢得了领导的表彰。她曾多次被评为县级优秀青年教师、县级优秀班主任、县级学雷锋积极分子。

著名特级教师斯霞结合几十年的教育生涯总结出成功教育的真谛——童心和母爱。蔡瑞艳老师任教二十二年，其中在英才工作九年，在蔡老师的教育教学中，“爱”的教育贯穿始末。喜欢是一种包容，喜欢是一种淡淡的爱，没有爱就没有教育。蔡瑞艳始终坚信不疑“爱”的教育。

让爱的阳光洒满学生心间

歌里唱得好：“只要人人都献出一点爱，世界将变成美好的人间”。其实爱就是一种传递，一种传承。蔡瑞艳老师无论教哪个班级，都要首先掌握学生信息，了解孩子们的家庭背景，搜集他们的生日资料。在孩子们生日时，一句“生日快乐”的问候，一件虽小却精致的礼物，往往能使孩子们得到无限的满足，让这些远离父母的孩子感受到家的温馨和母爱的甜蜜。

王珠玉是一个很有个性的孩子。他过生日的时候，蔡老师不仅在校园广播站为他点播了歌曲，而且还在班里为他举行了一个小小的生日 Party；全班同学为他齐唱生日歌，还送给他好多生日礼物。这个性格倔强但总是不轻易表达感情的孩子，在那一刻激动得热泪盈眶。他曾在日记里写道：蔡老师的祝福让我整整兴奋了一整天，这是我过得最有意义的生日，谢谢蔡老师和同学们。

蔡老师细心地做着班级工作，每个孩子的一举一动都逃不过她的眼睛，哪怕是学生一个小小的问题都会令她寝食难安，一定想方设法解决。班里有一个叫吴鹏的学生，爱打架，爱说脏话，他的言行跟这个先进班级显得那样格格不入。对于这个孩子，蔡老师看在眼里，急在心里。她试着劝解吴鹏几次，却总是不奏效，他甩甩头，一副盛气凌人不服说不服管的样子。蔡老师感到跟这个孩子之间有种不可逾越的东西，在他心灵深处似乎有一块不易融化的坚冰，需要适宜的温度去感化。蔡老师留心观察吴鹏，她发现每次回家周都是奶奶来接他。经过了解，原来孩子的父母因为忙于做生意，疏于对孩子的教育。

蔡老师开始试着与吴鹏接近，有意无意地充满爱意地拍拍他的肩，抚摸一下他的头；先让他帮自己干点活，再抓住时机表扬他；孩子的衣服脏了帮他洗一洗，孩子的扣子掉了，帮他缝一缝；天冷了，提醒他多穿点衣服。蔡老师就是这样从细微处入手，让暖暖爱意点滴渗入孩子的心灵。

一次，吴鹏回家周返校时，来送他的奶奶把狂犬疫苗交到老师手里，交代说孩子在家被狗咬了，必须按时注射狂犬疫苗。疫苗的保存可难坏了蔡老师，她拿到餐厅，餐厅都是食品，不允许和疫苗放在一起。无奈之下她找到杜校长，杜校长帮她把这个难题解决了。每次打针都是蔡老师陪同，像哄小孩一样地哄着他。渐渐地，孩子与蔡老师亲近了，见到蔡老师时总要微笑一下，在他心里已经接受了蔡老师这个朋友。吴鹏心里那块坚冰逐渐融化了，坏习惯自然而然就消失了，吴鹏变得阳光起来。

蔡老师的爱漫撒学生心间，让每一个孩子享受师爱的阳光，自由而茁长地成长。蔡瑞艳老师的班级还有一名叫崔寒松的学生，他调皮好动，在课堂上爱做小动作，下课后，总是像一匹野马一样冲出教室。同桌和前后桌都深受其害，同学们谁都不愿意和他同桌。为此，蔡老师特意组织了一次班会。她一条一条举出实例说明崔寒松同学是一个心地善良的孩子，他经常招惹别人并不是故意行为。在他的身体里就像有一颗蠢蠢欲动的毒虫，总想左右崔寒松的行为，而崔寒松每次都会输给对手。蔡老师号召同学们来一起帮助崔寒松拔掉身体里的毒虫，同学都一致表示赞同；崔寒松也在同学面前表态，下决心一定要克制自己的行为，坚决改掉不良的习惯。同学们开始监督他，一发现不良行为的苗头就及时提醒他、制止他，最后在崔寒松和同学的共同努力下渐渐改掉了坏习惯。崔寒松终于能和同学们和平相处了，班级这个大家庭又紧密地团结在一起。

在蔡老师眼里，每一个孩子都那么闪耀

蔡瑞艳作为一个合格的教师，她不用成绩作为衡量孩子的唯一标尺，她能及时

发现每一个孩子的长处，并努力培养，使其成为一颗耀眼的星。在蔡瑞艳老师的班里有一个叫常江的男孩，他诚实、善良、热心肠，虽然很用功但成绩就是上不去。蔡老师虽然做了很多努力，但是收效不大。于是，她决定从孩子其他方面寻找闪光点。一个偶然的机会，蔡老师发现这个孩子对书法特别感兴趣，而且他书法水平也相当不错。她打定主意，一定要在特长方面培养常江。

常江同学每个回家周都是坐校车回家的，很少有机会和他的家长见面。蔡瑞艳老师就拨通了家长的电话，说明自己的意图：为了方便自己和家长沟通一下孩子的情况，务必请家长在回家周时亲自来接孩子。家长如约而至，以为孩子成绩不理想或者在学校犯了错误，带着歉疚的语气对蔡老师说："老师，对不起，我们家的孩子笨我是知道的，在以前的学校老师也没少说他。"蔡瑞艳看到家长这个样子，就真诚地对家长说："我倒不这么认为，我觉得这孩子挺好的，是个很仁义很热心的孩子，特别是他的书法特别好，学习也很用心，我们可不能这样否定孩子……"当时常江的妈妈听了蔡老师的话，激动得说话都略有点颤抖，表示认同老师的说法，也一定积极配合老师的工作。于是蔡老师给常江报名参加了书法特长班，在老师和孩子的共同努力下，他不仅在县级书法比赛中荣获一等奖，还参加了市级书法比赛。

蹲下来和孩子说话，坐下来和孩子交流

蔡老师一贯崇尚与学生平等相处，以自己的人格魅力感染学生。她常说："尊重学生，我们必须学会'蹲下来跟孩子说话，坐下来与孩子交流'，当孩子愿意与我们说心里话、喜欢跟我们说悄悄话的时候，我们的教育就成功了大半儿。"

蔡老师曾经用一个特殊的方式改变过一个学生。一个叫金泽夫的学生，他特别贪玩，不爱写作业，有时还撒谎。一天，蔡老师发现金泽夫没有完成作业，就想怎么处理这件事，如果直接问他的话，他有可能撒谎或者讲客观原因，那样老师会生气，会影响到自己的情绪，一定达不到很好的沟通效果。于是她就写了一张纸条，悄悄地递给金泽夫，没给他任何狡辩的机会。在纸条上这样写着："金泽夫，老师知道你没有做昨天的作业，但我没有在全班同学面前批评你，现在你能告诉老师为什么没写作业吗?"晚饭后，蔡老师早早地坐在讲台桌旁，等候着金泽夫的回复，不一会儿，金泽夫悄悄地走到蔡老师跟前，低着头递给老师一张纸条。纸条上清楚地写着："蔡老师，我没写完作业，我错了。我也想做个好学生，可就是管不住自己，下次我一定改。"

一张小小的纸条，像一枚开启智慧之门的金钥匙，打开了孩子封锁的心扉，它避免了唇枪舌剑的冲突，把一个难题悄然化解了。而这件事金泽夫会铭记，下次再不想写作业时，一定会想起互传纸条的场景，而时刻警示自己，一定把作业写好!

蔡老师也深受家长的爱戴，学生家长说："孩子在蔡老师的班上，我们放心。我们的孩子不但受到了关爱，还知道关心他人了，而且自理能力也增强了。我们打心眼里感激蔡老师。"蔡瑞艳老师和很多学生家长之间已经超越了老师和家长的关

系，而是升华为朋友。她把家长会当作与学生沟通的平台，是架起学生和老师沟通的一座桥梁。

尊重是相互的，每一位教师都希望得到家长的认可，每一位家长也渴望得到老师的尊重；理解也是相互的，开家长会时，蔡瑞艳对这些家长就表现得更亲切、更尊重、更坦诚，让这些家长充分感受到了老师的真诚。对于需要单独留下来交流的家长，蔡老师在会议开始之前就悄悄告诉他们，而不是在会上直接点名。这样，家长和老师交流起来便没有距离，而且没有抵触情绪，他们很愿意支持和配合老师的工作。所以，蔡瑞艳每次组织家长会，家长都能积极参与，家长得到了老师的尊重，老师也取得了家长的理解。这种真诚合作的受益者是学生，蔡瑞艳老师的班级工作就得以顺利进行。

爱如漫天阳光，情如春雨无声，潜移默化中，学生得到阳光的眷顾，雨露的滋润。蔡瑞艳的班级也连续被评为校级优秀班集体、县级优秀班集体、市级学雷锋班集体。这不就是绿叶对根的回报吗？

用青春诠释精彩

——记唐山英才学校小学语文教师刘海燕

人物简介：刘海燕：女，出生于滦南县扒齿港镇，2000 年毕业于石家庄文学院，大专学历。

2003 年来英才任教至今，2008 至 2010 年，连续被评为县级先进德育工作者，连续几年年终考核为优秀，2009 年，获县优质课评比三等奖。2010 年，荣获校级优秀教师称号。

【座右铭：宝剑锋从磨砺出，梅花香自苦寒来。】

一场虚惊

忙了一天的刘海燕老师刚洗完澡准备休息，熟悉的手机铃声在床头柜上急促地响起来，是公寓主任刘绍贵打来的电话，刚刚放松的神经马上又绷紧了，她迅速按下接听键……

新生李健突然肚子疼。刘海燕赶紧披衣下楼，匆忙赶到公寓。此时李健已经等候在公寓值班室里，他双手捂在肚子上，表情因痛苦而扭曲，眼睛也哭得有点红肿。刘海燕赶忙把自己的外衣脱下来给他披上，扶他来到校医室。

校医耐心询问孩子的情况，并认真作检查，但发现孩子既没有吃异物也没有着凉、过敏反应，校医也没有发现其他异常。

在一旁的刘海燕头上渗出了细小的汗珠，焦急地询问校医，孩子到底怎么回事？校医无奈地说："这样不明原因的肚子疼也不好确诊，只能带着他到医院作进一步检查。"

刘海燕迅速拨通家长的电话说明孩子情况争取家长意见，家长听出老师的焦急情绪，反倒安慰老师不要着急，说孩子以前在家也会经常肚子疼，有可能是因为想家而编造理由，让他喝点热水，一会儿就会好的。

刘海燕一颗揪着的心这才放下。她照顾孩子喝水、吃药，安排在校医室的床上躺下。而后她坐在孩子旁边开始跟他闲聊天，于是询问起公寓生活老师反映他晚上睡觉晚的事。慢慢的孩子说出了自己的心事：每天晚上只要一躺到床上就会想妈妈。他已经习惯了每天晚上妈妈陪着他睡。刘老师温柔地笑了，双眼满是母爱的柔情。她语重心长地说："离开妈妈是一个男孩成长为一个男子汉的必然过程，当然这个过程必须经历苦痛煎熬，当你经历过了，你也就长大了。"

刘海燕和孩子的交谈，解除了孩子的顾虑，放松了精神。当孩子站起来对老师说肚子已经不疼了的时候，已经十点多了。她亲自把李健送回公寓后长长地舒了一口气，一场虚惊过去了，一个心结打开了。

在英才放飞梦想

刘海燕，一个英才老教师。她不高的个子，戴一副眼镜，微笑的面容，经常嘶哑的嗓音。

1972 年，刘海燕出生于滦南的一个小村庄。整个幼儿时期都是在奶奶家度过的，所以一直到现在她都跟奶奶和姑姑特别亲近。八岁开始上小学的她，恋恋不舍地离开奶奶回到父母的身边。在整个小学和初中，她一直品学兼优，年年被评为三好学生，班长的美差一直属于她。初中毕业后，她放弃了上滦师的机会，读了高中，而高考时却以五分之差与唐山师范学院失之交臂。而后她选择就读了石家庄的一所学校，仅用一年半的时间拿下大专文凭，并且取得全系综合测评第三名的好成绩。

跨出大学校门，刘海燕怀着对于教育事业的梦想，步入石家庄正定的大旗学校任教。在大旗学校任教的两年里，经过刻苦和努力逐渐使她历练成长为一个有着丰富教学经验的老师。

2003 年 7 月，她几经考虑，选择回家乡任教。她参加了英才学校的应聘，成为唐山英才学校的一员。扎实的功底和两年的教学经验，她很快地适应了英才独特的管理方式，在业务上迅速成熟起来。

2008 年，许多老师报名参加国办招考，刘海燕老师也曾为之动心，但是当她想到英才领导的赏识和厚爱，她毅然决定放弃这个念头。她踏踏实实做人、勤勤恳恳做事，一晃在英才已经八年的光景。这八年，她的教学成绩在几个平行班里一直名列前茅。学校也给了她很高的荣誉：2006 年、2007 年、2008 年连续三年被评为县级先进德育工作者；连续多年年终考核为优秀；连续多年被评为校级优秀教师、优秀班主任；同时，她也取得了很多的成绩：县级优质课二等奖，校级优质课评比一等奖、二等奖。

已经成家的刘海燕老师有一个不到四周岁的孩子，孩子从九个月断奶开始就被婆婆带回老家照顾。她经常一个回家周里都见不到孩子的面；当孩子逐渐长大，心思越来越多，对母亲的依赖也逐渐加深。每次回家看望孩子，分手时孩子哭闹着不让妈妈离开，面对这样揪心的场面，她也曾有过放弃工作的念头，但是当她看到班里孩子们那四十多双渴求的眼睛时，在亲情和职责面前，她还是一如既往地选择了后者。

严爱有加的教育

英才学校的量化制度，培养了严格管理并且耐心、细心的老师，打造了精品学生，创造了具有集体荣誉感的大小集体。

“没有规矩不成方圆”，五、六年级的学生自控能力还不是很强，所以老师的严格管理相当重要。在刘海燕当班主任的多年来，她的班里总有一套行之有效的班级管理办法。在学生管理中，以班规、校纪为依据，制订一个严密的班级量化方案。

例如，一个学生在某月某日做了一件好事，就可以得到 0.5 分，并且详细记录；一个学生随地扔垃圾就会被毫不客气地减去 0.5 分。一个月一汇总，以正负五分为一个评定界限，加 5 分以上有奖励。而奖励有可能是一张奖状，也有可能是一份刘海艳老师自费购买的奖品；被减分超过 5 分的同学会受到惩罚，被罚扫地或者擦黑板。孩子们为了避免减分努力克制自己的不规范行为，为了赢得一个加分机会而积极耐心地做好每一处细节。

身为一名教师，作为一名班主任，每天面对四十多个鲜活的个体，一个学生一种性格，一个学生一个脾气。管理这些学生，唯一一个对每个人都有效的方法就是“爱心”教育。只有对学生给予无私的爱，才能让他们敞开心扉与老师交流；只有对学生毫无保留的爱，才能收获学生爱的回报。一个个后进生在她的爱心教育下进步了……

——冯庆辉，他是上学期的新生，在公寓反复违反纪律，起初不经同学同意私自使用别人湿巾，用同学的水杯接尿……。说教、减分对他都无济于事。甚至有一次他竟然把支撑床铺板的横杆抽出来打架，当生活老师汇报这件事的时候，刘海燕很生气。但是生气丝毫解决不了问题，她把自己的情绪压了又压，冷静下来，她心生一计。她去找学部主任商量：找家长签订试读协议。

刘海燕联系家长，说明情况，希望得到家长的密切配合，以达到教育学生的目的。在她的精心导演下，开具了假的退学证明。在家长的恳切请求和学生的一再保证下，取消退学的决定，学生冯庆辉签订了“试读协议”。她在班里宣布了这一决定，当众宣读了试读协议，并且要求学生监督他的表现。

在成功表演这出双簧以后，冯庆辉行为有所收敛。刘海燕趁机找他谈心，在生活上无微不至地关心他，生病时带他去校医室，一杯热水、一句问候，慢慢地把冯庆辉打动了，使得这个孩子从根本上改变了坏行为。一个学期后，这个孩子就如同换了一个人一样，家长目睹着孩子的巨大变化，每次回家周接孩子的时候都要千恩万谢地感谢刘老师。

——戚盛同学，一个自理能力很差的学生。衣服穿着不整，教室书桌里也是乱七八糟。起初刘海燕细心地帮他收拾，一边收拾一边教戚盛，同样大小的书本摞在一起，大的放在下面，小点的放在上面。她安排戚盛的同桌负责监督，每天还要督促戚盛换衣服，做好公寓内务和个人卫生。

戚盛是个聪明孩子，但是自制能力差，上课思想容易开小差，学习上对于基础知识掌握不牢固、成绩不理想。刘海燕看得出来，这个孩子只是没有养成好习惯，如果好好引导，绝对是一个好苗子。于是她牺牲了自己的休息时间，在中午、晚上放学后给他补课，在课上也多提问戚盛，提高他的注意力。

经过一段时间，戚盛各个方面都进步很大，养成了良好的生活习惯，不仅能够照顾好自己的生活，回家周的时候还能帮助父母收拾屋子做卫生。他端正了学习态度，明确了学习目的，各科成绩都有明显提高，期末考试总成绩进入年级前三十名。

每到回家周时，家长对于孩子的一点进步都会特别感动，总是激动地打电话告诉刘海燕老师。这个学期戚盛以优异的成绩升入初中，刘老师不再做她的班主任了，可戚盛的家长在开学来送孩子的时候，仍特意找到刘海燕老师表示感谢。家长激动得热泪盈眶，哽咽着说："如果没有刘老师，就没有我们家戚盛的今天。"

清清白白做教师

孩子们的进步，老师们付出了无数辛苦，可是每位老师都会不以为意，因为这是做教师的本分和天职，但对家长而言，却会引来发自内心的感激。这些感激的话语总在激励着刘海燕老师把工作做得更加完美，但是来自家长物质的感谢一概遭到她的拒绝。

一次，冯雪森的家长为了表示感谢，给刘海燕老师带了点海鲜。面对家长的好意她既不能接受又不能伤害家长，她只能婉言谢绝，为此整整通了半个多小时电话解释学校的规定，家长才满怀感激和尊敬地收回礼物。

9 月 10 日教师节，也正是学生回家周。刘海燕老师从食堂领了学校发的水果往回走，正好遇见以前教过的学生家长在到处找她，她想打开食品袋给家长怀里抱的小孩拿点水果，家长却趁她不备，把一张卡放在水果袋里。她立刻非常严肃地为家长解释学校的规定，几经推拒，家长无奈才把卡收回。

徐渤洋的奶奶特别感激刘海燕老师给予孙子的帮助，在给她的一封感谢信里夹了二百元钱，以表感激之情。她诚恳地给徐渤洋的奶奶回了一封信，并把钱上交学部，由学部出面转交家长。

李伟的家长是滦南供销大厦的经理，在接孩子时偷偷地把一张五百元的购物卡塞在刘海燕老师的包里，她让李伟在学校上中学的姐姐带回……

教师节，似乎是一个名正言顺给教师送礼的节日。对于教过的学生，送礼是家长对于孩子的进步表达的对老师的谢意；刚刚接手的学生，家长以求能得到老师的特殊照顾……。刘海燕老师以她清清白白的人格一次次拒收礼品、礼金。她明确地告诉家长，对孩子的付出是自己作为老师应尽的职责，每一个孩子在她眼里都是美丽的花朵和耀眼的新星，对于他教的每一个孩子他都不会放弃，会把爱无私地给她的所有学生，这爱本是天职，不求回报。

任重而道远

2011年是英才学校二次创业的关键年，学校一下子扩招一千多名学生，相应的也有一批新老师来补充学校的师资力量。刘海燕作为一名有着多年教学经验和管理经验的老教师，被安排做教研组组长，负责带几个新老师，她义不容辞地接受了这个任务。

刘海燕安慰因接到减分条而懊恼的新老师，向他们无私地传授自己多年积累的经验：在管理上放开手脚，班里评选班长，宿舍里评选宿舍长，让他们作为老师的小助手协助班级工作，一方面可以分担老师的工作，另一方面对于学生是一个促进；把养成教育作为班级管理的基础；组织学生学习《小学生守则》《小学生日常行为规范》以及学校的各项规章制度，使他们明白各项规范要求，作为约束学生行为举止的准绳。

在班级内务和清洁区管理上，一定要耐心、细心，对于自己的标准一定要有高度。比如教室里在孩子们离开以后一定保持桌面干净，无一杂物，椅子摆放整齐有序，杯子的摆放必须一致，一定要细致到杯子上花纹的朝向都是一致的……

在学生管理上，对于学生施以耐心、爱心，勤于跟科任老师交流，跟生活老师沟通，勤与家长联系。用爱心缩短师生间的距离，用爱心作为师生沟通的桥梁。“用心灵赢得心灵，是教育的最高境界。”为了达到这个境界，必须把班主任工作用爱心、耐心、关心、细心、热心来营造，把它打造成一个赢得孩子们的亲近、尊重和爱戴的伟大工程，不断在实践中探索，在管理中创新，在和谐中育人。

刘海燕，一个英才普通的教师，用言传身教捍卫着自己身为一名教师的尊严。

刘海燕，英才见证了她的成熟，今年她终于成为一名光荣的共产党员。恪尽职守，脚踏实地地做好自己的本职工作，履行身为一名党员的职责——这就是刘海燕。

刘海燕说：“只要走上讲台，面前的学生就是我的信念，他们求知的双眼是我的支撑，于是自己在掂量得失的时候就能淡泊自守，心静如水；于是就能把教师这个最光辉的职业演绎得熠熠生辉，光彩夺目，用我的青春年华诠释我的精彩人生！”

倾心执教　潜心育人

——记唐山英才学校小学部德育主任李丽萍

人物简介：李丽萍，女，1970 年 2 月出生，唐海县一农场人，大专文化程度，小教一级教师，任教 19 年。

2003 年受聘于英才至今，多次被评为优秀班主任和先进工作者，现任唐山英才学校小学部德育主任。

【座右铭：老老实实做人，踏踏实实做事。】

英才学校的生活是快节奏的，久而久之英才老师都养成了晚睡早起的习惯。暑假里，在学校操场经常看到李丽萍主任和张红艳主任早起跑步的身影。

开学了，两位小学部主任没有时间再去晨练了，她们要赶在学生起床之前到学生公寓，监督孩子们起床洗漱；晚饭后，李丽萍陪着因想家而哭鼻子的外地学生在校园里谈心，她一会儿和学生勾肩搭背，一会儿和学生牵手，一会儿和学生窃窃私语，俨然一对情谊深厚的母子。

上　篇

李丽萍任教二十年了，她一直不忘身为一名教师的责任，奉行着爱的教育。

李丽萍七岁时，唐山大地震夺去了父亲年轻的生命，她小小年纪便饱尝了生活的艰辛，从小便懂得了亲情的可贵。李丽萍灰色的童年成就了她不服输的性格，从七岁上小学开始，她每个学期的考试成绩总能成为爷爷奶奶在左邻右舍中炫耀的资本。在她即将高中毕业，面临高考的时候，爷爷奶奶年事已高，家庭的负担让过早懂事的她决然放弃了那个梦寐以求的大学梦。

上天对每个人都是公平的，在关闭一扇门的时候，必然会开启一扇充满风景的窗。

高中毕业，二十岁的李丽萍回到家乡，她顺利地实现了她的第二个梦想——当一名小学老师。一九八九年五月十九日，那是她永远也不会忘记的日子。

从做小学老师的第一天起，她重新找回了远离自己的快乐。在家乡任教的九年间，她每天与孩子们相处，无怨无悔地奉献着自己的青春年华。当然她也得到了丰硕的回报：连续九年被评为优秀班主任，县师德标兵，县级先进工作者，市级优秀教师……

2003 年，李丽萍从朋友口中得知滦南成立了一所私立学校，在丈夫的鼓励下，她参加了应聘试讲，顺利成为英才的一员。

中　篇

2003 年 9 月，来英才报到的李丽萍，接手了全校最乱的一个班——五一班。

——赵敬恒的故事

班里的赵敬恒是调皮出了名的学生，是一个因为经常会影响到其他同学，而致使全班联名上书告到校长那里的学生。

李丽萍老师先从这样的“刺头”下手，在生活上无微不至地关心，在学习上不厌其烦地辅导，加上她耐心地多次谈心，赵敬恒逐渐改掉所有的坏习惯，学习成绩也有所提高。理顺了赵敬恒，五一班的纪律发生了惊人的变化。

——姚鑫的故事

姚鑫是令很多老师挠头的学生，他是一个特别聪明的孩子，但是他爱搞恶作剧常以不写作业挑衅新来的老师。一次作文课，写一篇以“春天”为题的作文，他非但没有交作业，当老师问到他的时候，他还理直气壮地说：“我不会写!”

李丽萍老师把姚鑫带到办公室。她搬一把椅子让他坐下，铺好作业本，李丽萍先让他在作业本上写下春天这个词语；然后她启发姚鑫想象春天的景色，以及电视里看过的关于春天的画面；她再让姚鑫背诵古今文人墨客写过的赞美春天的诗句，以及学过的关于春天的歌曲，学过的描绘春天的成语以及词语……最后她说：“现在就是春天，你能用你自己的语言给老师讲讲自己身处春天的感受吗?”姚鑫点点头。她接着说：“那你就用文字把你想说的都记录下来吧!”

那次，姚鑫写了一篇不错的作文，李丽萍老师还在班里当作范文读给学生们听。从那次以后，姚鑫不仅按时完成作业，而且变得遵守纪律了。他的成绩上升很快，最后考上了滦南一中。现在他一直与李老师保持着电话联系。

——刘贺的故事

每一个成绩优异且品行端正的学生都是老师的骄傲，然而最能体现育人艺术的莫过于对后进生的引导。英才学校有对双胞胎刘庆、刘贺兄弟，其中刘贺分到李丽萍老师的班里，他是全年级出了名的调皮大王，成绩也不理想。面对这个学生，李老师首先向刘贺以前的班主任了解学生情况，再尽量接触他，努力去发现这个孩子身上的优点。

当李丽萍老师发现刘贺特别喜欢体育时，她找到了打通这个孩子心结的突破口。她在开学的第一个班会上表明自己的心声：“我是你们的新班主任，你们是我的新学生，我不看你们的过去，我只看你们的进步，不管你们以前犯过怎样的错误，在我这儿同样把你们看作一张白纸，从今以后，在纸上留下什么图案，就看你们如何下笔了！”

在以后的日子，李老师看得出来，刘贺为了在白纸上涂抹亮丽的色彩，尽量避免错误的发生，偶尔一点小毛病，看到老师关注的目光，他会不好意思地羞红了脸。为了培养刘贺的特长，李老师让刘贺担任体委。课下她也会故意跟他谈及体育明星，给他讲明星的成功秘诀：“除了苦练专业项目以外，还要刻苦学习文化知识。”渐渐地，刘贺端正了学习态度，也积极组织体育活动，在刘贺的带领下，班里的课间操始终受到领导与老师的好评。

——王海滨的故事

一个老师对学生付出的真情，是世间任何物质的东西所难以衡量的。改变王海滨是李丽萍老师从教以来最引以为豪的事。在他的身上，李老师才真正体会到了人与人之间最打动人的那份“真情”。因为是这份情改变了一个人，改变了一个家庭。

王海滨是一个貌似坚强的学生。他表面上对任何事都不放在心上，手上划了个口子，还在滴血，他连眼都不眨一下；一次在一个同学因为想家而哭鼻子的时候，他满不在乎地对老师说：“有什么可想的呢，老师，回家周我都不回去了，我就跟你了！”可是有一天李老师突然发现王海滨有点闷闷不乐，就偷偷把他的同桌叫出去问怎么回事。同桌告诉老师：“刚才王海滨还好好的，我去校门口拿我妈妈送来的东西，回来他就这样了，我跟他说话他也没理我。”

李老师隐约感觉到可能是见到同桌的家长而触景生情了。她开始从信息库里翻找王海滨的信息，从以前教过他的老师那里也了解到一些他的家庭背景：父母离异，父亲再婚。李老师终于找到症结所在——缺少母爱，渴望母爱。

李丽萍老师尽可能在生活上关心这个孩子，嘘寒问暖；在学习上帮助他，课上经常提问，课下耐心辅导；在找他谈心时，还会假装不经意地拍拍肩，李老师的举动拉近了师生间的距离，王海滨在老师的面前把心扉敞开了。他对老师讲述了自己的家庭现状，父亲把他送来英才在王海滨看来是家长为了推卸责任，把他推给了学校。自从父母离异，他远离母爱；自从父亲再娶，就连仅有的父爱也没有了。他坚信回家周绝对不会有人来接他的。李老师这才明白，那次假装不在意的说回家周跟老师过的话，原来是在掩饰自己内心的恐慌。在回家周的前一天晚上，李老师拨通王海滨家长的电话，如实说出了孩子的心事，恳切请求他们一定不要让孩子失望，在开学后的第一个回家周一定来接孩子，最好父母都来。

王海滨的家长被老师的情真意切所感动。回家周那天，王海滨的家长如约早早来到教室接孩子。王海滨看到这个始料未及的场面，格外激动，他兴高采烈地跟着父母回家了。

一次王海滨生病，李老师一直陪在他身边照顾，她对王海滨说：“妈妈很惦记你，刚才还打电话问你在学校的情况，当我说你病了的时候，妈妈让我转告你一定注意休息按时服药。”小孩单纯，相信老师的话，并为此特别感动。而李老师转身出去给他父母打电话把这个事讲给他们，嘱咐他们在孩子回家周时千万别说漏了嘴。

李丽萍老师在教孩子一年的时间里，她在王海滨和他的家长之间充当了一个传话筒的角色。在她的努力下，孩子和家长的变化都很大，家庭的关系趋于融洽。当王海滨对他的继母喊了一声“妈妈”时，他的继母激动得掉下了眼泪。王海滨的妈妈充满感激地对李老师说：“不管我的孩子在不在英才上学，你都是我最尊敬的人！”

下　篇

“天道酬勤”，播种真挚的爱，得到真诚的回报。李丽萍老师从 2003 至 2009 年一直担任小学部小高组的班主任。她所教的班级语文成绩一直名列前茅；她在任年级组组长时工作认真负责，工作绝不推诿，所在的年级组被评为市级优秀年级组；在这期间，她连续被评为教学优秀管理者、优秀德育工作者、优秀班主任，并在县优质课评比中屡次获奖。

2009 年，被领导提拔为小学部小高组学部主任。在领导的岗位上，她工作热情，对待老师关心爱护。在她的领导下，小高组成为一个团结向上的集体。在她任职期间，各个班级成绩斐然，学生没有出过一例安全事故。

面对成绩，她没有沾沾自喜，她说：“我所做的，只是在履行身为一名教师的责任。我要感谢所有的老师，是老师们的努力，是老师们的积极配合，是所有老师的辛勤付出，才有了学部工作的顺利进行。”

每一朵花的背后都有一段往事，每一位园丁的背后都有一个故事，李丽萍主任用她的勤勉工作、真挚的爱心谱写了一篇篇感人至深的故事。正是因为英才有了这样的老师，因为英才有了这样的领导，所以英才有了今天的骄人成绩。英才宛如春天的花海，正盛开着美丽与辉煌。我坚信英才的明天会更加美好！

爱的力量

——记唐山英才学校小学语文教师闫伟

人物简介：闫伟，女，1981 年 11 月生于滦南，毕业于滦县师范学院。于 2003 年来英才学校工作至今，担任小学班主任、语文教师，在每个学年的年度考核中多次被评为优秀，2009 年在学校优质课评比中获二等奖。所教班级被评为县级优秀班集体，个人被评为县级优秀班主任。

【座右铭：立足三尺讲台，塑造无悔人生。】

闫伟，小学语文教师。她不高的个子，清秀的五官，玲珑的线条。微笑是她面部的招牌表情。

闫伟老师来英才已经八年的时光，在这八年里她一直遵循“苦中求乐，失中求得”的英才精神，努力做好自己的本职工作。成绩和荣誉向来属于那些勤勤恳恳真心付出的人，她连续多年在年度考核中荣获优秀，几次在优质课评比中获奖、多次获得优秀教师、优秀班主任奖。

时间如白驹过隙，转眼闫伟已从一个初出茅庐的学生成长为一个有十来年工作经验的老教师了。成长的道路虽然充满崎岖坎坷，撒满了心血和汗水，但是令她感悟最深的还是教师生活的温馨和愉悦，这温馨，来源于学生的朝气蓬勃；这愉悦，萌发于学生充实健康的成长。

教育梦想在童年放飞

闫伟 1981 年 11 月出生于一个普通的农村家庭，父亲是一名中学教师，母亲在家务农。父母对她的要求很严格，她从父母身上受到了良好的教育，学到了很多做人的道理。从小受父亲这名优秀教师的熏陶，让她从小便在心灵深处埋下了深深的教育情结，教师成为她心中最为神圣的职业。她最大的理想就是长大后能成为一名光荣的人民教师。

1998 年中考，闫伟准备充分，满怀信心参加考试，她终于通过自己的努力实现了梦寐以求的愿望。她以优异的成绩考上了河北滦县师范学院。

在三年的滦师生活中，闫伟从一名无知的中学生逐渐成熟起来。2001 年 6 月，她以优异的成绩从滦师毕业，于同年 9 月参加了县里教师招聘考试，不幸以 0.34 分之差落选，这次决定她命运的考试，成为一生中对她打击最大的一次考试。

2001 年 10 月，闫伟来到自家附近的一所小学当代课教师。当时任教四年级语文、数学两个学科，在期末考试中所教学生取得了全镇前三名的成绩。虽说是一名代课教师，但她仍然以认真的态度对待自己的工作，每天早到晚归，认真完成校领导交给的各项任务。她在那所学校任教了两年，给校领导留下了深刻的印象。

2003 年 11 月，一个偶然的机会，她参加英才招聘试讲，之后成为一名英才教师。

爱的力量

闫伟从走上三尺讲台的那一天起，她首先思考自己该如何面对自己的学生，思考自己能够给他们什么，能够给他们多少，而这所有的一切也都是建立在给予孩子们爱的基础上的。

闫伟老师感受“爱的力量”最深的一件事是从教数学到教语文改科的过渡上，转科后的第一节课她就感觉到了孩子们明显的排斥，他们可能依然停留在数学老师的印象上难以扭转。面对孩子们怀疑的目光，闫老师开始感觉不自信。但是她坦然接受了这一切，没有对学生加以指责和批评，心里充满了对孩子们的理解。她平静地告诉他们：“我也许永远无法取代以前的语文老师在你们心目中的地位，但是我相信有一天你们会发现我在你们心里会有一个小小的位置。”

前一星期的课闫老师的内心是极其压抑的，但是她依然微笑着面对他们。第二周她站在讲台上说：“孩子们，以后老师每天都给你们写一篇日记，然后同学们再给老师写一篇，写日记会让我们之间更多一些了解的。”于是闫老师的第一篇“道德长跑日记”便在学生中传开了，她在日记中毫不吝惜笔墨的将老师对他们的爱洋洋洒洒地表现了出来。于是她收到了第一封道歉信，然后第二篇、第三篇……就这样，这种爱的传递在孩子们和老师之间蔓延开了，他们越来越了解老师对他们的情感，也开始越来越接受她，语文课也变得不再那么尴尬了。

今年的新生胡稀琛，他的学习习惯不好，上课懒散，作业不但不按时完成，而且书写凌乱。一次他在班里违反纪律，做了错事不承认。面对这件事，闫老师用《弟子规》里的“事虽小，勿擅为，苟擅为，子道亏”和“凡出言，信为先，诈与妄，奚可焉”来教育他，告诉他不要因为是小事情就擅自做主，假如自作主张地去做就不合乎为人子女的道理了；凡是说出的话，首先要真实不虚、讲求信用。说谎话骗人、胡言乱语都是不可以的。胡稀琛听完呜呜地哭起来，认识到了错误，并且承认了错误。后来，他有了很大的变化。

蒋建平是来自广东的学生，国庆节的时候妈妈来学校看他。妈妈回到家以后给闫老师发信息，说已经平安到家，请老师务必转告儿子别惦记妈妈。当她把妈妈平安到家的消息告诉蒋建平的时候，他一副满不在乎的表情。当她把妈妈发的信息内容让他看的时候，想不到他说了一句话："本来我就没惦记她！"

闫老师把蒋建平叫到楼道里，让他背诵《弟子规》"入则孝"里的内容，"父母呼，应勿缓，父母命，行勿懒……孝父母，百善先，仁之本，莫等闲。"孝亲是中国人的传统美德，母亲远道来看你，一定要理解母亲的辛苦。后来，母亲再打电话的时候，蒋建平的态度有了很大的转变。

失职的母亲，负责任的老师

闫伟的爱人在外地上班，不能经常回家，四周岁的儿子在上幼儿园，从孩子两个月大就是自己母亲帮忙照看。儿子免疫力差，只要一换季就容易患呼吸道疾病。两周大以后几乎每年都住两次院，也都是自己母亲陪护，闫伟从来没有因此请过一次事假。

有一天正赶上闫老师轮休，终于有机会开车把儿子接回家里好好陪儿子一天了。夜里九点半，娘俩刚刚睡下，接到张红艳主任的电话，打听班里杨紫阳家长的电话号码，说孩子吐了一口血。闫老师听到孩子的情况后很着急，她知道张主任理解教师的难处，没有让自己陪同孩子去医院，但是作为班主任，学生生病她怎么也不能坦然睡觉，赶紧给母亲打电话叫她过来看孩子，自己也开车赶到医院。她陪孩子做检查，在各楼层间奔忙，验血、拍胸片。当家长赶来时已经检查完毕，她看到急急忙忙赶来的家长，先告诉家长："孩子没事！"孩子只是扁桃体发炎充血，毛细血管出血而已。她随后帮助家长办理住院手续，等到把孩子安顿在病床并打上点滴时已经是夜里十一点多了。

学生张丽娟家在唐山，妈妈在廊坊打工。孩子肿脖子发烧了，闫老师带她到校医室检查。校医检查后说，有可能是下颌腺炎，会持续发烧，要七八天才能好。因为学校医疗条件差，校医建议，给学生家长打电话，让家长带孩子去医院拍彩超确诊后回家治疗。可是家长远在廊坊不能赶来，闫老师就带孩子去县医院检查。她不仅自己给孩子垫付了医药费，回来时还给孩子买了水果。她牺牲自己中午的休息时间带孩子输液，像妈妈一样陪在孩子身边，嘘寒问暖，给她无微不至的关爱。

诸如此类的小事对闫伟老师来说真是多得数都数不过来。

廉洁从教，清清白白做教师

学生王爽因为小时候的一次脚踝扭伤，导致双脚有些变形，家长从外地淘来了中药膏，闫伟老师隔一天就要带王爽到校医室换一次药。而家长远在天津做生意，不能经常来看望孩子，他们经常通过打电话沟通孩子的情况。有时则是闫老师给他们打电话，因为是长途，家长过意不去，就挂断电话打过来。有一次在家长给闫老师打电话的时候，碰巧她手机欠费，家长就给老师充了 200 元话费；李宇航是新生，对学习也没有信心，在闫老师的不断鼓励下，学生取得很大的进步，期末家长为表示对老师的谢意，给她手机充话费 200 元。这两次家长给充的话费，闫老师把钱充值到学生的消费卡上，并打电话告知家长。

王士奇的家长在回家周接孩子时送给闫老师一套高级保暖内衣，为了说服老师收下，他婉转地说是别人送的，并不是花钱买的。闫老师对家长明确了学校的制度，当场回拒，并让家长放心，对孩子付出的一切都是应该做的。

闫伟老师在家长面前展现了身为一名英才教师廉洁从教、清白做人的本质。

在闫伟老师的身上，我们知道了有一个词叫“拳拳之心”，有一句话叫“积小善成大善”。我们还明白了一个道理，不管你从事的工作多么平凡，只要奉献真爱，你都会变得高贵，受人爱戴。

做学生学习和生活的范本

——记唐山英才学校中学英语教师张秋月

人物简介：张秋月，祖籍乐亭，1983 年 7 月出生，2002 年毕业于昌黎师范学院。

2002 年 9 月至 2004 年，在乐亭县汀流河中学代课。2004 年 12 月至今，任教于唐山英才学校，先后担任七、八年级班主任及英语教学工作。多次获得教学先进工作者称号。

【座右铭：岂能尽如人意，但求无愧我心！】

张秋月老师，一位领导信任的老师，一位学生爱戴的老师，一位同事称颂的老师，一位家长放心的老师……从 2004 年 12 月来英才任教至今七年多的时间里，张秋月老师是学校所有老师中获得锦旗较多的一位。

张秋月，2002 年昌黎师范学院毕业，她参加乐亭县组织的小学英语教师培训，以全县试讲第八的成绩毕业；她曾参加国办考试，以 3 分之差落选；2004 年 11 月，张秋月来英才学校应聘，以试讲第一名的成绩被吴献新校长录用。

张老师从踏上讲台的第一天起，她就立下了“当园丁培育百花，做黄牛无私奉献”的誓言。她热爱教育事业，她热爱她的学生、热爱她的课堂，她对课堂充满着无限的激情。当她踏入熟悉的教室，看到一个个天真可爱的孩子时，心情就会无比的激动。课堂是她最快乐的地方，是最能带给她幸福的地方。

其身正，不令而行；其身不正，虽令不从

一所寄宿学校的学生，每天接触最多的就是老师，他们每天耳闻目睹着老师的行为，可见为师者为人师表的重要性。要照亮别人，自己身上必须要有光明；要点燃别人，自己心中必须要有火种。一个教师的人格和灵魂则更多地表现在平时的一言一行中，表现在与学生相处的一点一滴中。

“其身正，不令而行；其身不正，虽令不从。”张秋月老师谨信圣贤的教诲。她常说：“有什么样的班主任就有什么样的学生，一个夸夸其谈的班主任，他的学生也肯定喜欢吹牛皮；一个说话和气的班主任，他所教育出来的学生就应该是温文尔雅的。”她始终相信榜样的力量，她总是以身作则，用自己的言行影响着她身边的孩子，做孩子们学习和生活的范本。

张老师是一个生活节俭的人，穿着朴素，在日常生活中很爱惜物品，因此她在平时生活中总会给学生讲起勤俭节约的美德故事，她还会给学生讲中国历史上一些伟人节约的典故。但是，总感觉好像在纸上谈兵、隔靴搔痒。虽然道理学生们都懂，但是应用于现实生活却都做得不够好。张老师意识到了这一点，但是一直苦于没有现身说法的例子。

有一天，细心的张老师终于等到了机会，班里一个男同学整理完书包，随手把一个只是脏了一点还没有任何破损的笔包扔进墙角的垃圾桶里。上课了，她不动声色地把垃圾桶请到了讲台上。同学们都好奇地看着老师，不知道老师葫芦里到底卖的什么药。只见张老师心态平和地拿出那个被丢弃的笔包，问她的学生：“看看它还有没有利用价值？”同学们看着老师都不说话，教室里空气异常沉闷。她接着说：“它就如同一个有了些许残疾的弃婴，被它的‘父母’就这样无情地扔掉了，它有多可怜啊。哪个好心人能收留这个弃婴，不到它生命的尽头绝不放弃，并且用自己的爱心去呵护它呢？”老师的话音未落，“哗”全班同学全都举起了手。张老师抬头观察那个丢弃笔包的同学，他的脸红得像被火烤过一般。张老师又接着说：“弃婴的‘父母’想改过自新，还愿意继续照顾它，孩子还是亲生父母好啊，那么给他这个机会吧。”全班同学用最热烈的掌声鼓励了这个愿意改过的朋友。直到这个学生从她的班级毕业，临走时走到她跟前说：“老师，我要转回家上八年级了，但是我会做个讲诚信的人，我一定会好好照顾它的，我一定会记住您教给我的勤俭节约的美德，我会永远铭记这次教训的。”秋月老师笑了，送给了他最深情的拥抱，并赠送给学生最大的信心：“我相信你会的！”

失职的母亲，合格的老师

张秋月老师不是一个合格的母亲，时常忘记自己还是女儿的妈妈，她的女儿从15个月开始，就完全扔给了婆婆。孩子是伴随着英才成长的，从懂事那天开始，就很配合妈妈的工作。每次上班，她从来不哭也不闹。从认识数字的那时起，孩子就会在日历上记录妈妈回家的日子，日历成为孩子最爱、最喜欢阅读的图画。孩子越是这么懂事，做妈妈的张秋月就越觉得对不起孩子。秋月老师在心里对自己的孩子默念：“孩子，妈妈是在为你种善因，幸福一生就是为你结的善果，将来你的求学路上一定会遇到更多比妈妈优秀的老师。”秋月老师每次回家看孩子，在临走的时候，孩子一如既往地和妈妈挥手告别，临行时按照惯例嘱咐妈妈一句：“妈妈，你上班吧。再见！记得放假来接我，我们一起去姥姥家。”秋月挥手跟女儿告别，趁着夜色，抹去了眼角的泪水，那是离别的泪水，也是作为妈妈亏欠女儿的泪水。

一个叫白洁的孩子来英才两年了，她住在张老师家里也两年了。张老师把白洁当成自己女儿一样，给了她最无私的母爱。

白洁是一个生理特殊的孩子，她的肠胃要比正常人小，所以她吃饭时不能进食太多，只能少吃勤吃。来学校一个月，本来瘦弱的白洁更瘦弱了，因为英才学校不允许带零食进校，家长看着女儿心疼，但又不能破了学校的规矩，只能要求退学了。作为班主任的张秋月毅然诚恳地对家长说，让白洁住到我的家里吧，晚上我可以给她做点加餐。就这样，她把白洁领到了家里，一住就是两年。在这两年里，张老师在生活上无微不至的照顾，学习上孜孜不倦地教诲，让瘦弱的白洁身体健康起来了，脸色红润了，学习也有了很大的进步。

人格魅力的光芒

白洁只是一个比较特殊的例子，张秋月老师对每一个学生都投注了心血和爱心。学生病了，她和老师调换课，亲自带孩子去医院，耐心地嘘寒问暖，所以赢得了学生的信任，赢得了家长的尊重。白洁的家长给张秋月老师送来礼品以表达对孩子无微不至照顾的感激之情；有一个家长给张秋月送了一盒茶叶；有一个家长给她送购物卡……这些都被张秋月老师婉言回拒。在一次次婉拒礼品的过程中，她在学生和家长面前展现了她高贵的人格，展现了她清清白白做人的本质，而这种人格魅力赢得家长的尊敬和爱戴，在学生心目中树立了一个做人的范本。

张老师把全部的爱心都给了她的班级，都给了她的学生。每天晚上孩子们放学回公寓，她总是恋恋不舍地把他们送上楼，关照他们认真洗漱、勤换衣服。她对问题学生绝不允许过夜解决，每个晚上都是最后一个离开学生公寓，在临走前还要关照公寓值班老师几句："如果有不听话的学生，无论几点，给我打电话。"她经常把自己的名字和电话号码写在公寓生活老师的查宿日志本上。

张老师在班级日常生活中，注重自身修养，努力提升自己的人格。她相信魏书生老师所说的，"行为养成习惯，习惯行成品质，品质决定命运。"要想使自己的学生养成良好的行为，就离不开对其行为细节的教育。细节决定成败，班级管理是否注意到了细节，决定着班级管理的成败。

功夫不负有心人，就拿张老师所带的 2011 这个班级来说，接手时是一个成绩倒数第一的班级，但在学期末八年级的八个班级中成绩排名第三；以前拿到奖学金的学生在年级排名也是最少的，现在能达到 8 个，也是在年级排名第一的。

她常说一句话："如果老师处理学生的势头盖过学生违反纪律的势头，学生就不犯错了；如果让学生违反纪律的势头压过老师处理学生的势头，老师永远管不住学生。"很简单的一句话，特别耐人寻味。

"行胜于言，德重于才"，张秋月是一个负责任的老师，她对自己严格要求，做学生的活教材，用她的言行做学生们行为习惯的范本，她身上闪耀着人格魅力的光芒！

真 教 育

——记唐山英才学校小学教师王小梅

人物简介：王小梅，女，大专学历，2005 年加入英才至今。2006 至 2007 学年度考核被评为优秀，校优质课获二等奖；2007 至 2008 学年度考核被评为优秀，校优质课获一等奖，校感恩征文获一等奖，县《班工作》征文二等奖；2008 至 2009 学年度，获校、县优质课二等奖，所带班级荣获县优秀班集体。

【座右铭：用真情教书，用真心育人。】

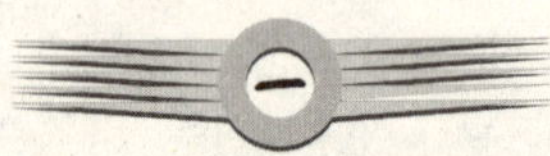

王小梅，英才学校的一名老教师。对于王小梅，我经历了耳闻、初遇、熟识的过程。

曾经和几位老师闲谈女性气质，一位老师提到了王小梅，说她是一位温柔贤淑的典范。于是从那时起就有了对于王老师的初步印象。

每天晚饭后，我习惯到操场上散步，一次偶遇王小梅带两个孩子去操场玩儿。在以后的更多遇见里，我们渐渐熟识。

小梅，一个恬恬淡淡的名字，没有红梅的热烈与张扬，没有冬梅铁骨冰心的顽强，没有春梅先叶而花的桀骜。王小梅人如其名一样的恬淡，白净的皮肤，秀而不媚，温和适中。在和她的闲聊中，小梅的言语间除了丈夫就是孩子，于是最初她给我的只是一个相夫教子的顾家女子形象。

一次无意间浏览到王小梅博客里一篇名为《真教育》的文章，令我对她刮目相

看，从而彻底颠覆了对于她的印象：如果一个连家庭都经营不好的女人，何谈经营事业？

这篇博文让我看到了一位舐犊情深的母亲，更看到了一位善于因势利导的良师，也因她引用的“最成功的教育就是让别人没有感觉到你在教育他”的教育理论而对自己的教育方式、方法有所警示。

门铃响了，王小梅给放学的女儿打开门，像往常一样她想给女儿一个拥抱，然而女儿却无动于衷，专注于手里的一本书，显然被书里的故事深深地吸引。耐心的妈妈没有打搅女儿，只是在一旁仔细地观察着。过了好一会儿，女儿才从门外进入客厅，对妈妈说：“这本书真好看。”妈妈并不急于揭开谜底，故作一无所知地说：“给妈妈讲讲什么地方这么好看？”女儿一脸嗔怪地说：“妈妈为什么不问问我这书是哪来的？”妈妈依然表现出毫不知情的样子：“对了，你这书从哪借的？”女儿神秘一笑，得意地一歪头一仰脸说：“校长送我的。”聪明的妈妈赶紧借机对女儿说：“是吗，真是校长送你的？”女儿自信地点点头。“真是好样的，连校长都这么重视你，你可一定要努力呀！”女儿自信地微笑了。王小梅一边翻看校长送给女儿的书一边对女儿说：“校长是博学的人，每天都要读很多书，他赠你书，一定是希望你向他学习。”

从那以后，小梅的女儿每天都会自主阅读，有空还要练练书法，说长大了也要当校长。显然校长的赠书是一个契机，而妈妈的看不出教育的教育起了事半功倍的推动作用。

在小梅的博客里，我还看到这样一张表格，我看到了一个对待工作认真负责的教师形象。

她在表格中“学生情况分析”一栏里把班里的学生按新生、老生进行了分类，并重点对新生的基本情况做了调查统计，然后对每个孩子制订了教学计划。

这些，能说明些什么呢？说明她是个细心而又负责的老师，所谓因材施教或许就是如此，能知才能育。

我们依然会在晚饭后散步，她抱着小女儿，带着大女儿。在我们以后的相遇里，便更多了些关于学生教育的话题。

其实教育的本身就是教师和学生共同成长的过程。融入他们才能更懂他们，只有懂他们才能更好地教他们。

王小梅在刚来英才的那一年，她接手一年级的一个班，班里学生 25 个。面对这些七八岁的孩子们，她跟他们一起学习、一起游戏、一起吃饭。她一天绝大多数时间都跟他们一起度过。这些孩子年龄差不多、个头差不多，能力水平却迥然，总有几个思维缓慢跟不上进度的。为了不使他们几个掉队，没有别的办法，只有拿出时间和耐心在他们几个身上多下工夫，于是每天中午她牺牲自己的午休时间给孩子们补课。可想而知，在这样的学校午休对于一个累了一天的老师来说是多么珍贵，但是每到中午，学生老师都开始午休，校园里分外宁静，教室里自己讲课的声音就显得格外突出。天气闷热，孩子们反应迟钝，特别给人一种时间被凝住的窒息感。然而这一切却被校长撞见了，校领导怕这样会影响学生休息，把情况反映给学部主任，第二天接到学部的一张减分条。小梅把减分条拿在手里，眼泪吧嗒吧嗒地掉在上面，自己这些日子的付出，没有功劳也没有苦劳。整整一天，她在无精打采中度过，她整晚辗转难眠。王小梅终于想通了：改进学习方法，调整补课计划，充分把课堂时间调动起来，把课上更多的机会留给学生，利用小段时间找他们补习，再让班长进行检查。功夫不负有心人，在那一年的期末考试中，她所教学科以 99.3 分的平均成绩荣获全县第一名。

我们对于一个教师的评价，不能单纯看她的教学成绩。对于“问题学生”的处理方式才能真正体现一个教师的育人艺术。

小梅老师把后进生称为“潜力生”，我本人很赞同这个称谓，由此也看得出小梅老师的阳光心态。

她的班里有个叫周鑫的同学，说起他可能所有任课老师都会头疼。他是一个极其调皮的孩子，喊叫、打闹，每天像一个失控的机器人。老师的出现，他的动作也没有丝毫的收敛。每次王小梅一进入教室，孩子们总是纷纷举手，你一言我一语都投诉起周鑫来。那个说，周鑫把同学打哭了，那个又说周鑫弄坏了他的东西……教室就像一场揭发检举大会，你再看周鑫却一副满不在乎的样子，仍然在教室里耀武扬威。

多年与低年级孩子相处的经验已经让王小梅老师能沉稳地对待这种情况了。她不露声色地扫视了一下台下的每一个学生。教室里静了下来，她最后把目光锁定在周鑫身上，教室里空气开始紧张起来。“同学们都说说老师最讨厌什么?”马上孩子们的声讨打破了刚才的寂静，纷纷说起周鑫的不是。此时的周鑫像一只困兽，把小拳头攥得紧紧的，冲着数落他不是的同学怒目而视，嘴里还大声地叫嚷着示威。她镇定地说：“来，同学们接着说。”这时的周鑫，涨红了脸，放松了拳头，目光不安地看了看老师再转眼看看同学，像只斗败的公鸡。

王小梅老师一抬手，示意大家安静下来。她说：“好，老师知道，同学们和老师一样讨厌的是他身上的缺点，对不对?”大家异口同声地说：“对。”“好，说了这么多，我想周鑫同学肯定也知道自己身上的缺点。其实，过去他也是好学生，对学习充满了兴趣，助人为乐，热爱劳动；记得有位同学在作文中还夸奖过他；可现在他已误入迷途，作为他的同学，我们应该伸出温暖的手拉他一把，绝不能让他掉队。”小梅老师一边说着一边观察周鑫，只见他露出诧异的神色，随之又有点不知所措。最后老师提议同学们每人给周鑫写一封信，信的内容一定要情真意切，把想对周鑫说的话写清楚。同学们沉思片刻，便认真地趴在桌子上写起来。那一天，周鑫收到了 38 封信，那是 38 颗火热的心，38 双充满期待的眼睛！第二天，王小梅的办公桌上多了一张小纸条，那是周鑫一封真心实意，发自肺腑的检讨书……

教育本身就是教师和学生共同成长的过程，在这个过程中，学生长大了，小梅老师成熟了。

这样看似简单的小事里，蕴含着大道理。真教育既是如此，不是用大道理来“教”，而是把这种大道理拆解，分散成零碎的部件，像播种一样把它散布在课堂里、生活中，恰似春雨般“随风潜入夜，润物细无声”，学生就没有了“受教”的感觉，能很愉快地接受、消化、吸收，这就是“真教育”！

王小梅——一个内敛的女人，一个伟大的母亲，一个善教的老师。想起王小梅老师，不由得会想起春天里盛开的单瓣粉色指甲花，简单、朴素、淡雅、无华，香气却能沁人心脾，把芳菲流落一季，装点了整个春夏……

别样师爱

——记唐山英才学校初中数学教师刘小芳

人物简介：刘小芳，河北省唐山市滦南县人，1985 年出生，2006 年 6 月毕业于滦县师范学院数学教育专业。2007 年 3 月来英才工作至今，现任八年级数学教学工作。

2009 年，荣获校级优质课一等奖；2010 年，荣获河北省优秀班主任；2011 年，荣获校级先进工作者。

【座右铭：学高为师，身正为范。】

刘小芳，胖胖的体型，宽松得体的衣服；超短的发型，不大不小的眼睛分外有神，小巧的鼻翼，略发上翘的嘴型，俨然中央电视台《半边天》节目主持人张越。

九年寒窗，刘小芳带着对教育的热爱，带着对教育的绮丽梦想，她报考了滦县师范学院。她在滦师的五年时间里孜孜不倦地追求，坚持不懈地努力，争分夺秒地苦读，2006 年刘小芳以优异的成绩毕业。

2007 年 3 月 1 日，那是一个值得刘小芳纪念的日子，她从那一天开始走向了她梦寐以求的三尺讲台，成为英才一名中学数学老师。刘小芳在英才开始了这份她所挚爱的教育事业，积极探索，以满腔豪情投入到工作中。作为班主任，她情系学生，以育人为己任；作为数学教师，她心系课堂，以传道为事业。

在那一年，刘小芳所面临的班级是七年级一个纪律最差的班级，前班主任被学生气跑了。面对这群违反纪律拧成一股绳的学生，她可谓尝尽当班主任的酸甜苦辣。曾经有一个学生专门在她讲课的时候说话，问到他的时候，他的回答让刘小芳愕然：“我不说话，就不能听讲。”她知道这是对班主任的公然挑衅，但是除了用爱心去感化这个孩子，没有其他的办法。在一次次不厌其烦地谈心中，这个孩子的态度逐渐扭转。

那时，新参加工作的刘小芳对于班级管理没有太多经验，能做到的只有用她的爱心去感化他们，用自己的言行去影响他们。她相信榜样的力量，她相信自己的言行能对学生起到耳濡目染、潜移默化的作用。她严格地给自己规定三条准则：一是要求学生做到的首先自己必须做到；二是要求学生不做的自己带头不做；三是言语、行动、仪表等方面都要起表率作用。每天的上课时间，刘小芳为了要求学生不迟到，她总是提前半小时到校；要求学生上课前做好准备，她上课总是提前到达教室做好准备；要求学生不旷课，她首先要求自己不缺学生一节课。这些年来，她对工作一丝不苟，时时事事做到了学生的表率。

在这一个学期里，刘小芳老师最大的收获就是和同学之间建立起的深厚感情。她和他们之间的那种亲切和依恋是最令她难以忘怀的。她同时也收获了管理的法宝：爱心和率先垂范。所以在 2007 至 2008 学年度所接手的八三班，刘小芳感觉无论在教学和班级管理上自己的水平都有了一定提高。

那一年，让她感悟最深的就是班级的凝聚力。在一次拔河比赛中，几个男生眼看势均力敌，难分高下，他们用尽全身力量，身子几乎滚在了地上，把全身的重量集中在抓紧绳子的手上，最后还是输给了对方。几个男孩子的手都磨破了皮，当班里女孩子看见他们满是紫红色血泡的手时全哭了。刘小芳老师感悟着孩子们如此强大的集体主义荣誉感，内心感动万分。她安慰她的学生们："胜败不重要，参与最重要"。

这样的班集体将无坚不摧，在那一年，他们每次的考试成绩都是名列前茅。老八三班学生赵文超以中考县里排名第三、学校排名第一的成绩考入唐山一中；王硕考入开滦一中珍珠班……

徐克磊曾经是刘小芳老师的一个学生，他的父母远在天津做生意，每次回家周都是他的姨夫来接他。这个孩子缺少家庭的温暖，寡言少语性格内向。她经常找他谈心，给他母亲般的关爱。他英语成绩很差，刘老师找英语老师沟通，在英语学科给他更多的辅导。他胃肠功能弱，有时会肚子疼，刘老师总是把他带到教师公寓，让他在自己的床上趴一会儿，给他做上一碗热面汤。随着和老师的接触，孩子的心慢慢贴近老师了，渐渐地这个孩子变得开朗，也获得自尊自信的动力，学习成绩突飞猛进。徐克磊的家长对孩子的进步感到很欣慰，他们特别感激刘老师给予孩子的无私关爱。

2009 年，学校统一注射流感疫苗，怀孕的刘小芳不慎流产。她待在家里休养，每天用手机和副班主任沟通学校情况。那天在和副班的通话中了解到，学生们学习状态都不是很好，他们经常打听班主任什么时候回来，说要等班主任回来再学。得知这一切，本来有一个月假期的刘老师在家再也待不上来，提前十几天就结束假期，拖着虚弱的身子来上班了。

2010 年，刘小芳和王建芳老师教对头班，王老师是一个教学经验丰富的教师，刘小芳唯恐落在王老师之后，一直在暗中努力。到了年末眼看就要期末考试了，刘小芳老师拖着六个月的身孕上完一节课又给音乐老师陈岩要了一节，接连两节课后她疲惫地坐在椅子上休息，还准备看下一节的自习课。冯兆锁走过来说："老师，你都这么累了，还总讲啥呀！"此时的刘小芳眼泪差点掉下来。那天她真的很疲惫，六个月的身孕令她的腿和脚全都浮肿了，每走一步脚沉得要命，可是眼看到了冲刺的关头自己不能败下阵来。她带着学生进行紧张的期末备考，自己将每次考试测验的一些重点、难点、容易出错的题收集整理，并附上错误的原因和正确的解答，然后给学生借鉴。日复一日，他的学生都能自觉地做好每一次的错题纠正了。她总是教育学生："学习的过程就是一个知识积累的过程，要丰富知识，不断充实自己的头脑，成为知识的主宰，才能厚积薄发，游刃有余。"那次班级的期末成绩没有辜负刘小芳老师的辛苦付出。

临近预产期就要离校的那一天是最令刘老师难以忘怀的。那次，全班学生来学部找她，为她送别。他们上身统一穿了校服，下身统一穿的牛仔裤，送给老师两件全体学生自己动手制作的礼物，预祝老师平安。当有的老师问及他们为什么这么穿戴时，孩子们说："刘老师就要走了，我们希望老师在临走最后再教诲我们一次。"孩子们的话让所有在场的老师都为之动容。

刘小芳老师在班级管理中采用民主管理，从班干部到普通学生都是班级的主人，他们可以自由为班级管理献计献策。她在班干部的任用上，选取有能力、自身正、说服力强的学生，采取放手管理。把每天检查清洁区的任务交给班长，他们完成得特别好，一个学期下来都没有让班主任操过心。班级强大的集体主义感，不仅让她的班级在每次考试中夺魁，而且在学校的任何活动和竞赛中夺得奖状。那些荣誉成为装点班级墙壁的一道亮丽风景。

2011 年暑假以后刘小芳老师接到学校通知，产假没有休完就回校了。她只能把两个月大的孩子带到学校，由婆婆和母亲轮换看护。新的学期她除了教着两个班级的数学课以外，还要兼任八年级教研组组长，还负责带几个新老师，要每天听课、评课。刚开学学校事务很多，着急上火，有时给孩子喂完奶顾不得吃饭，就赶紧跑去上班了。有时晚上开会，只能饿着女儿，孩子就没完没了地哭，姥姥和奶奶只有轮流抱在怀里哄着。女儿四个月生了两次病，去了两次医院。面对婆婆的抱怨，她说："英才出生的孩子都是这么过来的。既然选择了英才，就选择了奋斗。只有在年轻的时候留下奋斗的足迹，当回首往事的时候才会回味无穷。"

那一本本红彤彤的荣誉证书，正是刘小芳老师带领学生在知识的海洋里泛舟激起的一朵朵浪花。

刘小芳是典型的才子型老师。从教四年，她在 2009 年荣获校级优质课一等奖；2010 年荣获河北省优秀班主任；2011 年荣获校级先进工作者。

但是每谈及刘小芳的年轻有为，她总是略带羞涩地说："其实我只是在做好自己的本职工作，看着学生在一点点进步，看着他们一点点变得懂事成熟，我觉得那是一种独特的人生享受。"

教育工作是面向全体学生的工作，是一个系统的工程，是一个永无止境的探求课题。成绩永远属于过去，希望刘小芳今后还要在教书育人这个无悔的选择路上，不断地完善自我，在平凡的三尺讲台，尽自己的一份力量与责任！圆一个成功的梦！

为了人生特有的享受

——记唐山英才学校小学语文教师王建辉

人物简介：王建辉，河北省唐山市乐亭县人，1982 年 4 月 17 日出生，2005 年 6 月毕业于唐山师范学院，大专学历。毕业后在唐山市丰润新区德利金秋小学任教，2008 年 7 月来到唐山英才学校工作至今，现任六年级语文兼任班主任工作。

【座右铭：堂堂正正做人，踏踏实实做事。】

初识王建辉老师是在一个小学回家周，一次短暂的偶遇却将一幅动人的画面永久定格在我的脑海。那天我正在学生公寓的门厅里填交接卡，随着门厅玻璃门被推开的“吱呀”声，进来一位个子高挑的青年教师。“王建辉老师，我爱你！”这是熟悉的来自东北的学生蔡府城的声音。接着，蔡府城上前亲热地抱住了他所喊的王建辉老师的胳膊。看着他们如此亲密和谐的举动，瞬时我的脑海里产生各种联想和疑问，他是蔡府城的班主任吗？

通过以后对王建辉老师的了解，证实了我的推断是错误的。王老师是六一班班主任，而蔡府城是四年级学生。可是他们亲热的镜头一直令我无法忘怀，所以当我有机会采访王建辉老师的时候，那令我一直迷惑不解、令我一直纠结的情景成为我第一个要提问的话题。

王建辉老师的举止总是留给人一种谦逊质朴的印象。他对我的提问微微一笑，开始了他的讲述：“对于蔡府城，我只是在上学期学生回家周的时候看护过他几次。面对他们这些放假回不了家的孩子，我尽量对他们尽心尽力。作为老师除了对他们的关爱之外，有时对他们还有一些同情，所以每次在我看护的时候我会把班里发剩的水果和加餐以及我自己的零食分给他们。该轮到我值班时，特意把自己的零食省下来给他们留着。”听着王老师轻描淡写的讲述，回忆着蔡府城“王建辉老师，你看着我们，我们太幸福了”的话语，我轻轻点了点头。

王老师获得的外省市学生家长赠送的锦旗成为我第二个问题。

王老师依然谦逊地一笑说："其实我做得很平常，那只是学生的爱戴和家长的信任。"那是一名来自外省市的学生，父亲是商人。他算得上一个纨绔子弟，性情顽劣，不服父母的说教。当父母听说英才学校学习《弟子规》、德育教育开展得很不错时，就把孩子送来上学。

他被分到王老师的班级，通过老师仔细观察，发现这个孩子虽然经常犯错误，但是他无论在言辞和为人处世上都具有一定能力，所以就让他当了班长，这样既可以发挥他的能力又能用责任约束他的坏习惯。这个学生极其擅长书法和朗诵，王老师就鼓励他积极参加学校的各项活动，给他充分展示自己的舞台，调动他融合集体的积极性。同时王老师在学生的生活上无微不至地关心和帮助。学生和家长亲情热线时，学生向父母汇报了老师从各方面给予的帮助以及自己在学校取得的进步，他告诉母亲，学校很好，他爱这里的老师和学生。家长在期末来校接学生的时候，感受到孩子巨大的转变，非常感激班主任老师，特意定制了一面锦旗送给王建辉。

六一班的总分排名总是名列前茅，当我问到王老师对于学生管理有什么特殊方法时，他说："每到期末孩子们总是浮躁，我就会经常和他们谈心，消除孩子们期末的浮躁感，而且也从各科多给学生一些辅导……"

王老师每天送学生回到公寓的时候，他就把成绩差的学生叫到对面 503 那间空宿舍里单独辅导。他虽然教语文，像英语、数学学科他也负责辅导；期末孩子遇到生病发烧，一般老师就打电话联系家长接回家，但王老师怕他们耽误学习，总是和家长沟通好在学校治疗。

班里的姚睿同学，在期末时有些发烧，嗓子疼、腮也肿了。王老师鼓励孩子坚强一些，用自己的医疗卡从药房为他买回六十多元的药品。后来他咽喉还是有点肿，王老师就带孩子在校医室输液，端水喂药，补课送饭，照顾姚睿就像照顾自己的孩子一样。孩子回家周的时候，把老师掏钱给买药的事告诉了家里；学生返校，他的奶奶来送孩子的时候，除了表示对老师的感激以外，非要塞给王老师钱；王老师真诚地推却："当老师的为孩子付出一些是应该的。"

外省市学生户金成，高烧40℃，王老师带他去校医室，医生怀疑是病毒感染，建议学生去医院检查。户金成的家长远在外地，不能赶来。王老师就亲自带孩子去县医院，亲自带他楼上楼下的忙着交钱、挂号，经过化验，当确诊孩子的确是病毒感染时，他立刻打电话询问家长用药的禁忌，然后自己掏钱为孩子买了三天输液的药物，因为王老师怕耽误班级学生的课，就带他回学校输液。孩子因为生病吃不了荤食，王老师就在期末繁重的教学之余抽空在家里给孩子熬点稀粥。经过王老师无微不至的照顾，户金成烧退了，病好了。期末家长来校接孩子时，家长专程找到王老师表示感谢。

诸如此类的事情，在王老师日常生活里是最平常不过的小事。他的工资虽然不高，但是每个学期他都会无偿为孩子们买药看病花去一些。教育事业本身就是一曲奉献与爱心的赞歌。王老师的付出源于对学生的爱，对教育事业的爱。就是这种爱拉近了他和学生的距离，拉近了他和家长的距离。

作为寄宿学校的学生，一个学期大多数的时间都在学校度过，跟老师接触的时间远远长于和自己的父母在一起的时间，所以老师对学生的关注应该和父母一样，对待学生像自己的孩子一样。王老师除了在学习上对学生严格要求之外，他特别关注孩子们的视力。他严格要求孩子们坚持做眼保健操，注意用眼卫生。当学生视力不清要求调换座位时，他会及时地跟家长沟通学生视力情况，督促家长回家周时别忘记带孩子去测视力。遇到外地学生，包括配眼镜这样的事情他也亲历而为，久而久之，居然跟眼镜店老板熟悉了，再去时居然给学生们打个折扣、给个优惠。往往配眼镜的价位比家长带孩子去还要低，家长特别信任王老师，碰到孩子的眼睛有问题，索性放心地交给老师代办。

2011 年暑假对于英才学校是一个特殊的假期，是学校扩建改建的关键时期，所有英才教师都在 8 月 11 日提前开学。王建辉的爱人是 8 月的预产期，学生离校后，他将爱人送回乐亭老家，由母亲帮忙照顾，他再返回学校，没有因为情况特殊请过一天假。王建辉老师从 2008 年 8 月 26 日来英才至今，不到四年的时间，他以默默言行取得了学生的信赖、家长的认可、领导的好评，他连年被评为优秀教师。

王建辉老师，作为一名为学生服务的普普通通的老师，以平常心做着平常事，犹如大路边一株株普通的小草的存在，不像大树以高大令路人仰视，不以鲜花用姹紫嫣红来引得赞赏，他平凡而普通，只为学生们一张张充满天真和稚气的小脸，永远做他们平凡的老师。他说："看着孩子们一天天成长变化，看着他们变得成熟懂事，那是一种特有的人生享受！"

第四篇

睿智善教　别样师爱

师爱是一把金钥匙，能够把学生学习的热情开启，而后学生就会欣然把学业当作一种礼物来接受。

一个也不能少

——记英才中学英语教师赵云文

人物简介：赵云文，女，生于1964年，1986年走上英语教学岗位。2001年来英才任教英语至今，一直担任九四班班主任，因教学成绩突出，连年获得学校颁发的特殊贡献奖。

【座右铭：天地生人，有一人应有一人之业；人生在业，生一日当尽一日之勤。】

2011年，她的学生周莹获得中考英语满分；2009年，她的学生张云飞获得全校英语最高分；2011年，她获得学生家长赠送的锦旗3面；2011年，她的班级52个学生52个参加中考，创造了不流失学生的奇迹；2011届，她的班级学生中除了在一中就读的外，其余27名学生仍然留在英才就读高中，是在英才上高中的老生最多的一个班级；她的班级每个回家周的返校率总是最高……

她，这些奇迹的创造者——英才九年级四班班主任、英语教师赵云文。

赵云文老师，出生于1964年，一个典型的中年知识分子。中等微胖的身材，戴着一副眼镜，不善着装，和善质朴中透出老师的特有气质：睿智、亲和、自信……

“骂”的幸福，“打”的温馨

在私立学校，每到学期末，因为种种原因而流失学生是司空见惯的事情。赵云文的九四班却一个也不少。董事长曾诧异地问赵云文老师：“您是用什么特殊方法留住学生的?”赵老师说话风趣爱开玩笑：“打也打不走，骂也骂不走。”

在临中考的时候，九四班提前批录取的学生金宇凡在写给九四班的一封信里写到："来到新的学校以后，感觉跟英才的管理大相径庭。在英才时特别怕老师管，在新的学校渴望有老师来管。在英才上学的孩子你们就珍惜吧，哪怕在九四班能得到班主任的'骂'也是一种幸福!"

上学期刚开学时，校医向赵老师反映了一个情况，她们班一个女同学在校医室输液，放学后男生频繁到校医室买板蓝根、创可贴，感觉有点儿不对劲。

第二天晚上校医见到赵老师问起这件事的时候，她依然以那样极具幽默感的口气说："我把他们'骂'了一顿。"实际上她在早起第一节课就组织了一次关于《青春萌动期》的班会，"骂"是她对自己严格管理的代称。

赵老师首先在班会里旗帜鲜明地阐明自己的观点：九年级阶段正是学生进入青春期的阶段，早恋现象是不以人的意志为转移的正常生理现象，是处于青春期的青少年的一种情感体验，是一种对异性产生好奇的正常反应，相反没有这种反应却是一种不正常的现象。接着她让学生们自由发言讨论早恋的危害。学生们听到老师的话里肯定了早恋现象，没有责怪的意思，他们发言的积极性很高，纷纷发表自己的意见来说明早恋的弊端：对于学业的影响、对于精神的影响以及让老师操心、家长惦记……然后她结合学生的发言，让他们自由讨论，反思自己身上存在的问题。最后赵老师引经据典教育学生树立正确的人生观，树立正确的世界观和价值观；提醒学生一定自尊自爱，和异性相处一定注意分寸；希望同学们正确处理好萌动的青春期，注意从优秀异性身上学习，同时不要忘记九年级重要的任务，把主要的精力投入学习中，让自己的生活充满阳光和活力!

一次成功的班会，一次对学生心灵的净化，一次对学习积极性的推动……

冬天的一个晚上，赵老师把学生送回公寓后正在值班室签字时，一抬头看见她们班学生李文洁湿着头发只穿了一件薄衫往门外走。赵老师严厉地喝住她："回来"！李文洁蔫蔫地回来想给老师解释。赵老师一副严厉的表情，用极有力度的声调说："你还想感冒吗?"李文洁听到老师的爱心"斥责"吐舌头一笑，双手抱了一下胳膊，似乎才感觉到冷，"我回去穿羽绒服。"赵老师早已脱下自己的羽绒服，"先穿我的吧，快去快回。"

类似这样的"骂"在九四班已经是家常便饭，有时赵老师还会动手"打"的。

赵老师经常说，孩子们在学校二十七天在家三天。对学生的生活，老师一定要比家长还要细心。如果学生在学校生病就是班主任的失职，疾病一定要防患于未然。她会在各个季节的疾病高发期提前提醒学生应该注意的事项，做好班级的卫生和消毒，在流感和腮腺炎高发季节提醒学生喝板蓝根预防；根据季节变化提醒学生适时更换衣服，关键时候挨个检查，发现"美丽冻人"的免不了一个巴掌落在肩膀上。

这样的"骂"是一种幸福，这样的"打"暖在心里。"打"和"骂"成为连接老师和学生密不可分的纽带。这种特殊的爱是超越师生之爱的一种爱，是一种令学生依恋的爱。

一个也不能少

在班级管理上，赵云文老师本着不放弃一个学生的原则。她经常强调，家长把学生送到学校，老师就一定为学生负责，不管品行优劣、不管成绩好坏，绝不能让一个掉队。她教学生如何做人，如何培养适应集体、适应社会的一种能力。

在教学上，赵老师把教师角色定位于“学生学习的促进者”，注重学生学习能力的培养。在英语课上，她努力做到言简意赅，抓重点、抓要素，强调向四十五分钟课堂要效率，不压堂、不占用学生休息时间。所以，凡她教过的学生都会反映：我们爱上赵老师的课，课堂轻松愉快，老师不留作业，我们的成绩还高。

对于问题学生，赵老师首先避开重点，先表扬、肯定他的长处，以此拉近师生的距离，当学生放松敌对的时候，再直击痛处，往往会取得事半功倍的效果，让学生记忆犹新，不会再犯同样的错误。

——姚海滨，入学时仅仅19分的英语成绩。对这个学生，赵老师采取多提问、留特殊作业的方式，最后经过师生的共同努力，考入滦南一中。

——王天涯，他是一个除了学习不好哪都好的孩子，而且他有超强记忆力。一次从图书馆借阅100本图书，事隔半年，还图书的时候，王天涯麻利地、一本不落地从500本图书里分拣出100本。赵老师利用王天涯这个特点，鼓励他在巩固理科的基础上，在文综上多下工夫，每次文综成绩都在100分以上。

——张洪旭是一个幸福的孩子，在英才学校得到许多老师的关爱，赵老师不例外地是其中重要的一个。他是一个外地学生，生病时经常是赵老师带着去医院。张洪旭由于一次撕剥脚上的肉刺，导致甲沟炎，赵老师几次带着去医院做手术；张洪旭由于家在外地，长期住在学校，赵老师经常利用自己休息时间带着出去购买生活用品。

张洪旭中考要回户口所在地建学籍，考试结束后，由于对英才的情真意切，不得已家长费尽周折又把张洪旭送到英才。家长来送孩子的时候，特意要见赵老师。家长深深地给赵云文老师鞠了一个躬，一再表示对赵老师的感谢。

情谊永恒

中考结束举行话别会的时候，有一个环节是在班旗上签名，而后又目送着班旗最后一次升起在英才的上空，目送着班旗徐徐降落。2010至2011届九四班将成为历史，突然一个声音说：“九四班学生就要走了，我们就要分道扬镳了……”话到这里，师生都为之动容，像一枚重型催泪弹，再也控制不住抑制已久的泪水……。在分手之际，师生久久地拥抱，仿佛要把时间静止，留在永恒。

有幸在校长的博客里留存了九四班学生和赵云文老师的一张合影。一个历史瞬间的记录，一个珍贵的纪念……。赵云文泪流满面，她的因疾病而萎黄的面色特别明显。

一个责任心强的老师，她的班级班风一定正气，学习积极性相对高，教学效果相对良好。赵老师在教学上硕果累累，多次获得学校的嘉奖。爱心是基础，责任心是驱动。每一位老师站在讲台上，看到台下几十双求知的眼睛，一份责任心都会在心头升起。

赵云文老师说，每次接手一个新班，都是乱七八糟无头无序，学生的性格需要一点点摸索，学习习惯需要逐渐养成，纪律需要慢慢捋顺……。当师生间彼此磨合好了，一切都步入正轨的时候，对于这些相处得感情很深厚的孩子们真的从心里舍不得放弃……

放不下的是肩头的责任

赵老师说："如果耽误几个月，有可能就是耽误一届学生……"

赵云文由于经常妇科不规律出血而造成贫血，一直在吃着补血药物。她也曾怀疑过自己有可能是长了肿瘤，但是一直也没有时间检查。等到放寒假的时候，利用仅有的十几天假期，丈夫和女儿带她到医院检查，经过B超检查和专家会诊确诊为子宫肌瘤。医生建议马上手术，不然贫血会更加严重，瘤体如再扩大也会加重手术的危险。

可是年后初九就开学，如果撂下九年级课程，面对这些即将面临中考的孩子真的于心不忍。手术、休养一耽误就是几个月，如果耽误几个月，有可能就是耽误一届学生……。赵老师思考良久还是决定先不做手术，吃药控制病情。她对医生和家人说："把手术安排在中考以后吧！"

寒假以后赵老师按时返校，没有声张自己的病情。直到中考结束，学生话别会以后，她把学生平安交到家长手里，这才告知学校自己的病情，以便术后修养时别和学校安排的工作起冲突。

简单收拾行囊，住进医院。可是病情由于延误时间太久令她身体虚弱，不能马上手术，必须要输液和输血，短暂的调养后，才能进行手术。手术后，医生建议最少要有4~6个月的恢复期才能正常工作，赵老师利用假期住院手术，没有请一天病假。在新学期学生开学前她拖着虚弱的身子准时到校正常上班。

后　记

我准备写关于赵云文老师的故事的时候是在暑假开学以后，可是我仅仅匆匆地见到她两次。第一次见她是在学生公寓里，姚读益的脚有点小伤，她带着去校医室，我回宿舍又遇见往回走的赵云文老师，我问她还回去做什么，她说送姚读益，我告诉她，姚读益已经回公寓了，你也回去休息吧。经我一再表示我真的看见他进公寓了，她这才放心地回去。

第二次见到她是晚饭后在校医室里，她还是带姚读益去换药。当我得知她那天不用看自习时，就让她留下来给我讲讲她的故事……

在我的印象和我的了解里，赵云文是一个特别“真”的人，没有虚假，没有造作。她在 2011 年接受了家长赠送的 3 面锦旗，但是锦旗背后的故事她只字未提。关于做手术的那段是我无意间浏览到校长博客后才了解到的故事，她只说她没有什么可写的，最应该写写校长、写写其他老师……

秋天的硕果累累，是你在春天辛勤躬耕；夏天的繁花似锦，是你在严冬积蓄热情；每当我们仰望繁星闪烁的夜空，你原来如此的璀璨。

做辛勤的园丁

——记唐山英才学校中学数学教师李亚丽

人物简介：李亚丽，女，1977 年出生，1996 年 7 月毕业于河北滦师，2005 年 12 月毕业于河北师范大学汉语言文学系。中学一级教师。2004 年 7 月至今在唐山英才学校任教，连续担任九年级班主任及九年级数学教学工作。

曾获得乐亭县教学先进工作者，县学科带头人，县数学推模代言人，全国数学竞赛获指导教师奖，滦南县教学先进工作者，县青年学科带头人，县体育艺术优秀管理者，多次在县讲示范优质课，多次被评为县优质课一等奖。年终考核连续为优秀。论文多次获省、市、县一、二等奖。

【座右铭：爱己之心爱人，律人之心律己。】

如果学生是土地，教师就是春雨；如果学生是百花，教师就是园丁！

李亚丽就是千百个辛勤园丁中的一员，在学校这个百花园里，她辛勤耕耘，默默奉献。

对于李亚丽老师，印象最深的就是她一直嘶哑的嗓音，这是她多年教育工作留下的职业病。还有李亚丽招牌式的微笑，定格于所有认识她的人心中，她微笑的眼眸，最能消除您和她初见时的距离感。

李亚丽，大学本科学历，中学一级教师，她原是乐亭县的一名国办教师。2004 年受吴献新校长邀请，同年 7 月 2 日辞去公职，来英才任教。她一直担任九年级数学教研组组长、九年级六班班主任。在英才七年多，她一直工作在教学第一线，她所教的数学学科成绩一直位居全县第一。真正做到了忠诚于党的教育事业，为人师表，谦虚谨慎，精通业务，严谨治学，一丝不苟。

以身作则，锐意进取

2004 年，英才第一年开设九年级。家长、老师、兄弟校以及社会各界人士都关注着英才学校的发展，这些注视的目光中，有怀疑，也有信任；有不屑，也有期待……。对于领导的期望，李老师面对压力，感觉到肩头担子的沉重。那一年的九年级，一共两个班，她担任这两个班的数学老师。当时，这两个班的数学成绩很不均衡，第一次月考两个班平均分竟然相差十多分。怎么会这样？她多方查找原因，原来九二班在八年级时频繁地更换数学老师，因此导致了现在的结果。李老师就着手研究魏书生老师的"三段六步"教学模式，然后在学生中实验、践行。为了这个落后的班级，她常常钻研到深夜才回家休息。在逐步的教学实践中，她领悟到魏书生思想的精髓。那时候，她边学边教，一个学期下来，九二班的成绩有很大进步，她的教学水平也得到很大提高。2005 年 7 月中考数学平均成绩超过第二名十三分，跃居全县第一名。也是那一年，英才首届毕业生中考成绩夺得全县第一。73 名考生，考入一中公助生 37 名。上线率竟然达到 50% 。

李老师是一颗教书的好苗子，每年开学初，她都为老师们讲示范引路课，曾为辽宁省盘锦参观团讲课，多次为外来参观的兄弟校讲示范课，受到兄弟学校同行的一致好评。

她投身教学改革，探索教学新路，树立新的教学理念，促进了学生全面和谐地发展，教学效果非常显著。她勤奋好学，教学能力和教学水平提高很快，在教学上取得了一系列可喜的成绩。

2004 至 2010 年，由于教学成绩突出，她连续六年获得学校特殊贡献奖，获县优质课评比一等奖。

2005 年，获全国数学竞赛指导奖。

2006 年，获县优质课评比一等奖，获县优质示范课奖。

2007 年，所讲"空间与图形"被评为县优质示范课。

2008 年，论文《数学活动——自主学习的良方》发表在《教育学苑》上。所讲"直线和圆的位置关系"获县一等奖。

2009 年 10 月，在全国教育科学"十一五"规划教育部课题《提高课堂教育实效性的教学策略研究》山东苍山县实验区课题成果展示交流会、全国首届"中小学课程改革热点问题及解决策略研究"研讨会上，所讲的"直线与圆的位置关系"获全国一等奖。

面对成绩，李亚丽戒骄戒躁，以身作则，不断进取，带领全组教师发扬团结协作的精神，带出了一个团结向上、素质一流的集体，营造了一个具有良好教学工作氛围的集体。2008 年，她所带的教研组被评为县级优秀教研组。

"爱"是一种责任

李老师在班工作中，有着自己独到的做法，把学生形象地比喻为一本打开的书。她说："这本打开的书，仅仅看封面是不够的，因为很有可能看见的是最好的，也是最表面的部分，仅仅看大家都翻过的那几页也是不够的，因为很有可能只看见手指翻动书页留下的脏兮兮的痕迹。要真正认识一个学生，就要打开这本书，从第一页开始，一直仔细看到最后一页。”她把自己当作读这本书的人，在与学生接触的劳累与艰辛中，体验作为一个班主任的“爱”与“责任”。

她教过一个名叫霍旺的学生，这是一个有点消极的孩子。她在刚刚接手这个班的时候，已经向霍旺八年级的班主任了解了他的情况，所以在学生开学报到的时候她特别注意到了这名学生。她看到他眼里流露出的与年龄所不相符的忧伤，还有他阴郁的表情，这些都令她担心。经过几次和霍旺接触，她想到了“抑郁”这个可怕的词语，这个孩子满脑子奇怪的想法，思想偏激，对生活丧失信心，没有对未来的憧憬，没有对前景的描绘，张口就说活着没什么意思，死了烦恼也随着消失……开学最初的一个月她在担惊受怕中煎熬着。

在班主任工作中，李老师有她自己的理念，她从来不会只注重学生的成绩，既要顾及教书，又不能忽略育人，必须为孩子以后的人生负责。面对霍旺同学的现状，她联系了学生的家长，家长无奈地告诉老师，他们也知道孩子的状况，经常严厉地批评他，但是越管越糟。她明确对家长说，对这个孩子绝对不能采取批评的方式，一定要用爱心来感化孩子，但是需要家长的密切配合，一定让孩子感到家庭的温暖。

从那以后，李老师在生活上无微不至地关照他，学习上对他给予帮助，最重要的是隔三差五地找他谈心，耐心倾听孩子的心声，给他讲为人、处世的故事；班里发生的事她也总是问问霍旺的看法，逐渐引导孩子积极地看待问题，阳光地面向世界。她慢慢地走进孩子的心里，两个半月的一天晚上，她初尝到学生在她面前袒露心扉的甜蜜。在他们的一次谈心时，霍旺说：“老师，其实我在八年级时就认识您、敬佩您。记得有一次我在楼梯口把一本书扔下二楼，当时您只是从那里经过，我以为您肯定会批评我，可是您说：‘孩子，你在做什么？’我说：‘在做实验。’您说：‘你一定是一个非常好学的孩子，但要注意自己和别人的安全，好吗？’您一笑而过，从那一刻，您的笑在我心中留下了深深的印记。”

李老师用她的爱心打开了霍旺紧锁的心门，这个孩子彻底改变了，变得开朗好学。中考时，霍旺以班级第三名的成绩考入县一中，而且获得了学校颁发的奖学金。毕业话别的时候，家长领着霍旺深情地给李老师鞠了一躬。这一个鞠躬礼满含了家长对李老师无言的感激。霍旺在给李老师的信里说：“老师，您知道是什么改变了我吗？是您做人、做事的态度。”身教总是强于言传，教师的人格魅力对孩子的影响是最大的。

真情传递爱心

李亚丽老师用她的言行在告诉她的学生，爱是相互的，学会理解，学会仁爱，学会善待他人，才能得到理解，得到仁爱。

2006 届毕业生宋昌杰对于李老师的爱心教育颇有感触。他在信中写到：我在英才一年，说实话，从您身上我学到很多很多。懂得体谅别人、关心别人，对自己的所作所为要承担责任。谢谢您对我那一年的照顾和每一次的鼓励，老师您知道吗？

在我遭受打击哭鼻子的时候，是您在一旁不停地安慰；在我生病的时候，是您一次一次照顾、问候。老师，我好感动，谢谢您老师，是您让我战胜了自己；老师，是您的言行教育着我，感化着我，我永远都会支持您，祝福您。

李老师用暖暖爱心融化了王欣然心里的那块坚冰，拨开孩子心头的阴霾，把她重新拉回阳光里。王欣然曾拉着李老师的手说："老师，谢谢您，是你让我走出了封闭的世界。是您让我懂得了，原来和同学相处是这样的美好，我不再寂寞了，不再孤独了。"

张彬，一个坏习惯很多的孩子，特别懒散，爱挑老师毛病，学习不踏实，成绩也不理想，因为他的原因为班级减了不少分。经过李老师的爱心教育，他在九年级上个学期就进步很大，中考时出乎意料地考上公助一中。家长对孩子的进步激动不已，还特意为李老师赠送了一面锦旗。

在与学生的接触中，学生被李老师的人格魅力折服，家长为她的细心周到感动。家长们感慨地说："我把孩子交给李亚丽老师，心里一百个放心！"

默默奉献的篇章

自李亚丽老师加入英才 7 年，从没有无故请过一次事假，没有休过一次病假。2007 年，与她感情深厚的外婆去世。那天，她在学生晨会时接到家里打来的电话，当时学生正面临中考，处在紧张地复习阶段，她忍痛作出从大局着想的决定——先把学生的课程上完再说。她在迈进教室的刹那，以往和外婆相处的片段一起涌进大脑，怎么也控制不住奔涌而出的眼泪。她掩面跑到水房，关上房门，把水龙头打开，让自己悲切的抽泣淹没在水声里。哭过以后，心里好受了一些，她洗去脸上的泪水，调整心态，又带着亚丽的招牌微笑去上课。走下讲台，她和其他老师调换课，然后把两天的课程连续上完，她这才赶回家。第二天在外婆尸体火化以后，她带着对外婆的愧疚，匆忙返回学校。

李亚丽老师一直用她的实际行动书写着默默奉献的篇章。她用兢兢业业、勤勤恳恳的工作态度诠释着自己作为一名英才教师的做人准则。

在英才，李亚丽取得了一系列荣誉：2004 年，她被评为县级先进工作者、县学科带头人，2006 年，她被评为县级先进工作者，2007 年，评为县先进教学工作者，2008 年，获滦南县德育教育先进工作者称号，2009 年，被评为县先进教学工作者，2010 年，获市级民办教育先进工作者，2005 至 2010 年年度考核年年优秀，连年获得学校特殊贡献奖。

这些荣誉是她七年辛勤付出的见证，是领导和社会对她成绩的肯定。

李亚丽时刻谨记吴献新校长提出的"以学生为本，以学生的发展为本，以学生的终身发展为本"的育人宗旨。她用道德、用激情、用理性和智慧编织着自己的教育理想。她甘心情愿做一个平凡的园丁，用她的青春年华、用她的辛勤汗水、用她的聪明才智，默默守候她心中圣洁的百花园……

勤于务实　止于至善

——记唐山英才学校中学前教务主任赵百乐

人物简介：赵百乐，男，滦南人。2004 至 2010 年在英才任职，先后任九年级物理老师兼班主任，自 2005 年任中学教务主任一职。

【座右铭：人格的完善是本，财富的确立是末。】

赵百乐这个名字，实际上我在英才早有耳闻。他一副普通的装束，极其普通的外表，谦逊朴实的言谈举止。他一直生活在我的身边，但是直到接到采访任务时，我才恍然大悟，原来经常在校园里擦肩而过的这个人就是——赵百乐。

赵百乐老师 2004 至 2005 年在英才任物理老师，2005 至 2010 年任教务主任。“学贵得师，亦贵得友”这是在英才任教期间学生对赵百乐老师的真实感受，更是赵百乐的治学追求。他不仅传授知识，更尊重、理解和关爱每一个学生，让他们感受到教育的温暖、向上的动力。

陈诚的故事

——“班里不要你了，你爱往哪儿去就往哪儿去吧！”

——“老师，我一定改，再给我一次机会。”

——“有一次，你违反纪律，你让我给你一次机会，让我看你的表现；有一次打架要被学校开除，是我担保留下了你……。以前你多次说了悔改，我已经多次给了你机会，可现在你依然这样，你对不起一次次包容你的班级，更对不起对你寄予厚望的家长，更加对不起一次次给你机会的老师，你走吧！”

教研室外贾凤淑副校长听着老师和学生的对话，观察着教研室里面学生的反应。老师的话铿锵有力，没有任何回旋的余地了。这个高高大大的男生扬起手抽了自己一个嘴巴，“男儿膝下有黄金，男人是不轻易下跪的，我今天给老师你跪下，表示我这次悔改的决心。”说完，“扑通”一声跪在地上。

这个老师就是赵百乐老师，贾校长目睹了办公室里的这一幕。晚上，她召开教师会议时专门提到：“假如每个老师都能像赵百乐老师那样，一个指头不动，用讲道理就能让学生折服，那么学校的德育工作就好做了。”

第二天早晨吴献新校长在校园里碰到赵百乐，他带着浓重的东北口音说：“百乐，挺厉害呀，把陈诚整服啦！”

陈诚是全校出了名的学生。这个陈诚是很有背景的，他的父亲是滦南有名的建筑公司经理陈建柱，学校的教学楼和教师公寓都是他承包建筑的。孩子聪明，家庭环境优越，但是由于父母溺爱，致使这个孩子养成了许多不良的习惯。

经历这一次，陈诚是真正服了，他像变了一个人。他忘不了生病时老师的照顾，由于从小生活优越，他吃零食上了瘾，必须像戒烟一样慢慢戒掉，赵老师就自己掏钱买来火腿偷偷送给他，然后嘱咐吃完零食要听话，一定要按时吃药、按时打针；他更忘不了班级那些同学，是他们让自己坚硬的心变得柔软。他的心已经和他们凝成一股绳，在各种比赛中，他们用团结取得胜利，然后他们师生相拥而泣，如果离开这样的老师这样的集体，以后恐怕在哪儿也不会再次遇到。

在英才，当班主任是辛苦的。从早起跑操、吃每一顿饭以至晚就寝，班主任一刻不离地监控，每天把学生送到公寓，照看着他们一个个睡着，有时还要和公寓主任沟通交流学生在前勤和公寓的情况。每天晚上 11 点以后才能回去休息。有一次，赵老师在陈诚的宿舍和学生聊天时睡着了。陈诚给老师盖上他的被子，并严厉警告同宿舍同学：“老师太累了，谁也不许出声音，要是有谁出动静把老师吵醒我跟他没完！”

邢立军的故事

邢立军也是一个有背景的孩子，他父亲是一个学校的校长。他聪明，但成绩不稳定，在班里大错不犯小错不断。

赵老师他们班的班级凝聚力是极高的，有一次学校组织拔河比赛，需要在班里选拔十名男同学十名女同学，看看谁的腕力大，用掰掌决定。

邢立军的手劲很大，掰掌比赛胜出了，但是他腿上有伤，还缠着绷带，赵老师出于对他的关心，说什么也不让他参加。赵老师说：“这是高强度对抗，不仅需要腕力还需要腿部的强大支撑。”邢立军最后几乎是祈求老师：“保证没事的，老师你就让我参加吧。”

最后老师答应邢立军参加比赛。在比赛时，赵老师在旁边给他们高喊“加油”助威，他喊两声以后，看到孩子们那种专注的表情，那种顽强的神态，已经让他嗓子哽咽着发不出声音了。比赛赢了，孩子们欢呼拥抱，当陈诚和邢立军在老师面前张开他们的手的时候，映入老师眼里的是一个个暗红色的血泡，赵百乐再也抑制不住自己的情绪，一下子将他们揽在怀里，和他们相拥而泣。

赵老师和学生的这种感情已经深深地扎根在心里，所以邢立军在每次老师处理学生时都表现得泰然自若，无论老师要把学生的桌子撤出去还是要上报学部，无论男生吓得抱住老师求情还是女生吓得哭鼻子。他会安慰同学："没事，不用怕，老师只是装装样子，他舍不得放一个学生走。"邢立军吃透了老师的心理，当然他照样我行我素。一次，邢立军上课给一位女同学发信息，被老师发现了。

赵老师的班级纪律是相当严明的，带手机已经触犯了校规，又在课上给女生发信息，有早恋倾向，已经有足够理由退学。他终于找到一个让邢立军以身试法的机会。他立即通知家长："学生违反了校规校纪，被学校劝退，请你们来给他办理退学手续。"当赵老师带着邢立军的家长一趟趟地从这个部门到那个部门办手续的时候，邢立军还有点满不在乎，他还不相信老师会真让他走。当老师把一切手续办完，从教室里收拾了书本，又从公寓收拾了行李，把他们送到校门口时，邢立军一看老师要来真的了，他这才急了，说什么也不走了。

"老师别让我走了，我不想走。"赵老师没理他，扭头对他爸爸说："哥，这个孩子你领回去吧，我真管不了。他跟学生打架、跟老师对着干、带手机，我真无能为力了。"邢立军着急得快要哭了："老师，你管得了我，再给我一次机会，看我的表现好吗?""现在手续也办好了，你现在已经不是英才的学生了!"刑立军听着老师的话，这个从不轻易落泪的学生在老师面前哭了起来。赵老师看到已经触动心灵的学生，感觉火候差不多了，该收场了，就改变了语气："如果你真有悔改之意，我可以厚着脸皮向学校申请，为你担保。"

从那以后，邢立军真的悔改了。行为习惯改变了，也懂事了，中考时以优异的成绩被县一中录取。为此家长非常感激赵百乐老师，他父亲说："没有赵百乐老师，就没有邢立军的今天。"

勤于务实　止于至善

2004 年，赵百乐老师进入英才的第一年，任八年级三个班级的物理课兼一个班的班主任。第一个学期下来，八年级物理期末统考获得全县第一，平均分超出第二名 14 分之多。当时得到吴献新校长的幽默赞誉："行啊，百乐，超他们 14 分啊!"

赵百乐原是滦南县油盘庄中学的物理老师。他是 2004 年第一批进驻英才的国办老师。当时他的名字是董事长在文教局考察全县优秀名师时，文教局推荐的。董事长亲自聘请他来英才学校任教。

课堂上，赵老师妙语连珠，学生在预习时那些生涩难懂而又零散的知识在他的讲授中变得易于理解、相互关联、生动有趣，知识的传授变得妙趣横生。他在每一届学生开学第一节物理课都会说："不要把物理课程理解为一门抽象的课程，实际上物理跟生活最接近，都是生活中基本的常识性知识，只要勤观察、勤思考就能轻松掌握。"

那一年期末家访，赵百乐、柴立国还有司机王勇是一组。每到一名学生家，家长都分外热情，真诚地挽留吃饭："如果不在这吃就是看不起我，你把我的孩子教得那么好，对你答谢还来不及呢，这正好是一个机会，不要把我看做学生的家长，我们是朋友。"这令一旁的柴立国和王勇都十分诧异，从那以后他们两个才知道赵百乐原来在学生家长心目中的地位竟然那么高。

2005 年，赵百乐被吴献新校长提拔为中学教务主任。他在这个岗位一干就是五年，在他任职期间，为了丰富阅历、积累教学教育经验，他跟着董事长、校长学习走访了很多地方。他们去上海洋思参加"同课异构"学习不同教学流派的教学思想，汲取每个教学流派的精髓。

2007 年，赵老师为贯彻落实国家体育总局关于开展"全国亿万学生阳光体育活动"的决定，在初中学生间开展了以大课间活动为重点的"阳光体育活动"。组织学校音乐老师和体育老师制订活动方案并组织实施。在初中 600 多名学生间组织了唱军歌、绳操、大摆臂等项目。学生们一边唱军歌一边大摆臂，步伐齐整，整齐划一。军歌在校园的上空久久回荡，成为校园一道亮丽的风景。

"阳光体育活动"让每一个学生都感受到了运动的快乐，而且丰富了校园生活，促进了学生身心的和谐健康发展。那一年市县教育局领导来校视察工作，我校学生为领导们展示了大摆臂风姿，令各位参观领导啧啧称赞："真没想到在一个县城学校会有如此精神风貌的学生队伍，真太令人难以置信了！"

百顺孝为先

2005 年，赵百乐老师儿子出生，一家人沉浸在添丁进口的欢乐气氛中。没想到的是，儿子才过满月不久，赵百乐老师的父亲因脑血栓病倒。父亲这已经是第二次发病了，第一次在 1998 年，因为治疗及时没有留下任何后遗症。可是这次不同，他已经话语不清，吞咽困难，半边身子不听使唤了。一边是家里需要照顾的一老一少，一边是董事长的重托，这让这个责任感很强的七尺男儿十分犯难。经过几个不眠之夜，他还是决定离职，递交了辞职报告。

董事长、吴献新校长，贾凤淑副校长都竭尽全力挽留，董事长亲自两次到赵老师家里做他父亲的稳定工作，语重心长地对他说："家里有什么困难尽量解决，如果两位老人不方便照顾，可以接到学校，学校给提供两间宿舍，还有其他困难尽管提。"董事长的盛情难却，他没有麻烦董事长，他为了方便照顾二老在县城买了一栋二层楼房。

2007 年，赵老师到安徽庐江考察传统文化，回校以后给全校师生，以及滦南各大企业经理老板做《百顺孝为先》的学习传统文化体会报告。他剖析自身的心理状态，结合学习《弟子规》以后的思想变化，从孝敬父母、兄弟和睦、和夫妻和睦几个方面和与会者分享自己学习传统文化的体会。

在赵百乐老师任职期间，他把《弟子规》介入管理，把儒家思想融进自己的管理思想，从行为入手，行为养成习惯，起到习惯决定命运的作用。挖掘思想的本源，让学生从内心深处剖析自己行为的善恶。他每年都会制订严格的德育计划，每周有主题，有育人目标。赵百乐说："真正的德育，要通过活动把德育教育寓于这种活动之间，让学生在潜移默化中得到教益。"

正鉴于此，赵老师才有了2010年辞去英才职务的决定。2010年，赵百乐老师的父亲第三次复发脑血栓，医生再三叮嘱，家属一定要悉心照料。他为了腾出更多时间陪伴病中的父亲，毅然辞职。董事长也是一个孝子，他完全能够理解赵老师此时的心情，这次没有再加以阻拦。他对赵老师说："英才的大门随时为你敞开，要是工作不顺心，就回英才。"

在公立学校每天八小时工作制，他下班后先回到父母那里，陪伴他们度过每天里最幸福的两个小时，让父母的脸上每天都带着笑容度过。赵百乐老师的父亲于2011年7月带着微笑安然长逝。父亲临终前一年度过了一段美好的时光，为此他感到很欣慰。不然的话，无论自己工作多么出色，人生多么辉煌，当跪在父亲坟前的时候，都会有"子欲养而亲不待"的遗憾和悔恨。

后　记

赵百乐虽然现在不在英才任职，但英才永远是他的牵挂，他对英才有一份难以割舍的情感。他说："在英才六年，谈不上对英才有多大贡献，反而是英才给了我一个学习、锻炼的机会，给了我一个良好的学习、实践氛围；是英才给了我思想意识得到提升的机会，让我成为一个能够从大局着眼的站位很高的领导者；英才有魏书生先进的教育思想为导向，有传统文化为德育教育的根基，再加上张中山校长的励志教育，相信英才会在不断完善中更加完美！"

春华秋实

——记唐山英才学校中学化学老师王秀艳

人物简介：王秀艳，55 岁，大专学历，中学高级教师，2004 年 8 月 1 日来到唐山英才学校至今，任教九年级化学。任教期间，曾获得中国化学教育协会颁发的优秀园丁奖、唐山教育教学先进工作者、县学科带头人称号。

【座右铭：诚实做人，踏实做人。】

校医室里，胡月校医和王秀艳老师——

王秀艳老师手指用力地掐在头上，紧皱着眉头，一副无精打采的样子："今天头晕，身体乏力。"

胡月说："王老师，你先坐下，我给你量量血压。"胡月把椅子往办公桌前拉了拉，让王秀艳坐下，拿过她的右胳膊，把衣袖往上捋，裸露出上臂，绑好袖带，手指伸进袖带摸了摸，然后把听诊器胸件放进袖带，随着手中气囊的一握一放……。胡月松开袖带，然后又捋起王秀艳的左臂……

王老师诧异地说："今天怎么量两只胳膊？"

胡月没有说话继续着她的一系列动作，等她再次解开袖带，把听诊器从耳朵上拿下来后说："我怀疑自己量错了，你平常血压偏低，今天 140/95，血压有点儿偏高，这几天是不是过于劳累，没有休息好呢？"

"九年级二次摸底考试我又监场又判卷，我这人又认真，加上年龄大了，常常头晕目眩。今天李志军主任看我没精神，就让我来检查一下……"

这就是常带病坚持工作，德高望重的王老师。春华秋实，八年时光，她把自己的爱都挥洒在英才这片热土上。

王秀艳出生于大跃进年代，农村艰苦的生活锻炼了她坚强的意志。1975 年高中毕业以后她当了一名小学民办教师；1977 年恢复高考，王秀艳带着对教育工作的无限热爱报考了师范学校，有幸被河北滦师录取。在滦师，她如饥似渴地学习，努力想把“文革”期间耽误的文化弥补回来。她系统地学习了教育教学理论和文化知识，为以后成为一名合格教师奠定了坚实的基础。她毕业后在喑牛淀教九年级化学并担任班主任。1981 年暑假调入滦南三中。1987 年，王秀艳老师为充实自己，参加了成人高考，考取了唐山教育学院化学专业，扔下四岁的女儿，离职学习两年，毕业后又回到三中继续任教，教九年级化学兼班主任。

王老师说：“是命运让我做了一名人民教师，我就一定要做一个有思想的教师，做一个学生喜欢的教师。”她在工作中默默无闻，无私奉献，取得了骄人的成绩和荣誉：

1991、1992 年连续两年被县政府授予先进工作者，1995 年评为滦南教育系统“三育人标兵”，1998 年被评为县化学学科带头人，同年获唐山市先进教学工作者，1999 年获中国教育学会化学教学专业委员会颁发的全国初中化学竞赛(天原杯)园丁奖，“物质的组成结构”一课被评为县优质示范课，在县级优质课评比中两次荣获一等奖，2001 年被评为县骨干教师，2002 年晋升为中学高级教师。她辅导的学生张宏伟、项坤杰、郑珊、张婷等 13 人在全国初中学生化学素质和实验能力竞赛中分别荣获省市一、二、三等奖。

王秀艳老师自 2004 年加入英才以来，开始接触魏书生教育教学思想，并将魏老师先进的理念应用于课堂，做到学有所用，使自己的教学水平不断提高。她所教班级化学成绩在中考中一直名列前茅，连续七年荣获学校特殊贡献奖。

王老师是 2004 年第一批进驻英才的国办教师，今年 55 岁，是年龄最大但依然奋斗在一线的老教师。学校照顾她年龄大，而且家里还有老人，没课时可以提前回家，但是她从来没有行使过这一特权。

王老师讲课以幽默风趣著称，她娴熟驾驭课堂，能充分调动学生的积极性，把本来抽象难以记忆的化学课堂变得生动有趣味。她教学生用谐音记忆法记忆化学元素：氢、氦、锂、铍、硼、碳、氮、氧、氟、氖——“青菜批着扔，哪爱买不买”，哈哈一笑，学生记忆深刻经久不忘；更有意思的是在讲地壳含量由多到少的顺序时，她把“氧硅铝铁钙钠钾镁氢其他”编成顺口溜——“洋鬼(子)，捋铁锅盖，哪家没请他”，既形象、顺嘴，又谐音，最重要的是便于记忆。

王老师在讲课时喜欢用浅显的比喻来诠释比较抽象的道理，在讲原子结构一节内容时，她用两个学生之间的能力差别作比喻，讲述原子得失电子。能力大的学生跟能力小的学生争抢东西，能力大的自然得到，能力小的失去。通过这个形象的比喻，这节内容同学们很容易就掌握了，王老师也给同学们留下极其深刻的印象。

王老师和蔼可亲、平易近人，在学生眼里她是他们可亲的奶奶、可敬的姥姥。2009年圣诞节，一个并不是她班级的、不知道姓名的小姑娘，专门到办公区找到王老师。她伏在王老师耳边悄悄地说："老师我有个小小的请求，您能答应我吗?"王老师和蔼地说："只要老师能办到的，你尽管说。"小姑娘的脸微微地泛着红晕，她有点羞涩地小声说："老师，看到你，我就会想起我的奶奶，能让我抱抱你，你也抱抱我吗?"王老师微笑着点点头，她张开手臂向这个不知道姓名的小姑娘敞开了怀抱，小姑娘扑到她怀里，王老师紧紧地把小姑娘揽在怀里，给了她一个最最温暖的拥抱，慰藉了离家的孩子因节日思念亲人而变得寂寞柔弱的心灵。

在王老师和同学的接触中，王老师从来没有过声色俱厉的批评，而是和风细雨的叮咛。即便学生的作业做得很潦草，她也会在作业本上给学生留言："你真是个小马虎，把作业给老师重写一遍好吗?"学生看到这样的留言会很愿意接受，工工整整地把作业重写一遍，恭恭敬敬地交到老师手里。

王老师是一个聪明睿智的老师，她特别擅长运用语言的技巧。有个叫邢立军的学生，是出了名的捣蛋包。在刚刚升入九年级的时候，八年级班主任在交接时特地介绍这个学生的情况，王老师就在花名册邢立军的名字旁边注了个"△"。当邢立军到讲台交作业时，夹在讲义中的花名册被邢立军无意间看到，他指着自己的名字问王老师："老师，我的名字前面为什么画着一个三角，而别人没有呢?"王秀艳机智地回答："我听八年级老师说你很聪明，是一个很有潜质的孩子，很有希望考入一中。我想重点培养你!"

从那以后，邢立军特别用心学习，也会主动和老师接触；王老师也经常在课堂上提问他，使他能够在课堂上集中注意力听讲；邢立军有不懂的问题，王老师总是给他耐心的解答。邢立军进步很快，在中考中理综考了114的高分，考入了公助一中。可见一个教师艺术性的语言足以改变一个学生的人生。

三十多年风雨人生，王老师和孩子们携手同行，一个个鲜活的面容烙印在她的心中。

——陈怀同学，一个捣蛋出了名的学生，他会在课上挑老师的刺，但是在王秀艳老师上课前他会替老师维持秩序。

——李宇浩同学，会跟新教师顶撞，经王秀艳三言两语就会乖乖去给老师道歉。

——张群耀同学，一个个性很强的学生，但是正是因为家长看到孩子的巨大变化，在毕业话别会的时候，家长特意把王秀艳老师叫出去，要了电话号码，一定嘱咐王老师，经常和张群耀保持联系，多指点她的孩子。

王秀艳老师教了三十多年的化学，对于化学知识，她已是如数家珍。但是每一次的教学活动中王秀艳老师依然认真备课、上课、听课、评课。她及时批改作业、讲评作业，做好课后辅导工作，还会搜集各种资料，形成比较完整的知识结构，使自己的教学达到炉火纯青的程度。

去年学生刚开学的时候，学校原本安排王老师教两个班的课程、带两个新教师。可是因为特殊原因，学校决定她带三个班级，她二话没说，欣然接受。中考化学实验加试的练习课，王秀艳预先总结成完整的实验步骤，供九年级做实验时参照。王秀艳多年如一日的工作，领导看在眼里，学期末王秀艳老师总是无一例外的获得先进工作者的荣誉。但王秀艳老师每次都是左推右挡，反复谦让，“只要领导有这个心意就说明我的工作没有白干，我的辛苦没有白白付出，把这个荣誉给年轻人吧，对于他们是一种激励。我做了三十多年教师，认真负责已经成了我的习惯。”几十年的教育教学，王老师已经练就一份不骄不馁的淡然心境，总是原封不动把表格退回。

光阴敛走了春之繁丽，却将沉甸甸的果实留在枝头。在教书育人的道路上，王秀艳老师付出了心血和汗水，她收获了笑脸，她收获了希望，她收获了一份温馨萦怀的情感。而这一切融成一盏心灯，照亮学生的前程……

幸福的老师

——记英才学校中学英语教师周强强

人物简介：周强强，滦南人，生于1981年，2003年毕业于河北省任丘市华北石油教育学院，英语教育专业，2005年2月25日来唐山英才学校工作，任教英语至今。曾获得全县英语教师素质竞赛二等奖；全国中小学英语教师教学技能大赛一、二、三等奖，2008年11月，获县优质课评比一等奖；2009年4月，获全国中小学英语教师技能大赛三等奖；曾于2006年6月获滦南县先进教学工作者称号；2007至2008年，获唐山市优秀班主任称号；2009年6月，荣获中学先进教学工作者称号。

【座右铭：如果冬天来了，春天还会远吗?】

在唐山英才学校有这样一个老师，她的名字很强势，但她本人却很文弱；她是出了名的严师，但也是孩子们的良师益友；她做事严谨责任心强……她，就是英才有名的英语教师——周强强。

周强强老师于1981年1月出生于滦南县南堡镇的一个小村庄里。那曾当过村干部的父亲，生性耿直，廉洁公正。她曾当过会计的母亲精打细算，是持家理财的能手。父母生活俭朴，待人忠厚。从小受家庭的熏陶和父母的影响，养成了她淳朴率真的个性，做事认真，一丝不苟。

从小学至中学，她一直是品学兼优的好学生，十二年寒窗，她按部就班地升入大学——华北石油教育学院。在大学她就读英语教育系，2003年以优异的成绩毕业。毕业后的她在大学的附属中学代课，那所学校管理很松散，在那儿，她没有方向更没有动力。一年后合同期满，一心求上进的她毅然辞去了工作，回到了家乡。

2005年2月25日，周强强受聘于唐山英才学校，成为一名英语教师。私立学校的生活节奏很快，她重新找回自己的定位。她铆足劲想在英才大干一场。刚来学校，她接手五年级的一个班，兼任副班主任。那时学校是非选择性招生的，学生们的基本素质都差距很远，她仅整顿课堂纪律就用了将近两个月的时间。那时她还没有太多的管理经验和教学经验，只有勤奋和不服输的劲头。那时上课，每天嗓子几乎都是哑的。一个学期下来，虽然很累，但收获颇多，她不仅收获了学生的认可，更收获了师生的真情。

当遇到班里一个做什么事都慢半拍、上课经常迟到、爱和同学打闹的学生，批评教育后没过几天又故伎重演。面对这样的孩子，她开始反思自己的教育教学，暴察之威真的行之有效吗？一味地批评指正真的能解决学生所有的问题吗？……苦思冥想后她得到启示——换位思考。从一个学生的角度去感受他们的真善美，去走进学生的内心世界。这是她初到英才的第一次成长。

她尝试着用微笑和真诚对待所有的学生们，用真实的关爱去融入他们的生活，用放大镜去放大他们身上的优点。她渐渐地发现在夸奖和表扬中，那些问题生也变得很可爱。尤其是那个慢半拍的孩子做事开始变得积极，迟到的次数越来越少，自控力也在提高……

那一年，周老师班里的学生李志广接热水时不小心把手烫伤。当时三个手指起了大水泡，伤势很严重。她打听到西万坨有个烧烫伤诊所，治疗烫伤有偏方。她赶紧联系校车带孩子去就诊，几经周折，伤情终于得到控制。可是这个孩子的日常生活成了问题，她每天都帮他洗脸、洗脚、洗袜子，隔一天带孩子换一次药。孩子的烫伤一天天好转，他们之间的感情也一天天深厚。事隔几年，当孩子看到老师依然眼含泪水、心存感激时，她不悔当时的付出。

她曾接手过一个因为家庭影响而变得暴躁、叛逆、令很多老师都头疼的孩子，她没有放弃他。虽然他常和很多老师顶嘴，虽然他会经常犯错误，虽然他早恋，虽然他因为制度的严格想退学……但是她还是会在生活上无微不至地关心他，用真情感化他被冷漠风干的心灵；她经常找他谈心，费尽心思、运用智慧思考以怎样的方式切入话题而不显得做作，以怎样技巧的语言交流不会触动他敏感的神经……。当孩子受不了良心的折磨，把他们策划预谋的“惊天阴谋”告诉她时，她也震惊了。他们促膝长谈，从开学初到至今的点点滴滴，句句真实真切，字字情真意切，感动与悔恨的泪一次次从孩子的眼眶涌出，把矛盾和误解都消融在浓浓的师生真情中。孩子能在重大错误的边缘悬崖勒马，她不悔曾经对他的付出。

在教授八年级英语课时，因两名同学在课上随意说话，她误认为两人在抄袭作业而严厉地批评了她们。晚饭后她收到了其中一位女生塞给她的一个纸条：“老师，我们根本没有抄作业，是同桌不清楚您留了哪道题……”当晚，她就写了一封三百多字的检讨书，公众向两名同学道歉：“孩子们，今天老师犯了一个错误，我用惯性思维考虑问题，在没有调查清楚的情况就妄下断言，伤害了两个同学的自尊心，我当众道歉。每个人在错误面前都是平等的，作为老师，更要以身作则……”读完后，班里先是有轻微地哭泣声，再后来就是热烈的掌声。那天正是教师节，当她收到全班每个学生送的祝福贺卡时，她不悔自己的付出。

当她做了母亲后，她给孩子们的爱更加体贴。她会在学生生日时给他们煮鸡蛋，给他们拍照、录像；她会在学生生病时给学生送去可口的饭菜；女生会把心里的小秘密告诉她，男孩子也会在遇到困惑时征求她的帮助。她会指导孩子们学习方法，她会自费买奖品奖励学生的进步……。当这些点点滴滴都让她收获了旺盛的人气的时候，她不悔为他们的付出。

她在经历中成长，深刻体会到每个孩子都需要尊重，尤其是后进生。在一次月考监考中，她发现有个男生从发试卷开始，就不遵守考试纪律，坐姿更是“千姿百态”。她一眼就看出这个男生是顽固的问题生，这种孩子的心里面对老师的批评已“固若金汤”。她打定主意，从容地走上前，附在他的耳边轻轻地说：“你个子高，坐高椅子不舒服吧？我帮你找一把矮点儿的。”接着，她就真的找来一把，搬到跟前才知道，和原来的那把一般高。她无奈地摇摇头：“再给你找一把吧。”那个男生倒有些不好意思了，说：“老师，我凑合着坐着吧。”坐姿问题解决了，可是不一会儿，他又开始左顾右盼。她灵机一动，写了一张纸条给他：“看你坐立不安的样子，我想你是遇到了难题，我很愿意帮你，可是今天的时间和地点都不适合。我想当众提醒你，又怕伤了你的面子。我想你还是静下心来，自己慢慢思考吧。相信聪明的你一定懂得如何保全自己。”一场考试下来，相安无事。从那次考场交流后，那个男孩遇到她总要会心一笑并真诚地说：“老师好”，那笑容里装满了喜爱和尊敬。当她的心里感觉无比甜蜜和幸福时，她不悔曾经的付出。

经过六年的英才历练，周强强已经成长为骨干教师。2011 年新的学期，她担任七、八年级英语教研组组长。任重而道远，她每天听课、评课，负责指导新教师备课，制订教学计划和学习目标。

她说当一次次看到以前的学生已经长大成人，他们之中虽然以前不乏差生，但是依然生活得很好，所以她也逐渐改变自己的观念，不把成绩看得过重，而要因材施教，条条大路都通向成功。

周强强说：“对于学生，缘于一种责任，我倾注了满腔的热情；缘于一种执著，我投入了无限的精力。六年来，我为选择做一名英才教师而光荣、充实、无悔；六年来，我为培养了一批又一批的学生而自豪、忙碌、欣喜。如果说与学生的友谊是一种幸福，那么我就是天下最幸福的人，我愿意做一名——幸福的老师！”

幸福，只因一路有你

——记唐山英才学校中学数学教师郑新立

人物简介：郑新立，男，1981 年出生，2003 年 7 月毕业于唐山师范学院，2004 年参加河北师范大学数学系的函授学习，2008 年 12 月毕业。2005 年 8 月至今在唐山英才学校任教，分别担任七、八、九年级班主任，以及各年级数学教学工作。

曾获得滦南县优质课三等奖，学校优秀班主任，县素质大赛二等奖。

【座右铭：生活中，做个正直的人；工作中，做个踏实的人。】

郑新立老师原是我儿子段煜九年级的班主任，所以对他印象很深。他不高的个子，短头发，一脸灿烂而明净的笑容，给人一种亲切、自信的感觉。交谈时，言语间流露着从容淡定，平易谦和。他是学生们的实力、偶像派大朋友，他是家长信任的九二班班主任。

郑老师 2003 年毕业于唐山师范学院。2005 年 8 月到英才，任教七年级数学兼班主任，2007 年任教九年级数学，兼任九二班班主任至今。

把班级打造成一个坚不可摧的整体

郑老师的数学课以幽默吸引学生，以学生课堂听课效率高著称。他在课上穿插知识点的时候，如果发现学生有注意力不集中的、有学生犯困现象时，他马上话题一转，来一段幽默插曲，一则笑话、一篇历史典故、一段军事新闻……顿时学生的精神头就提上来了，这时再进入课题，学生们的注意力提高了，学习效率也上升了。

郑老师的数学课，注重教学情境的设计。他在教学中考虑到全班四十几个同学的个体差异，为满足他们多样化的需求，对问题情境的设计、教学过程的展开、练习的安排等设计巧妙，成为对学生强有力的吸引，能充分调动起所有学生参与的激情。所以学生们都反映喜欢郑新立老师的数学课。

作为一名班主任，作为一个班级的管理者，不仅仅要把课讲好，对学生的管理也相当重要。只有凝聚人心，才能完善管理。而郑新立老师对于班级凝聚力的锤炼体现在两点：首先让学生从一点一滴的班级管理细节中体验到老师的公平、公正，是能和学生交心的朋友；其次要让学生感觉到老师是他们的保护神，是和他们站在一起的，是他们利益的维护者。只有这样，学生才能够真正折服于班主任，他们才能同心协力共同维护班级利益，使班级成为一个坚不可摧的整体。

艺术性的师爱拉近彼此距离

用爱和耐心经营班级，让艺术性的爱成为拉近师生距离的引力。

郑老师教过一个名叫胡雪源的学生，他打架、早恋……似乎没有他不敢做的事。一次胡雪源又和学生打架，历史问题积累到了一定限度，学校决定开除他。郑新立老师出面在学部立下担保，保他以后再不犯错了，这才把胡雪源留了下来。

郑老师在放学后把胡雪源留在班级。胡雪源原以为老师会劈头盖脸地批评他一顿，已经做好了挨批的准备，可是老师就是没提他和同学打架的事，他不知道郑老师葫芦里到底要卖什么药？郑老师避重就轻地和他随便聊天，从父母之爱，谈到感恩，又从学习目的谈到理想，从成长谈到包容……随着师生漫无边际的交谈，胡雪源渐渐放松了对老师的戒备，和老师说了很多心里话，也说出了自己对未来的展望。这时，郑老师话头一转，说到他和同学打架的事。郑老师严厉地说：“这么多同学聚在一起，学习是一个共同的目的。只有今天打下坚实的基础，明天才会有一个光明的未来。如果为一点和同学之间的矛盾就大打出手，被学校开除，记录档案，还有前途，还有未来可言吗？”胡雪源羞愧地低下头，郑老师对他说：“回去好好想想吧？”

胡雪源经过一夜的反思，第二天找到郑新立老师承认错误。他说自己错了，回去想想和同学相处的点点滴滴，后悔自己的冲动行为，不该为一些小事和同学计较……郑老师说：“那天我忍了几次，恨不得上去就要踹你两脚。”说到这儿，胡雪源的眼泪簌簌顺着脸颊滚落下来……

胡雪源自从那次和老师交心以后，真正明白了老师对自己那份“恨铁不成钢”的爱心。他变化很大，在班级没有再犯错误，学习也很刻苦，中考以优异的成绩考上县一中。他这样的成绩是家长始料未及的，家长知道这是郑新立老师的严爱让“浪子回头。”他们觉得几句感激的话难以表达他们对郑老师的全部感激，专门定做了一面锦旗送给郑新立老师。

严师出高徒

众所周知“严师出高徒”，严也并非一味的严厉施教。当“严”而有爱，“严”而有情，“严”而有度时，才能做到严之有理、严之有效。

2008届的郭兆坤是一个聪明学生，但是整个上学期他的学习成绩一直不太理想，班级四十几个学生，他的名次一直在班级二十六七名上下浮动。这样的成绩，考上一中根本无望。为了扭转这个学生的学习态度，郑老师着实费了心思。当他的想法考虑成熟以后，找到郭兆坤谈心，用不容商榷的口气说出自己对他前途的考虑：“文化成绩上不去，练体育！”郭兆坤体育成绩不错，运动会时给班级赢得过荣誉，一直怕练体育辛苦就没有参加体育队。通过班主任的谈话，迫于班主任的压力，他开始跟着体育老师李志佳训练。郑老师早就和体育老师交代了郭兆坤的情况，所以训练时，体育老师对他要求很严格。

训练一段时间以后，郭兆坤找郑老师商量，他说训练太苦，想退出体育队。郑老师严厉地说：“你只要在英才上学，只要在我九二班，文化成绩上不去，必须练体育，累不死就得练！”体育老师李志佳在训练上依然严格要求郭兆坤，郭兆坤在学习上也铆足了劲头，每一节课的课堂利用率都很高，学习成绩直线上升。当郭兆坤的月考成绩年级排名53名时，他再次找到郑老师要求停止训练。郑老师再次严厉地说：“再练一个月！文化成绩进入年级前50名再说！”他更加努力地学习，月考成绩出来真的进入了年级前50名。按照他和老师的约定，可以退出体育训练了。郑老师再次严厉地对他说：“虽然不用再去训练了，可是你必须把平时训练时的这节自习课利用好。”再次月考，成绩一次一次进步、名次一次一次提升，年级30名、年级20名……中考终于达到了郑新立心中的目标——滦南一中。

是郑老师的“严”改变了一个学生，刷新了一个孩子的前程。所以说，严是一门学问，建立在爱心的基础上；严是一种技巧，是一种恰到好处的教育方法。当一名教师能“捧着一颗爱心”来，做一名有责任感的严师，定会“高徒”辈出。

父爱的阳光

学生刘佳明被分到九二班，用刘佳明的话说叫“冤家路窄”。

2009届学生刘佳明家庭条件非常好，父亲经营一个大型奶牛场，每年都有很高的收入。优越的家庭环境，反而使他养成许多坏习惯，学习成绩也不好。

刘佳明和郑新立老师在八年级时曾有过一段“过节儿”。期末考试郑新立老师监考刘佳明那一场，刘佳明因为在考场上表现“突出”，被郑老师叫出去，批评了一顿。为此他一副七个不服八个不忿的架势，开始跟郑老师较劲儿。暑假过后，升入九年级，正是无巧不成书，刘佳明被分到九二班，郑新立的名下。刘佳明感觉报仇的机会到了，他已经预谋好了一场“明争暗斗。”

2008年6月，从兰州市解放军第一医院收治首例患肾结石病症的婴幼儿被怀疑因食用“三鹿”奶粉引起开始，出现一个新名词“三聚氰胺事件”。2009年，三鹿牛奶案审理牵涉牛奶供应商——刘佳明的父亲。也就在新学期开学不久，刘佳明父亲被判入狱。刘佳明的生活一下子从天堂降落地狱，心情低落到谷底，开始要求退学。

郑新立老师两次自费打车去刘佳明家里看望，做学生的思想工作。郑老师鼓励刘佳明直面生活中的坎坷，鼓起生活的勇气："作为家庭中的长子应该能够担起家庭重责，做母亲和弟弟的支柱，不能遇到挫折就退缩，生活还要继续，人生的路还很漫长。以后有什么事，还有老师，老师永远是和你站在一起的。"

经过郑老师的两次家访，刘佳明又回到九二班。郑老师每个月还要给他两次假，让他回家照看一下妈妈和弟弟，力所能及地帮妈妈干点活。在老师隔三差五的劝慰和引导下，刘佳明成为生活的强者，逐渐从阴霾里走出来。中考，在郑老师的指导下，刘佳明考上了唐山职业技术学校。毕业以后，郑老师又帮他联系了一个实习单位。刘佳明在北京工作一年以后，在老师的劝说下，回到家跟母亲料理奶牛场。

现在刘佳明的事业做得红红火火。刘佳明说是郑新立老师用父爱般的阳光点燃了他生活的勇气。在离开英才以后的每一年，刘佳明都会回到学校来看望和他有着父爱深情的郑新立老师。他曾感慨地说："我的幸福人生路上，只因一路有你。"

在英才一晃七年时间，郑新立老师放弃了公办招考，对考上公办的爱人说："我在英才七年，已经不舍得放弃。咱们俩有一个出去有时间照顾孩子、照顾家就可以了。"教育事业是一曲爱心赞歌。郑新立老师为之付出了对学生的真诚关爱、对事业的满腔热忱，用夜以继日的勤奋，锲而不舍的耐力，不断探索的执著谱写着他的爱心赞歌。

久违的感动

——记唐山英才学校中学语文教师高怀刚

人物简介：高怀刚，唐山乐亭人，1970年出生，1995年3月毕业于河北广播电视大学汉语言文学专业，2005年8月任教于唐山英才学校至今，任班主任并教两个班的语文。曾两次获校级优质课二等奖，三次获校级优质课一等奖；2007至2008学年度被评为校级优秀教师；2007至2008学年度被评为滦南教育系统优秀共产党员；2007至2008学年度被评为控辍保学先进个人。

【座右铭：老实做人，踏实做事。】

流露着“书生气”的课堂

最近阅读了初中部教学主任王锡成的一篇听课随笔《流露着“书生气”的课堂》，文章以几个课堂场景的形式记录了一节语文课带给他的久违的感动。王主任对高怀刚老师的这堂语文课发表的评价极高：“一节语文课，具有一种亲和力、感染力。听之，如鸾凤和鸣；感之，如沐春雨。”

接着又看到了张德成老师写的一篇听高怀刚老师公开课有感《褪尽浮华显本真，轻松简单教语文》。张德成是专家级教师，在文中对高老师的语文课给予了高度赞赏，他称高老师的课为“上海的鸭子——呱呱叫”。没有常见公开课的热闹、卖弄和作秀，有的只是简明、扼要、朴素和平实。

我不禁为英才有如此名师而赞叹，感动之余还有骄傲在其中。读之，思之，冰冻三尺，非一日之寒；台上一分钟，台下十年功，赞叹之余，更要了解、探寻高怀刚老师课堂背后的故事……

高怀刚老师出生于70年代，乐亭人，中共党员。自1990年高中毕业后回母校做代课教师。其间他以优异的成绩考入河北广播电视大学，取得汉语言文学专业毕业证书。他在母校先后任教七至九年级语文、八年级地理兼班主任工作。1995 至 1998 年，连续四年他带的毕业班语文成绩均居闫各庄工委片中线以上，不仅得到了学校的物质奖励，还被评为优秀教师。所教八年级地理课在区片组织的结业考试中连年稳居第一。

高怀刚于 2005 年受聘于唐山英才学校。在英才执教七年来，高老师一直担任八年级语文教学兼班主任工作。他把全部的爱无私地奉献给了学生，把这平凡无私的爱融于日常琐碎繁杂的工作中，以自己的言行来影响和感化学生。他每一次侯课，都以标准军姿，学生们则在教室里端坐，读书或者默背；他经常利用课余时间与学生在一起谈学习、拉家常，细心观察每位学生的思想行为变化，随时了解他们的一些想法，及时给予鼓励、引导；当学生生病时，他的悉心照料让孩子感受到了父亲般的关爱和温暖；当学生有烦恼时，他的耐心开导让孩子感受到了朋友般的友谊和帮助；晨会课上一次又一次点拨，回家周前一句又一句叮嘱……都凝聚着高老师对学生的片片爱心。

20 年的教学实践，积淀了丰富的内涵，他不断汲取近年来语文教学发展和改革的新成果，汲取语文教学精华，体现新的语文教学观；在阅读教学方面，注重对文章内容的整体把握；在写作实践指导方面，注重把课内阅读与学生生活近距离结合，使学生语文成绩稳中有升。

高老师在班级管理中自有一套独特的方式。当他还在老家代课时，教毕业班语文兼任班主任。一次，物理任课老师找到他说班里一个学生很久不交物理作业了。听后，他很生气，对这样的学生真是恨铁不成钢啊！他一气之下拿起门后的笤帚打了这个学生，暴打之下学生并没有服气，虎视眈眈地看着老师，这次他并没有达到他所要的教育目的。经历了这一次，每当他想到这个学生敌对的目光时，他就后悔自己当初的冲动，开始反思自己的教育方法。他决心不再做一个伤害学生自尊的老师。从那以后，高老师再也没有动手打过一次学生。

让学生不好意思犯错误

高老师说："要使班级管理顺利进行，就要努力做到让孩子们不好意思犯错误。"要达到这一目的，就是要求教师研究学生的思想发展过程，努力探求他们心理成熟的轨迹。每个班级四五十名学生都个性鲜明，作为一个有经验的老师，每一名学生的性格、兴趣、气质、特长，乃至他们的一举手、一投足都在老师的掌握之中，作为自己的思考研究素材。

曹逢源是高老师班里一个中途插班的学生。高老师清楚这样的插班生必然大有来头，面对来送学生的家长，高老师开诚布公地说："既然把孩子送来英才学校，这是对英才的信任，把孩子送到我的班级，这是对我的信任。在家里，你们是他的亲人；在学校，我是他的亲人。孩子不会是百分百的优点，孩子也不能全是缺点没有一点闪光点，为了达到把孩子教育好的共同目的，希望家长把学生的情况如实告诉我。”家长面对老师的真诚，毫无保留地陈述了事情的原委：孩子原就读于唐山市里的一所重点中学，因为性情顽劣和同学打架，被原学校劝退。

曹逢源来校后的第一天晚自习，高老师没课，他在教室外面悄悄地观察这个孩子。曹逢源坐在座位上，一副心不在焉、吊儿郎当的样子，腿伸出去老远，脚伸到前座学生的椅子下面，身子则趴在桌子上。第二天晚自习，高老师把曹逢源叫到自己的办公室。高老师对他说：“昨天我没有时间找你，今天有时间和你聊会儿。昨天，你的家里人说你优点很多，把你送来英才为了使你更快提高、更加进步。”曹逢源没有说话，表示默许。“老师告诉你，英才学校有英才的规章，就连坐姿都要求很严格，一定要遵守‘头正身直，臂开足安’的八字听课习惯。昨天晚自习，你的坐姿你也许忘记了，老师一定要模仿给你看看。”曹逢源不好意思地羞红了脸。“坐姿反映一个学生的精神面貌，但绝不是束缚，你刚来有点不习惯，慢慢克制，形成习惯就好了。以后我要重点观察你，希望你提高、进步。老师相信你一定会表现很出色的。”

曹逢源在老师的正确引导下，不断进步，规范了行为习惯。家长对孩子的表现非常满意，家长说自己为孩子选对了学校，感激英才、感激高怀刚老师。曹逢源九年级毕业以后，考上了重点高中，现在已经上了大学。事隔多年，曹逢源依然不忘高老师的恩情，他说是高怀刚老师改变了他。逢年过节，曹逢源总是第一个发信息表示对高老师的真心祝福。

理解、尊重产生心与心的共鸣

高老师对学生没有声色俱厉的批评，他相信教育是教师和学生这两个情感实体的效仿过程，只有双方相互理解、相互尊重、相互体谅，才能产生共鸣，实现心与心的沟通。

在一节自习课上，胡雪原专注地写着一封信。当高老师走到他的身后，他丝毫没有察觉，当高老师用力迅速抻他写的那张纸时，他这才慌乱地用手捂在上面。“老师，我没写别的。”高老师说：“无论你写的是什么东西，我不看，你把它扣过去，折叠，然后再撕一张白纸，把它包好，用胶条封上。”胡雪原顺从地照办了，然后在封好的信封上，高老师签上自己的名字，写上日期，然后交给胡雪原，胡雪原在上面签上自己的姓名。而后高老师把这封信拿起来，对他说：“期末的时候，你想着找我来拿，我先替你保存。”

胡雪原没有因为这件事而记恨高老师，相反他们的关系比以前还要好。有一个阶段因为他贪玩，高老师找到他签订了一份“一定以优异的成绩考上一中”的协议。期末，胡雪原要回当初老师替他保存的那封信，而那份协议他没有收回，一定要高老师继续保存，以鉴定他的誓言。他在九年级毕业以后，真的以优异成绩考入了一中。胡雪原永远也不会忘记和高老师相处的点点滴滴，他离开学校以后经常来看望高老师。

赞美是照在人心灵上的阳光

学生汤瑞相是一个在七年级时比较出名的学生，他在班里拉帮结派、和同学打架，在课上睡觉更是经常的事。无论哪个老师摊到这样的学生都会头疼。那一年，汤瑞相升入八年级，被分到高老师的班里。高老师早就从七年级老师那里了解了他的情况。在开学第一天，他就找到汤瑞相，面露难色地说："老师有一件难题想让你帮忙解决。"汤瑞相一笑："老师，你尽管说。""班里发奶一直没有规范，每届学生都弄不好。"汤瑞相自信地表态："老师，请你相信我，让我试试吧！"

第二天，汤瑞相找到高老师，解释自己对于发奶的新方案，他想利用教室后面的木架（上面用木板隔成一个个小的空间，是学生放水杯的地方），他把小木格分别贴上班里学生的名字，然后把奶放在上面，大课间的时候统一喝，避免以前放在课桌上，有的学生偷着喝的现象。老师听了他的创意，高兴地表扬了他的创造性，并且让他组织明天的晨会，宣布"发奶"新决定。

整个八年级，汤瑞相把发奶的工作做得非常认真，没有出过丝毫差错。他的工作得到老师的赞扬和学生的认可，自信心增强了。在汤瑞相的心里终于把自己升格为班级的主人，从此，他没有再犯过以前的错误，学习成绩也提高很快。

去年冬天，已经参加工作的汤瑞相开着车带着女朋友来看望高怀刚老师。他对老师说："老师，我自己能赚钱了，我来看望您。是您改变了我，如果不是当初遇到高老师，真不知道自己会成为一个什么样的人。"

莎士比亚说："赞美是照在人心灵上的阳光。"真心赏识孩子，就如一剂甜甜的良药能激励孩子。老师的赏识成为学生不断奋进的动力，它能帮助后进学生找到前进的方向，树立自信心。请多一些赏识，你的学生就会多一个成功的机会；请多一些赏识，你的孩子就会拥有一个多彩的明天。赏识就如一缕阳光，照亮了学生的心田，他们因赏识而灿烂。

高怀刚老师用自己的爱心和对教育事业的执著，为新老师树立了一面旗帜，成为广大教师学习的楷模。高老师对学生的爱是那么无私，如丝丝春雨，滋润着学生的心田，在教育的第一线，他将用无私的爱和辛勤的耕耘，默默地奉献，谱写出新的乐章。

无言的结局

——记唐山英才学校中学生物教师刘利荣

人物简介：刘利荣，河北省唐山市滦南县人，1979 年出生，2004 年 6 月毕业于淮北师范大学劳动与社会保障专业，学历本科。毕业后在滦南县第三中学代课，2005 年 8 月来英才工作至今，现任七、八年级生物教师兼班主任助理。多次获得学校颁发的特殊贡献奖。

【座右铭：一个人的快乐，不是因为他拥有得多，而是因为他计较得少。】

刘利荣，因为她有着和我表妹一样的姓氏、一样的名字，所以我从知道她的名字那天起就对她有了特别的关注。她，白皙的皮肤，模样清秀，中等偏上的个子，身体有些瘦弱，看着她不由得令你怜惜，担心她是否禁得起风雨？一双大眼睛透着聪慧和睿智，说话的直率和处理问题的果断，透出些许男儿气概。

梅花三弄

“看人间多少故事/最销魂梅花三弄/梅花一弄断人肠/梅花二弄费思量/梅花三弄风波起/云烟深处水茫茫……”这是琼瑶电视剧的插曲，“忧郁王子”独特的嗓音在哀婉的音乐背景下，显得沧桑、凄清……听得人心弦微动、伤感萦怀，不禁泪水簌簌。

刘利荣老师述说上学期自己的故事可谓“梅花三弄”，一波三折，命运无常，道不尽的委屈，说不出的郁闷。

由于身体的原因，刘利荣老师今年没有再当班主任。说起上个学期，身体、成绩纠结，一言难尽，五味杂陈……

开学、业务培训，是这么多年的惯例；分班、安排班级，是当班主任不可推卸的责任。刘利荣被安排在七年级，做一班班主任，她很高兴，她所教的生物在七年级不是中考科目，她可以把更多精力投入教学、投入班级管理。她满怀信心地做着开学的准备工作，布置班级、备课、写工作计划……

临开学的第二天，学部主任赵宏云找到她，通知她教八年级的课。八年级一共八个班级，她一个老师将担任八个班级的课程，面临中考科目，所以领导没有安排她当班主任。领导的安排，她欣然接受，即便工作苦点、累点，那也是一个老英才教师不可推卸的责任。

刘利荣老师是一个要强的人，她从 2005 年到英才任教以来，一直教八年级生物课，成绩一直在县里排名第一。多年的教学经验令她对教学满怀信心，通过对学生情况分析和教材的分析，刘利荣老师做了科学的教学计划。在一个月的时间内，她已经初步形成了自己的系统，教学工作顺利进行。

当八四班副班主任刘小芳怀孕时，领导再次找刘利荣谈话，让她出任八四班副班主任。对于八四班，她确实有点怵，这是一个在八个班中排名倒数第二的班级，纪律可想而知，可领导的苦口婆心，让她无法推拒。

接手副班主任一个月后，在开学第三个月头上，正班主任韩淑娟跟随主任赵红云调往招生办，听到这个消息的时候，刘老师几个晚上没睡好觉，唯恐把她扶正。当班主任可不是一件能掉以轻心的事，八年级在初中三个年级中是最不好管理的一个年级，既要抓八个班级的教学，又要抓班级管理，她感觉力不从心。但担心的问题还是翩然而至，学部主任张素芝找她的时候，她丝毫没有感觉惊奇，领导的语言婉转，决定却带着不可抗拒性，“班主任的任命是领导再三斟酌的决定，除你之外已经别无选择。”刘老师对这样的决定没有表示积极接受也没有极力推脱，她内心的痛苦与挣扎只有自己最清楚。

刘老师面对历年生物、地理中考第一的成绩，面对这个学风不浓，玩风太盛的班级；面对这些思想和行为规范都具有很大可塑性的学生，一个英才老教师不能不分担学校的难处，不能不理解领导的苦心。现实、责任与成绩的纠结，像一块重重的石头，压在她的心头。

接手那天，刘利荣、张素芝、韩淑娟一起走进教室。当学部主任走上讲台宣布临时改换班主任的决定的时候，所有的孩子无一例外，他们趴在课桌上呜呜地哭了起来。刘老师当然明白这哭声所包含的内容，既有对突如其来变故的抵触，又有对班主任的愧疚；既有对原班主任的不舍，又有对新班主任的排斥……

后母难当

“既然接手，唯有努力”，刘老师这么说。她形象地称呼自己是八四班的“后妈”。这个称呼不是随便说说而已，绝对是有感而发的。她总结他们班学生几条目无班主任的表现：不开假条，随便去校医室；私自回公寓，以生病为名，在宿舍睡觉；迟到(最高一次，13 人迟到，一次被扣去 6.5 分)；班里领完水果，私自吃，统一发放时不够发；任何活动不听从指挥，分配到谁，直接说“我不去”。

刘老师面对这个烂摊子，改变学生心中“后妈”的印象经历了一个相当痛苦的过程。她首先整顿纪律：改选班长，制订班纪、班规，组织开班会，进行班级整改。没有规矩何成方圆？

赵洪冉是一个聪明、有号召力的学生。刘老师看出这个学生是一个可造之材，利用好了绝对能发挥无限潜能。他以前只是生物课代表，刘老师把他提拔为班长，给他一个名正言顺的头衔，既能让他克制自己的行为，又能做老师的助手。

刘老师首先教他怎么做好一名班长，让他清楚班长的职责，班长是区别于普通学生的一个头衔，所以班长要有更多的责任感；作为班长，必须做到在行为举止上能做其他学生的表率，看到不正当现象要及时制止；作为班长，还要在学习上起榜样作用，对其他学生要主动检查和督促，班主任不在时，要有替代班主任的能力。她把制订的班规班法给班长一份，让他负责起班长的职责，协助班主任把八四班打造成一个班风正、学风浓的班级。

刘老师接着在赵洪冉的形象上用班长头衔来约束他。赵洪冉是一个特别爱美的学生，穿着向来随便，不符合规定。刘老师对他明确穿校服的目的，不仅代表学校的形象，而且能从学生形象的统一，达到思想统一的目的，又能避免同学之间穿着的盲目攀比。

赵洪冉是一个思想成熟、自尊心很强的孩子。对这个孩子的教育主要以鼓励为主。刘老师成功的引导，使这个孩子进步很快，成绩进入年级前五十。在班级工作上对班主任起到了助手的作用。

处理学生迟到问题。刘老师尽可能地用和缓的语气去询问迟到的原因，然后为他们做一些简单的分析或引导他们认识到错误，尽可量不让他们产生逆反心理；有的则要用制度压，利用班级量化制度来让其改正。

冯兆锁是一位特殊的“迟到大王”，他会找种种理由回公寓，出入办公室就像逛商场一样自由。动用制度在他身上都不好使。说服教育下，三天以后又故伎重演，怎么办？刘老师开始试着与他接触，渐渐发现他作文写得特别好，文笔优美、语言精练。她就把冯兆锁的作品发到班级博客里，与他谈心交流，适时表扬，逐渐拉近了师生的距离。还专门为他开了一次班会，让全班同学以《我眼中的冯兆锁》为题，要求每人给冯兆锁写一封信。他收到了全班四十几封热情洋溢的来信。读了同学的信以后，冯兆锁很感动，主动找刘老师承认了错误。

因为冯兆锁经常会借故回公寓，每天都有公寓主任和警卫告状。所以刘老师对他更多些问候和体贴，耐心问他回公寓的原因。当他说去校医室时，她就细心地询问病情。这些促使冯兆锁产生巨大的内驱力，自觉并且主动地沿着老师指出的方向迈进。冯兆锁逐渐不迟到了，再也听不到生活老师告状了。

刘老师渐渐理顺了班级纪律，班级凝聚力明显增强，在她接手班级一个月，各方面初见成效，月考跃居年级第四名，这是八四班第一次辉煌；期中、期末考试跃居年级第二名，创造两次辉煌。这样的结果是她始料未及的。

刘老师这个“后妈”也逐渐转正，被学生接受和认可。这件事体现在班里一件早恋问题上。她发现班里有早恋倾向，而涉及的学生是班里一个有主见、清纯内敛、成绩好的女孩子。女孩已经表现出情绪消沉、目光朦胧、注意力不集中、成绩不稳定的现象。刘老师用很长的时间考虑用怎样的方式去处理这件事并且不会伤害孩子自尊心，而又能彻底解决问题的时候，一件意想不到的事情发生了：课间操的时候，同学们都迅速排队去操场，而女孩子却留了下来，把一张纸条塞在她手里："……我陷在情感的旋涡中不能自拔，学习进行不下去，生活感觉索然无味……"刘老师把女孩子叫到办公室，对她说："今天，请你别把我当老师，只当作一个姐姐、一个朋友好了，你有什么心里话就对我说，然后咱们再共同商量解决办法。"矜持的女孩子脸红了，眼泪不由自主地顺着脸颊流下来。刘老师和蔼地说："你是怎么想的就怎么说，我也是从你那么大过来的，能理解你的心情。"女孩子稍微平静了一下，"我也喜欢他，又怕影响学习，心理特别痛苦，不知道怎么处理。"说完女孩子的眼泪又止不住流下来，刘老师等她的情绪平静以后，从几个方面对她说了早恋的危害。

首先，早恋是一颗结不了果的花儿，成功的概率为零；从自身角度来讲，对学习有影响，最终将自己推向难以自拔的深渊；从实际来讲，你喜欢的男孩从长相、学识上都配不上你……。女孩一直认真地听着，当老师说到这儿，她插嘴说："老师，真的吗?"刘老师点点头，"我并不要求你一下就把他忘记，一天，两天，我可以给你时间，你把纠结在心的疙瘩解开，保持常态，对他不改样，但你却不能动心，用眼神表示你的决绝，不能给他支持。他的暗示你一定保持无动于衷，慢慢调整心态，随着时间的延长，完全割舍。你能不能做到?"女孩迟疑着没有回答，刘老师知道女孩内心在做激烈的争斗。"如果，你们不能果断从情感纠结中摆脱，你将陷入低谷，他也将成为差生。你必须给老师、给父母、给自己一个交代。"女孩的眼泪再次流下来，"这节课，我把电脑留给你，你可以对着它倾诉你心中所想，但是你必须把所有的东西都放下。"

下课了，女孩阳光的走进教室。以后的日子里，她都很听话，尽自己所能按照老师的要求去做，仍然做班里的一号种子选手。本来就棘手的早恋问题解决了，女孩对老师敞开心扉是接受这个班主任的表现。通过处理早恋事件，刘老师知道自己这个"后妈"转正了。

无言的结局

第二个学期，班级在平安稳定中前进，但是因为一次流产，而请了一个月病假，班级整体指数又急转直下。当她假满返校的时候，副班主任、学部干事如获重释地长出一口气，"终于来了大救星，终于不用再为你们班提心吊胆了"。在刘利荣请假的这一个月里，班内小事不断，因两个学生间的矛盾，以致造成学生家长间的纠纷，直到刘老师返校后半个月才得以解决。本来身体虚弱的她被这些学生弄得精疲力竭。

这个班级面临再次整顿，刘老师只能再次动用班规班法，多用激励。由于身体因素，她经常服药坚持，身体素质越来越差。

紧张复习一个月，迎接期末考试，八四班整体成绩还不错。可是理综的中考成绩却一落千丈，取得了全县第六的名次。这样的成绩，刘老师难免失落。对于这没有喝彩的付出，刘老师无言，值得庆幸的是，她教过的这群孩子跟她很亲很近，在一年的摸爬滚打中，他们建立了深厚的感情。

刘老师是一个豁达的人，她可以以平常心态看待得与失。就像能量守恒定律一样，人从来到这个世界到离开这个世界，失去多少，必然也能得到多少。舍得，有舍必有得，有得必有失。这一年，她舍弃了个人名利，但却得到了学生的尊重；她舍弃了个人的时间，但却换来了学生的发展。舍得是一种情义，一种精神，一种艺术，一种领悟，它不仅是生活中的哲学，也是为人处世的大智慧，更是一种人生的境界。她学会了“舍得”，所以，她能真正体会人生的乐趣。

新的学期，刘老师作为综和教研组组长，担当着培养新教师的重任。新的学年，新的征程，“重振士气，再创辉煌”，是刘利荣的最大愿望！

九一班的丰碑

——记唐山英才学校初中语文教师田兰花

人物简介：田兰花，1968 年出生，1987 年参加工作，河北大学中文系本科学历，中学高级教师。2006 年之前，在青坨营中学任教，2006 年 8 月到英才任教，一直教两个班语文，并担任班主任工作。曾获得市、县骨干教师；滦南县语文学科带头人；唐山市优秀思想工作者；市级优秀班主任；市级文明示范标兵；县级优秀教师；县级先进工作者；县级控辍保学先进个人等称号。先后获得县级优质示范课一等奖，优质作文辅导课一等奖，优质班会课一等奖。

【座右铭：捧出心一颗，拜得春万里。】

引　　言

时间：2011 年 6 月 20 日中午。

地点：学校餐厅。

事件：一群孩子簇拥着一个手捧鲜花的老师。

人物：学生（王亚轩、安军燚、霍启男、刘晓旺）；老师（田兰花）。

起因：乐亭一中王亚轩同学、唐海一中安军燚同学、开滦二中宏志班霍启男同学、北京十六中刘晓旺同学，他们全是英才 2008 年毕业生。高考结束后，他们带着对英才深情的眷恋、难舍的情结，回来了，回到英才看望他们的学校，看望他们的班主任田兰花老师。

经过：同学们在餐厅里找到了久别重逢的田兰花老师，刘晓旺同学把他专门从北京定制的一束鲜花双手捧到田老师面前，一群孩子围绕在田老师身旁，依膝而坐与田老师再次一起畅谈、一起就餐。

结果：师生说着，笑着，哭着。餐厅里所有的人都屏息侧目……

这幕场景的主人公就是田兰花老师，那些孩子是原九一班学生，是田老师三年前的学生。田兰花，一个英才校园里“最有爱心的老师”；一个英才校园里“有最美微笑”的老师；九一班，一个中考成绩连年夺冠的班级，一个领导赞誉的班级，一个学生仰望的班级，一个家长放心的班级……。2010年中考，田老师的学生赵文超语文考了119分，是滦南县中考状元。

对于田老师，我想还是先从她的名字谈起吧。

身于幽谷处，孕育兰花香

田兰花——一个为教育而诞生的名字。田老师八岁那年，要上小学了，父母便商量着给她起学名，妈妈极力推崇“蓝云”这个名字，因为她飘逸、悠远、纯洁。但身为教师的爸爸却语重心长地说：“身于幽谷处，孕育兰花香。叫兰花吧，让女儿续写我的教育梦想。”于是，一个简单而坚定的梦想——当一名好教师，便在童年悄然放飞。

1987年，田兰花刚走出校门，豪情满怀。钱梦龙、于漪、魏书生那一个个教育家便是心中最崇拜的偶像。刚走上讲台的她，激情万丈。“六步教学法”、“作文三级训练体系”、“情境教学”，那一个个教学流派便是田老师奉为“神圣”的经典。她在自己的三尺田地里，便开始了乐此不疲的耕耘。

田兰花任教20多年来，在教育、教学、教研、班级管理中处处开花、树树结果。她曾经获得奖项无数，论文《语文课堂中电教手段运用的尝试》荣获唐山市科研成果二等奖，《挚爱铸师魂》获唐山市师德建设优秀征文三等奖，《读写相生》获县优秀论文二等奖，优质作文辅导课《慧眼识“金”》获县优质课评比二等奖，《拥抱真情》获优质班会课一等奖；她还曾荣获滦南县班主任素质大赛第一名；田老师的班级连续被评为县级先进班集体；田老师多次被评为滦南县优秀教师、优秀班主任、被县政府授予嘉奖、荣记唐山市三等功。

2005年，田兰花接到唐山英才学校的邀请函，由于她的儿子太小，没有成行。2006年，儿子六岁了，可以上一年级了。在接到校长的电话后，田老师带儿子欣然前往，开始在向往已久的英才校园播撒希望。

九一班的故事

二十四年的教育之旅，田老师的故事数也数不清，咱们还是从文章开头那一幕说起吧！

——王亚轩的故事

王亚轩是一个很有个性的孩子，在八年级曾因为屡犯错误，违反校规而被劝退。王亚轩父亲曾四次来校恳求校长收下他的孩子，因为他信奉英才的管理和教育，他相信只有英才老师才有能力使他的孩子步入正途。校长被家长的诚恳打动，准予给王亚轩一个机会，让他参加了入学考试，入学后被分到田兰花老师的九一班。

在开学初期，王亚轩还是错误不断，竟然一次次在科任教师的课上跟老师产生冲突、扰乱课堂。田老师第一次找他谈心，似乎收效不是很大。一次，在田老师找到他进一步谈心的时候，正好接到王亚轩父亲的电话，他的父亲在电话里关切地问及孩子在学校的表现，田老师说："两周以来，王亚轩表现很不错，好学上进，而且集体主义感也增强了。"王亚轩五十多岁的父亲在电话的那头听着田老师的话，一个大男人竟然有点哽咽："我每天都担心儿子会不会惹事。""亚轩的自我控制力很强了，我作为他的老师为他出色的表现深感欣慰。"听了老师的话，家长竟然激动得哭了起来："孩子上学这么多年，我从来没有听到过老师表扬孩子的话，今天有您的话我也就放心了。请您务必转告孩子，我很惦记他，让他一定听老师的话，好好学习……"父亲和老师的对话，王亚轩听得一清二楚，这个铁男儿第一次在老师的面前流下了真诚的眼泪，声泪俱下地检讨了自己的错误。

从那以后，王亚轩开始有所改变，之后发生的事，促使王亚轩彻底地改变了——

那是10月31日，开学两个月的时候，夜里11：40王亚轩姐姐打来电话对田老师说自己的父亲去世了，一会儿家里来人接弟弟。田老师听到这个噩耗有点儿不知所措，她赶紧起床去公寓。一路上她尽快梳理自己的情绪，思忖怎么开头对王亚轩说起这件事。

来到公寓叫出熟睡中的王亚轩，田老师看着这个可怜的孩子真的不知怎么开口，她迟疑片刻说："晚上怎么也睡不着，想找你谈谈心。当一个家庭正处于风雨飘摇的时候，17岁的男子汉该怎么办?"聪明的孩子已经意识到家里一定有什么事情发生了，"家里有什么事，老师直管告诉我，我已经长大了，什么事都能担当。"田老师说："你父亲病了，姐夫一会儿来接你，请你一定要坚强。"

第二天早上6:40，田老师把电话打给王亚轩的姐姐，姐姐把电话转交给王亚轩。"老师，我爸爸死了!"这是他接过电话的第一句话，说完就晕过去了。田老师让姐姐把电话放到王亚轩的耳边，田老师想，即便他听不到老师的话，但是他的心一定能感知得到。田老师以母亲的情怀，流着泪述说着老师的牵挂与惦念，说到大约三十分钟的时候，王亚轩清醒了，"我爸爸死了!"他还是重复着一个十几岁孩子所不能接受的事实。田老师以她慈母的柔情抚慰着孩子受伤的心灵："一个人从失去亲人的那一刻起，就长大了，就该有直面苦难的勇气，把苦难转化为人生的财富，昂起头颅，笑傲风雨，把眼泪擦干，转化为力量……"王亚轩安葬好父亲，他在心中暗暗承诺：我已长大成人，愿父亲在天堂安心。

王亚轩回到学校最初的那段日子，是田兰花老师陪他走过了那段阴霾岁月。每天吃饭都是田老师领着他走进餐厅，给他打来饭菜，陪着他吃；回到公寓，都是田老师给他打来洗脚水，把干净的袜子放在他的床边；那段时间，520宿舍的八个男孩没有一个说话打闹的，没有一个无故开灯的……。走过苦难，王亚轩成长为一个坚强的孩子，一个有威慑力的班长，一个老师的得力助手，九一班也成为一个强大的集体。

王亚轩以优异的成绩考入乐亭一中。他在一中上学，时刻检点自己的行为，他说在英才受的教育、田老师对他的影响他会受益终生。在每年的新年、春节、教师节他都会给田老师打电话，田老师在他的生命里已经成为一个非常重要的人。

——安军燚的故事

安军燚是一个来自唐海的学生。在八年级时，他曾经有过一段轰轰烈烈的早恋故事，深陷其中并难以自拔。早恋在中学生里是一个普遍现象，也是一个较敏感的话题，对于处理这样的问题，任何一个班主任都深感棘手，处理不好的话，有可能会伤害学生自尊。田兰花老师不但漂亮地处理了这件事，而且对这个孩子起了促进作用。

田兰花老师找到安军燚，直截了当地问他："你懂不懂什么叫爱，请你说说你对爱的理解。"

"一种渴望，一种向往，一种可以为爱付出一切的……"

"身体发肤受之父母，一个连父母都不爱的人，没有权利说爱。"田老师说话的时候是相当严厉的。

安军燚是一个聪明有毅力且自尊心很强的孩子，田兰花一番话让他无地自容，他让自己立刻从乱麻一样纠结的情网中挣脱出来。从那以后，他发奋学习，努力把荒废的时间弥补过来，每次在教室看到他总是努力学习的身影。中考时他以优异的成绩考上唐海一中，今年，安军燚是唐海一中他所在的班级中唯一一个考入全国重点大学的学生。

这个孩子自从离开英才后每年都会来英才，看看学校、看看田兰花老师。他的母亲总会感慨地说："我替我的孩子感谢田老师，是田老师拯救了我的孩子。"

——刘小旺的故事

刘小旺是来自北京的学生。他是一个令田老师自豪的学生，曾是中央电视台新闻袋袋裤节目主持人，在九一班是班长，演讲比赛、军歌大赛永远第一名。

这个孩子有很强的集体荣誉感。那一年中考前夕，燕南锹厂经理送给九年级学生 300 斤鸡蛋，每天晚上孩子们都能分到两个补充营养。刘小旺吃鸡蛋的时候，把剥下来的鸡蛋皮用卫生纸包好放在了脚底下，他想下课的时候再放到垃圾篓里，后来他因做题把这件事忘了，被值班干事发现开了一张减分条。他接过减分条时眼泪也紧跟着流了下来。田老师理解他，九一班学生也理解他。师生共同劝他："这是无意之过，我们都不会指责你！"

刘小旺同学一直把这张 0.5 分的减分条看作是自己的耻辱，一直留到了 6 月 20 日。他是外地学生，要回原籍参加中考。他是全校最后一个离开的学生，因为他对母校爱得如此深沉。临走的时候，他留下一封信让同桌孙再良交给田兰花老师。这是一封感人至深的信："老师，我现在即将离开你，我无法面对分离。在你面前我无法控制情感，我的身影会渐行渐远，但我会在行囊中珍藏我们共同生活的每幅画面……”而那张曾经被泪水打湿而变得褶皱不堪的减分条就粘在信的背面。

奉献铸师魂

田兰花的爱如融融月光无私地播撒给她的班级，滋润每一个幼小的心田。在她的心里时刻装着她的学生，每天从早起第一声起床号响起，她总是第一个敲开公寓大门来迎接学生，直到放学后安顿好每一个孩子后最后一个离开……。每个孩子都是她心里的牵挂，有几个孩子成绩不稳，要找他们谈谈；有几个孩子身体素质差，每天要嘘寒问暖；有几个孩子自制力差，要及时提醒，按时打好预防针……。每天，她匆匆忙忙，从教室到公寓，从公寓到教室两头奔忙。学生发烧了，急急忙忙送医院，找医生、开票、打针、吃药，买水果，通知家长，然后又风风火火地回来上课。田老师自己的儿子病了，她无暇照顾，把孩子托付给自己的姐姐……

田兰花老师用她的实际行动捍卫着身为一名教师的尊严，用她的两袖清风诠释着廉洁从教的优秀品格。

田兰花对于王亚轩的照顾，家人无限感激，王亚轩的姐姐专门从乐亭赶来，给她送来一箱自家产的葡萄。因为了解田老师的为人，王亚轩的姐姐特意把葡萄放在警卫室里，离开学校以后才打电话告诉田老师这件事。田老师无奈把收下的葡萄全部分给了九年级老师，而把三百元钱打在王亚轩的饭卡里，还给他买来作文书和生活用品。

田兰花老师的学生毕学鹏，曾是班长，她把班级和宿舍都管理得井井有条。在每次老师犯咽炎时，她都会把一盒金嗓子默默地放在讲台上。在毕学鹏感冒发烧时，田老师给她买来红霉素和急支糖浆，无微不至地照顾她。

一次，毕学鹏对田老师说洗发水用完了，田老师终于得到一个回报孩子的机会，她去超市给孩子挑了一瓶最贵的洗发水作为礼物送给学鹏。

最后一次摸底考试，毕学鹏数学只考了75分，田兰花几次找她谈心，用励志故事激励她。中考时，毕学鹏理综考了108分，数学103分(班级前三名)，以优异的成绩考上了一中，并得到九年级奖学金。家长在教师节来学校领奖学金的时候把一桶龙井茶放在警卫室。田老师让孩子放假时来学校看她，委托孩子把茶叶带回，并打电话告诉家长：“对孩子的付出是一个教师应尽的责任，任何物质的东西都是对我们师生感情的格调的贬低。”

周志奇是一个特别直率、心地善良的孩子。他也是一个大有来头的学生，父亲是董事长的好友。他在开学初曾扬言：“我什么也不怕，我爸跟董事长是好朋友。”为此，田老师与副班主任串通导演一出苦肉计：用打来震慑周志奇。田老师表演很到位，拿书要打，书被副班主任抢走，拿玻璃刷要打，副班主任把孩子拉开。为此，还被监控拍到，被罚款200元。她没有解释，只要达到教育目的，学生能转变，罚款也值得。

一次回家周，周志奇的家长知道田老师回老家了，顶着小雨开车赶到田老师老家青坨营，送去水果、饮料和大米。任凭田老师怎么推脱，家长硬是放下东西开车就走了。而这些东西无法弄回学校上交，田老师就给周志奇买了一件羽绒服。她委婉地说：“孩子进步很大，一个学期也没犯错，没有别的心意，我买了一件衣服作为对孩子的奖励。”

有人说：“教师是太阳底下最光辉的事业。”田老师正是用她的自强、自爱、自尊、自重来诠释自己的职业。

印度诗人泰戈尔说过：“果实的事业是尊贵的，花儿的事业是甜美的；让我们做叶的事业吧，叶是谦逊的，专注地垂着绿荫。”甘愿奉献、甘愿平凡是田老师的品格。她用勇于奉献、安于清贫，铸造师魂。

田兰花用她的言行，把九一班打造成一个钢铁连，一个领导赞誉的班级，一个学生仰望的班级，一个家长放心的班级！田兰花成为英才校园里“最有爱心的老师”，一个英才校园里“有最美微笑”的老师。

九一，以“铁的纪律，爱的教育”广受赞誉。田兰花——九一班的丰碑！

做世界上那道明亮的门

——记唐山英才学校初中物理教师冯昭

人物简介：冯昭，男，河北省唐山市滦南县人，1982 年 10 月 10 日出生，2001 年 7 月毕业于河北滦县师范学校，现已取得本科学历。自工作以来连续多年担任九年级班主任及物理教学工作。曾先后获得市级先进教学工作者，县优质课评比一等奖，县素质大赛三等奖，县控辍保学先进个人，县德育教学先进工作者，县优秀教师等光荣称号。

【座右铭：生活中，做个正直的人；工作中，做个踏实的人。】

“世上有一道明亮的门，走进去的沙粒都会变成金子。”在冯昭老师的心目中，每位学生都能成为一粒闪闪发光的金子，而他，永远愿意做那一扇——能把沙粒打造成金子的“明亮的门”。

半块加餐、半个梨和一个橘子的故事

“其实像《一个梨和半张饼的故事》在我们班早就有。我们特别服我们的班主任冯昭老师，是他用以身作则的精神彻底征服了我们。”这是九三班学生对冯昭老师的褒奖。从学生们的言谈举止中看得出，他们对班主任的那份由衷的敬仰和崇拜。

私立学校的学生一般来说家庭条件都还不错，学生们基本上没有“浪费可耻”的概念，反而对于“节约”倒会令他们感觉“掉价儿”。可是对于“谁知盘中餐，粒粒皆辛苦”的道理又有哪个学生不懂呢？所以对这些“九零后”们讲“勤俭节约”的故事就像说笑话一般，无关痛痒。每个暑假开学后，加餐、水果扔得到处都是。

晚上发完加餐，一块只咬了一口的蛋糕就扔到了桌上，班主任冯昭老师能猜测到其中的原因。他想："对学生进行'勤俭节约'的教育就从它开始吧。"于是他走上前假装不知内情地询问学生到底是怎么回事？学生回答说掉地上脏了没法儿吃了。面对此情此景，他拿起蛋糕不假思索地咬了一口，在班里众目睽睽之下把掉到地上的蛋糕吃了，教室里鸦雀无声，那个扔蛋糕的学生的脸顿时通红。

一个晚自习上，冯昭老师一低头，一个醒目的黄澄澄的鸭梨正无声地躺在纸篓里。他俯身从纸篓里把鸭梨拿出来，到水房用水冲洗了一下，当着学生的面津津有味地吃了。当第三次，老师再次在纸篓里发现一个橘子时，他依然默默地拿起来，一瓣一瓣地放到嘴里，每吃一瓣他的表情都特别痛苦，一个学生再也看不过去，上前从老师手里抢过来吃了，因为他们知道老师得了口腔溃疡，已经好几天不能吃水果了。

经过这三次，九三班再也没有发生过乱扔水果和加餐的事。冯昭老师用他的率先垂范把班里浪费现象扭转了过来，学生们对他心服口服。

老师和你们在一起

正处在青春期的九年级的学生，心理脆弱，因为一点小挫折就有可能产生沮丧情绪。这时，老师的鼓励性语言的作用是不可低估的，在一定的条件下，它不仅可以激发起学生对某件事的兴趣和参与的积极性，也可以鼓起学生战胜困难的勇气。

一次，冯昭的九三班学生在和其他班级的篮球对决中失利，学生们垂头丧气，一个个像秋后霜打的茄子一般。他看到这种情况，对他们说："这次没打好，不怪你们，都是老师不好，是因为我对这件事重视不够，没跟你们一起训练，没给你们指挥，咱们看下次的。"

于是，大课间篮球场上就多了冯昭老师那矫健的身姿，学生们参与的积极性增强了，对未来的篮球比赛充满信心。没几天，学校举行正式校级篮球比赛。比赛开始了，球员上场，冯昭站在学生队伍里充当拉拉队员，球员在场上奋战，他在场外指挥："投"、"好"、"传"、"真棒"……他和学生共进退。在他的鼓励下，九三班取得了年级第一的名次。他高兴地跳了起来，学生们也拥抱欢呼。老师几句鼓励性的语言、一个老师和他们在一起的举动，球赛胜利了。小小的成就使师生的心紧紧连在一起，班级凝聚力增强了！

在磨炼中坚强（戴雨欣的故事）

2008 年，冯昭来到英才任教的第一个学期，他接手八年级的一个班级。戴雨欣是一个中途插班的学生。她来自唐山，学习成绩一般，在年级 200 多名学生里她排名 100 名以外，而且她是一个叛逆性极强的学生。因为学校严格的管理，最初一个月，她是在反复吵闹着转学中度过的。冯昭老师多次找她谈心，并且在生活上给她了很多关心和照顾，但是她的情绪就是转变不过来。

在和戴雨欣的多次谈话中，冯昭老师了解到她比较热衷于体育运动和舞蹈。那时正赶上餐厅多功能舞台投入使用，学校要求每两个班级一周出一台节目。冯老师就动员她积极参与，鼓励她做班里舞蹈的编排和指导。戴雨欣欣然接受，对每一次舞蹈的排练她都认真对待。训练时的磕碰是难以避免的，经常腿上青一块紫一块，但是她丝毫不懈怠；有一次演出因为一个同学出场时间没有掌握好，戴雨欣竟然哭了，哭得很伤心，认为自己没有给班级争光，很丢脸。显然她已经把自己当成了班级的一员，集体主义信念正在增强。

戴雨欣积极参加各项活动，使她很有成就感，她再也没提过转学的事；学习和各方面都进步很快，成绩跃居年级 35 名。她的明显转变令家长感动，冯昭老师得到家长的高度认可。

一中公助生的背后

中考全校第二的李洪杰是冯昭老师的学生。冯老师从八年级就教他，九年级又做了他的班主任，对于这个学生，冯老师十分了解。

李洪杰性格内向、脑瓜聪明，成绩也很稳定，基本上总在年级前 20 名上下，他的弱点就是没有抗压力。他最大的弱项科目是数学，因为在七年级时没打好基础，成为他一直畏惧的学科，成绩一直提高不上去。面对九年级下学期的中考压力，第一次模拟考试成绩下滑至年级 40 名。

冯昭老师为了提高他的抗压能力，表面对他采取冷处理，背后和数学老师商量，让数学老师对他的弱项学科给予适当指导。李洪杰“二模”成绩进步显著，进入前十名。冯老师抓住这个契机，找他谈话，帮他分析上次没考好的原因，对这次考试的进步给予的肯定，又适当给他一些鼓励，帮他树立战胜畏惧心理的勇气。经过一个月的努力，中考告捷，以优异成绩考入一中，并取得全校第二的成绩，理综 118 分，最大弱项数学考了 104 分。

中考英语单科状元周莹，九年级整个上学期的成绩并不是十分令人满意。

当时九年级入学时，周莹是以班级排名第一的名次进入九三班的，冯昭老师和家长对她的期望值都很高，但是周莹的表现却很糟糕。有早恋倾向，回学校时带回 MP4 严重违纪，物理成绩一直不理想……。对于这样一个“种子选手”，冯昭苦口婆心地进行劝导……。但是在九年级第一次模拟考试的时候，她考了年级 40 名左右，就连 3 月份课改实验班的考试资格都没有取得。学生沮丧、家长着急、冯昭老师更是心急如焚。

冯昭老师在大课间时找周莹谈心。从周莹的言辞里隐约感到一丝自暴自弃的倾向。冯老师用很长时间分析周莹的问题，主要原因归结为情绪的不稳定造成了思想的懈怠，她对自己已经丧失信心，给自己定位的标准已经降低很多，再不是那个闪着光环的、班里第一的周莹了。

找到了问题的核心，冯老师再次找她谈心。他从青春萌动谈到如何树立正确的人生观，从根本上解决了周莹思想上的问题；周莹本身基础掌握就不错，所缺乏的就是动力，他又用惯用的鼓励性语言给周莹精神上的支持，一次挫折不算什么，失败要成为成功的动力；冯老师还利用自习给予周莹弱势学科的指导，一直处于弱项的物理成绩提高很快。中考周莹以优异的成绩考入滦南一中，并且英语单科考了满分。

做世界上那道明亮的门

孩子每战胜自己一次都是一个进步，任何一个学生的进步都是老师的荣耀，任何一个学生的认可都是老师的欣慰。冯昭忘不了，中考话别会上，来接周莹的家长对冯昭老师说过的话："你是周莹最敬佩的人"。能做一个学生敬佩的老师，冯昭老师的心里美滋滋的，这也正是他为师的目标。

"世上有一道明亮的门，走进去的沙粒都会变成金子。"此刻，我们不难想象，我们这个平凡的冯昭老师，一定还在他的工作岗位上忙碌着，继续做那一道"明亮的门"，他在为每一个通过他这道门的学生成为金子而努力着。

第五篇

默默无闻　忘我工作

教师是火种，点燃学生的心灵之火；教师是石阶，承载着学生一步步踏实地向上攀登。

真诚奉献 辛勤耕耘

——记英才学校初中信息技术教师李俊霞

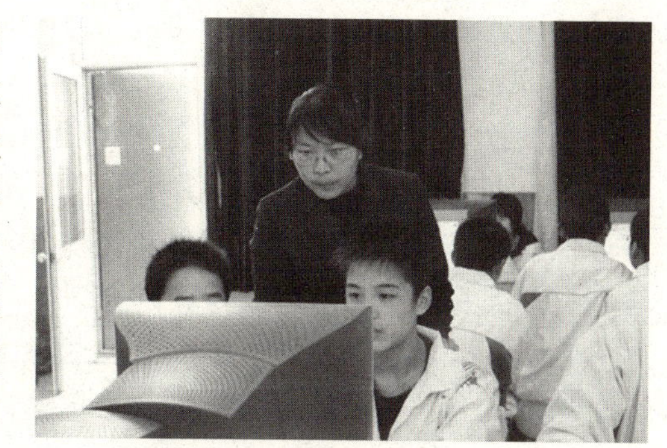

人物简介：李俊霞，女，1973 年出生于乐亭县。1996 年毕业于河北农业大学计算机科学系，大专学历。2008 年进修取得河北电视大学“教育管理”本科学业。2001 年 7 月到唐山英才学校任教至今，现任初中信息教师。2002 年，所撰写的论文获唐山市三等奖；2003 年，被评为县电化教育工作先进个人；2006 年度被评为滦南县现代教育技术工作先进个人、中小学教师继续教育先进工作者；2007 年获滦南县信息技术优质课一等奖，同年被评为中学一级教师。

【座右铭：少说话，多做事。】

“李俊霞同志现年 38 岁，中共党员，大学本科学历。她 2009 年 11 月加入中国共产党，1996 年毕业于河北农业大学计算机信息与管理专业，助理工程师职称。该同志 1996 年至 2001 年在滦南县物资局工作，2001 年至今在唐山英才学校工作，中学一级教师。该同志爱岗敬业，精通本职业务，工作踏实肯干；党员意识强，在各项工作中积极发挥带头作用；善于创新，勇于打破常规，敢于承担风险，善于提出新思路、新办法；工作效率高，时效性强；廉洁自律，模范遵守廉洁自律的规定，在群众中有良好形象。”

看到关于李俊霞老师如此的介绍材料，我在心里想象着她的形象，打听到她的住址，我敲开李老师的房门……

一个朴实的形象出现在我的面前，一副无华的容颜，一身质朴的装扮，几句真诚的话语。

看到李俊霞老师，不由得想起雨鞋。雨天，当人们需要她的时候，她忠于职责奋不顾身，阳光晴好静默地伫立在门后……

李俊霞来英才十年，做了十年科任老师。她任劳任怨、默默无闻地工作了十年。试问哪位老教师的计算机掌握技能不是李俊霞老师教的？哪一年的中考第一成绩里没有李俊霞老师的功劳？哪一位老师评职与李俊霞老师的辛勤辅导分得开？

2001 年，英才学校是滦南县第一所开设微机课的学校，李老师是唯一的一个微机老师，她教授 3 ~6 年级八个班的信息技术课。那时，学校里还没有印刷室，李老师除了上课以外，学校的公文、文件都由她打印保存，各年级试卷也都有李俊霞老师录入计算机，然后校对、油印，忙到后半夜是常有的事。

2002 年对于英才来说，是一个特别的年份。一个暑假老师们都没有休息，上午培训英语，下午培训信息技术。作为英才学校唯一的微机老师，李俊霞老师付出了很多心血。那时候，有的教师刚刚接触计算机，连最基本的操作都不懂。李俊霞老师耐心细致地从简单的开机、关机教起；再到 Word 文档的建立，用它做试卷的使用方法(如公式编辑，卷头制作，图形组合)；PPT2003 软件的操作步骤(如超链接和动画设置)以及 Excel 软件中公式与函数的使用、下载文件、课件的操作方法；从 Windows 计算器和录音机的使用方法等几大方面对教师进行信息技术的培训。在讲解过程中，老师们通过李老师用实例操作的形象而直观的演示、深入浅出的讲解，学到了办公和教学中常用的计算机知识。

对于每个老师的请教李俊霞都会耐心作答。不知道经历了多少个熬更夜守、多少个起早贪黑、多少的艰辛、多少的汗水，功夫不负有心人，一个暑假下来，老师们都考取了计算机应用能力考试等级合格证书。

每年的九年级信息技术考前培训，李老师既要带着七、八年级的信息技术课，还得负责九年级的考前辅导，每周课时达到六十四节。而且九年级的课程都安排在晚一晚二晚三，每节课测试完，李老师都要把考试不合格的学生留下来再次单独辅导，每天晚上微机室的灯总是最后一个熄灭。学生们走了，李老师还要认真检查微机室里电源是否都已经关掉，每个晚上都是忙到十点以后才拖着疲惫的身子回到家里。在教学上，她努力做到把知识点准确细致地传授给学生。为了让学生们提高对信息技术的兴趣，她努力钻研课标、钻研教材，翻阅大量资料，了解学生实际，精心设计教学。她大胆改革教学方法，课堂上让学生与教师互动，做到生生互动、师生互动，充分体现以教师为主导、学生为主体的教学原则。她做到了对每个课题提出具体要求，激发学生的创造性。

在如今这个信息技术突飞猛进的时代，知识的折旧与更新越来越快，只有不断地加强学习，才能逐步提高自身素养和实践能力、才能开创工作新局面。为了提高自身辅导水平，李老师积极参加县局、县进校组织的各类讲座、培训活动。在学校组织举办的多次教研培训活动、计算机讲座中承担辅导工作。在 2007 年，河北省组织的一次综合教育技术能力培训中，李俊霞老师作为一名二级培训员，她先系统地辅导所有老师，然后指导老师们独立操作，遇具体问题再具体解决，在她和所有教师的共同努力下，受训老师全部考核过关。

每天，在必须的课程安排之余，有的老师作图遇到了问题，传给李俊霞老师，做好后，李老师还要负责讲解；各学部每月的月考成绩计算平均分、优秀率、及格率都要单独培训干事；教授关于 FTP 的使用，以及各种关于微机的使用和所有软件问题都需李老师帮助。

在英才学校，每提及李俊霞老师，人们都会说："那是一个踏踏实实工作的人，对于微机上的不解之处总是有求必应。"可是她自己却说："我的工作是琐碎的，十年来没有什么轰轰烈烈的事迹。"然而，李俊霞老师确是英才发展史上一个具有历史性纪念意义的老师，她独揽了英才发展史上的几个"第一"：她是英才建校初期众多应聘者中第一个受聘步入英才校门的老师；她是英才九月一日开学典礼上的首位旗手，五星红旗在她的手里冉冉升起，第一次飘扬在新英才的上空；她是自2005年英才第一届学生参加中考以来，信息技术加试成绩连续第一的指导老师……

写到这，我想起一个人，我们从小到大一直学习的榜样雷锋。为人民服务是贯穿于雷锋短暂人生里的光辉旋律，是雷锋精神的魂魄，是雷锋精神的核心。李俊霞一直在为英才服务，默默无闻地工作，不求名不求利。

在这个擅长"作秀"的时代，踏踏实实、默默无闻、甘于奉献的人太少了，这确实是一个共产党员最难能可贵的品质。李俊霞每一次工作至后半夜、每一次弯腰拾废，都与作秀无关。所以一个考进大学的孩子会来感激她："老师，谢谢您，是您影响了我。"所以就有一个细心的女孩子说："我看到一块废纸，我虽然不经过有废纸的路径，因为我看见李俊霞老师在我的后面，所以我宁可绕道我也要弯腰捡起那块废纸"……所以有领导评价："李俊霞，对待工作极端的热忱和投入，有高度的责任心和敬业精神。工作兢兢业业，任劳任怨。"

从李俊霞入党宣誓的那一刻起，她就立志做一名优秀的共产党员。她用自己的实际行动践行着自己的诺言。在汶川、青海发生大地震时，李俊霞积极捐款，带头奉献爱心；在日常生活中，讲团结、讲协作、讲奉献；反对弄虚作假，倡导勤俭节约，带头参加学校组织的义工活动；带领同事和学生定期和不定期地开展环保活动。为此，她被学校评为"三四六活动"标兵，模范带头人。她也连续多年荣获学校特殊贡献奖。

也有人说李俊霞"傻"，她几次放弃考公办的机会，她说："和英才风风雨雨一同走过来，已经不舍得放弃。董事长在干、张校长在干、杜校长在干，英才的老师不都在这么干么？永远忘不了当初董事长和老师们一起同甘苦共患难的日子，永远忘不了在老校址董事长开会时说的一句话，'现在的条件是差了些，将来肯定给大家一个舒适的环境，请大家相信我。'现在，董事长实现了他的诺言，具备了优越的生活环境和舒适的办公环境，我只有心怀感恩，要更加努力地工作，为英才的腾飞而奋斗……"

责任在肩头的分量

——记唐山英才学校中学美术教师纪海春

人物简介：纪海春，男，汉族，1975 年生人，大专文化，中学二级教师，2002 年到英才任教至今。

2004 至 2007 年，四年连续在滦南县中小学艺术节活动中被滦南县教育局评为优秀指导教师；在 2007 年中学美术优质课评比中，《绘画的构图》一课被滦南县教育局评为一等奖；2007 至 2008 年，连续被滦南县教育局评为中小学体育艺术教育先进工作者；2004 至 2006 年，连续两次被湖北襄樊市国画花苑评为“最佳园丁指导奖”；2004 年，被唐山英才学校评为“无私奉献奖”；个人作品在县级、市级、长春市报刊多次获奖。

【座右铭：宠辱不惊；得失皆安。】

引　　子

学校餐厅里，一场演出缓缓拉开帷幕。

“叮铃铃……”一阵清脆的电话铃声，王瑄老师听到后急促上场，接起电话，话语柔和地说：“哎！是小雪吧……”——小品《亲情热线》正在上演。

……

老师：（脚步沉沉地走到刘柱面前用手摸着他的肩头紧紧相抱，一起温暖，一起感动）“好样的刘柱！”（同学们一起鼓掌）“明明，来，你打吧！”（把电话递给了明明）

明明：（后退几步）“老师，我……我……不想打了。”（广东话）

老师：“为什么？你妈妈身体不好，你最应该打一个电话问候一下呀！来，快打！”

明明：（又后退了几步）“我……我……我就不打了。”

老师：（上前抓住明明的手说）“让你打你就打吗！给！”（再次把电话递给了明明）

明明：（从老师手里接过电话）“老师我能提一个小小的要求吗？”

老师：“什么要求，你尽管说！”

明明：（羞涩的）“你们站在我身边，我有点不好意思打电话，你们能转过身去吗？”

老师：“明明今天怎么了，怎么还害羞了，好！我们都转过身去，转过身去！”（老师和其他同学都转过身去）

明明：（拿起电话拨通号码悲切切地喊道）“妈咪呀！我是您的狗仔明明啊！妈咪呀我好想好想您呀！儿子今天给您跪下向您道歉啦！”

妈妈：（话外音）“孩子快起来，地上很凉的！”（慈爱的）

明明：（真诚的）“不！儿子不起来，儿子以前做了那么多对不起您的事，通过学习《弟子规》，儿子知道错了，对不起了，妈咪！”

妈妈：“儿子！这段时间去网吧打游戏了吗？”

明明：“没有，老师已经帮我把那不良习惯改掉了。”

妈妈：“你的脾气还那么倔吗？还常和老师顶嘴和同学吵架吗？”

明明：“没有，一次都没有！”

妈妈：“还经常抄袭别人的作业吗？”

明明：“一次都没有！”

妈妈：“儿子，能向妈妈汇报一下你的学习成绩吗？”

明明：“数学97分、语文92分、英语95分、历史100分……。妈妈您怎么了？妈妈您怎么了？”（电话那头隐隐传来妈妈的抽泣声，那是妈妈骄傲、欣慰、幸福的抽泣声，明明跪着发疯似的向前挪动，痛苦地喊道）“妈妈您——哭了！”

妈妈：（哭泣的）“妈妈是哭了，可妈妈流下的泪水却是甜的！儿子！你长大了、你懂事了、你争气了。儿子！能给妈妈背一段《弟子规》吗？”

明明：（背景音乐《母亲》同时响起：你入学的新书包，有人给你拿；你雨中的花折伞，有人给你打……）“父母呼、应勿缓、父母命、行勿懒”（师生蓦然回首，悄悄地走到明明身旁，扶起明明一起背诵）“父母教、须敬听、父母责、须顺承……”（明明深情大声地喊了一句）“妈妈我爱您！”（同学们齐声高喊）“妈—妈—我—爱—您！”（目光同时凝视远方，一起向远方的亲人敬礼、鞠躬！）

台下观众一片啜泣声，学生们声情并茂的表演打动了台下所有的观众，剧本触动了所有观众心灵深处的那片柔软。舞台上缓缓降下帷幕，台下掌声雷动。演出成功，这个小品的编剧兼导演是学校美术老师——纪海春。

才子风采

纪海春老师在英才是人尽皆知的才子，不说别的，单单说他自2002年加盟英才以来所获得的各种奖项就足以印证纪海春的才子风采了。

自从2003年以来，纪海春连续在滦南县中小学艺术活动中被评为优秀教师指导奖；在优质课评比中多次获奖，作品多次发表在全国各大报纸杂志……

纪海春出身于书香门第，父亲是一位人民教师；母亲是高级知识分子，有着广泛的兴趣爱好——写作、画画、读书。显然，他继承了父亲的事业，做了一名教师，他遗传了妈妈的天赋，擅长绘画、写剧本。

说起当初来英才上班，纪海春老师还有一段鲜为人知的插曲。他从小酷爱美术，并且在当地小有名气。1998 年，他考入唐山百花陶瓷国营公司专门负责陶瓷美术设计，他设计的陶瓷图案多次在全国性大赛上获奖，在美术报刊上也多次发表，公司的领导很器重他，对他的待遇也不错。但是，受家庭的熏陶和父亲的影响，他始终比较热衷于教育，一直想成为一名像父亲一样出色的人民教师。

2002 年，一次偶然的机会，纪海春从和工友的聊天里得知，滦南新成立的一家私立学校正在招聘美术老师。说者无心，听者有意。第二天，他就偷偷地向单位告假，只身来到滦南。于是，从决定滦南之行那一刻起，他就已经和教育结缘。

纪海春实现了自己的夙愿，成了一名私立学校的老师。他经历了英才最初的租赁校舍，经历了 2002 年暑假的英才搬迁，他对英才的贡献人尽皆知。当初刚刚落成的英才学校除了教学楼和四排平房，就是四周高高的围墙，为了丰富校园生活，就把学校围墙全部利用了起来，在墙面上画满了各种展现丰富校园生活的画面。

这些画都是纪海春老师的杰作。提起当初作画的经历，所有老教师依然记忆犹新。这些校园生活画，一共是十幅，每一幅长十二米，全是用各种颜色的室外涂料画成的。要完成十幅这样的巨幅画面，至少需要两个月的时间，壁画前后一共更换了四次，每更新一次都是一个不小的工程。当时，学校就纪老师一个美术老师，早起四点有他作画的身影，晚上还要加班加点，节假日也不休息……。校长看到累得瘦了一圈的纪老师心疼地说："如果实在不行就把课停了，一定要注意身体。"校长的关心让纪老师的心里感到热乎乎的。他说："学生的课一节也不能耽误，多干一点工作没什么。"这些情景董事长也都看在眼里，他几次对纪海春说："纪老师，在外面给你找个帮手吧，总这样下去怕你吃不消啊！"站在高高板凳上的纪老师一边忙着在墙上描摹一边回答董事长："董事长啊！我们的学校刚刚起步，各方面的设施都不完善，资金周转又非常困难，还是减少一些开支吧！"

高高的围墙，下面摆着桌子、高板凳、矮板凳、各种颜色的涂料桶，加上手持画笔的纪海春矮胖的身影，那是定格于英才人心中一幅永不退色的画面。

英才光鲜靓丽的表面，离不开许多在背后默默奉献的老师们，纪海春就是其中的一位。英才生活中，有多少辛酸，有多少快乐，有多少得，又有多少失？只有亲身经历过的人，才能真正品味其中的各种滋味。纪海春是与英才一起成长，一路奔跑过来的。

2003 年，在吴献新校长的大力支持下，纪海春一手创办了英才校园广播站，到今年整整九个年头了。在纪老师的手里，广播站从当初的一颗幼苗已长成如今的参天大树。他主持广播站工作七年，直到 2010 年划归校务办管理，每一个栏目都出自他的精心设计。每一个栏目的活动方案从出台、实施到总结，他总是能精益求精、毫不懈怠，内容也越来越丰富多彩。每天晚饭后，师生们在美丽的操场散步时，播音员优美动听的声音便准时传送到你的耳边：风声雨声读书声，声声入耳；家事国事天下事，事事关心。“新闻直通车”让久居校园的师生了解国内外大事，“生日的温馨祝福”让这些远离父母的孩子感受到家的温馨。在校内、校外、国家、世界大融合的工作思路指导下，利用学校这个特色窗口为英才特色办学涂上了浓墨重彩的一笔。

纪海春老师立志于为教育服务，一切为教育，一切为学校，一切为学生。他利用业余时间结合学校现实情况写剧本，把国学经典《弟子规》融进他的小品。他的小品，与校园契合，与生活齐驱，与时代并进，集幽默、观赏、娱乐、教育为一体。小品不仅使学生们在捧腹大笑的同时从中得到教育意义，还受到了领导、家长和全校师生的认可和好评。纪老师在每次学校组织的大型文艺演出中都担任编排、导演、主持工作，他认真与主管领导和音乐教师积极合作、大胆创新，圆满地完成了一场又一场温馨、靓丽、激情的大型演出。

责任大于天

纪海春一副敦实的个头，注定了他惊人的承载力。当家事与工作产生冲突时，在亲情和事业对撞时，该怎么抉择？这是一个人生难题，也是考验个人品质的关键时刻……

2003 年 5 月，在英才抗击非典坚守岗位的艰难日子里，纪海春老师和其他老师一起，每天守候在电话旁，以备随时能与学生保持联系。在那段特殊的日子里，老师们经常互相鼓励，充满着浓浓真情。那个期间，纪海春的奶奶病了想见孙子一面，纪海春家里一次次打来电话催他回去。此时的他心情无比复杂，一边是同甘苦共患难的学校老师，一边是牵肠挂肚的亲情。学校、奶奶两者在他大脑里反复掂量，孰重孰轻？经过艰难的思想斗争，他毅然决定和老师们并肩陪学校坚守。他只有在心里默默祈祷，上天保佑奶奶快点好起来。他望眼欲穿地企盼非典疫情快点过去……。那段时间，纪老师在煎熬中度日，他只能经常和家里打电话保持联系，却最怕听到那最不愿听到的消息。可是，噩耗还是无情地传来，他失去了和最疼爱他的奶奶见最后一面的机会。

自古忠孝难以两全，纪老师在紧张的工作中也会常常忽视卧病在床的母亲。2006 年 2 月 28 日，接到家里的电话听到母亲病危的消息，他如五雷轰顶，母亲和他感情最深，他自责平时对身体不好的母亲的疏忽。无奈，学校离家太远，紧赶慢赶还是没有赶上让母亲看自己一眼，母亲只有呼喊着纪海春的名字孤独离世。这件事成了他心中永远的伤痛。

2010 年 11 月 7 日，是纪海春儿子的百岁节日，那天正赶上回家周，一大早他一边忙着通知亲友，一边为儿子的“百岁儿”筹备。正当一家人在喜悦中繁忙的时候，他接到来自滦县县医院打来的电话，说明天有专家过来，可以在上午十点为父亲做白内障手术。这还是一个月前带父亲去检查眼睛时的预约，今天才等到了专家到来的消息，这无疑是一件喜事，不巧的是和儿子“百岁儿”撞在了一起，他只好放弃为儿子的庆祝了。

第二天，纪海春老师带父亲去医院做手术，一家人焦急等候着手术时间的到来。医生说手术采用先进的激光乳化技术，创口小，手术顺利的话几十分钟就能做好，他就可以有足够的时间把父亲安顿好，不会影响自己下午两点接校车。他一边盘算着，一边祈祷父亲手术的顺利进行。当手表的时针指在十点，医生准时出现在他们面前，只是医生的话出乎纪老师的意料，“专家有急事，手术推迟至下午两点。”他诧异地呆立着，望着医生离去的背影，只有无奈地叹息。

纪海春真犯难了，他不能左右做手术的时间，也不能随意更改接校车的时间，怎么办？一头是年迈的父亲，因为眼睛手术的复杂，稍有不慎可能就有失明的危险，所以选择了专家手术，这个时候儿子是父亲的依靠，怎么能离开？一头是学校铁定的接校车时间，在一个个站点，都有殷切的家长在焦急等待。站点、家长、孩子都是自己所熟悉的，如果临时换人万一出事怎么办？学校无小事，事事关天啊。自己肩头肩负的是作为一个老师沉甸甸的责任啊！去与留在心头斟酌，这样的抉择对于谁都是难题，为什么命运总是如此考验自己？

纪海春老师频频掏出手机看时间，时间越是接近越是焦急，他几次拨通学校的电话，几次又都挂断了，还是回去接学生吧！父亲做了一辈子教师，他怎么会不理解儿子的心情呢？他打定主意后，坐到父亲身边，安慰父亲不要紧张。一点半医生出现在他们父子身边，纪老师和弟弟把父亲扶进手术室，看着手术室的大门紧紧关闭。他交代好弟弟和爱人一定代他好好照顾父亲。他急匆匆拿起包，冲出医院，直奔校车距离医院不远的第一站点——滦县光明商城。

当纪海春老师接完第一站学生，再次路过医院时，他隔着车窗注视着医院的方向，祈福父亲平安，眼泪不由自主地流下来……。当接完所有站点的学生后，校车里被一张张稚嫩可爱的面孔、一声声欢快的笑语填满，他那份惆怅和烦闷已经被车里欢快的气氛消散了。

纪老师在几番犹豫和徘徊中，坚守住了那份属于自己的责任，同时为孩子和学校又一次带回了那份宁静与平安。

由于私立学校特殊的工作性质，纪老师一次次地愧对家人。他不能经常回家，和家人总是聚少离多，和爱人只能通过电话诉说彼此的思念；女儿九岁了，有八个生日自己没在她的身边，每次分离，总要无奈，无奈亲情和事业难以两全……

当我们诵读了纪海春如此之多的故事，他矮胖的身影在我心里顿时高大起来。无情未必真豪杰，怜子如何不丈夫？纪海春用他的言行诠释着他高贵的品质，为教育奋斗，为教育献身。

纪海春老师把责任看得高于一切，虽然只是一个科任老师，但是他能得到更多学生的爱戴。他从教时间不长，可他的学生并不少，也算得上是桃李满天下了。他把每个学生看作自己的孩子，他把英才当作自己的家。“守望着英才就像守望着亲人，建设着英才就是建设着自己的家园”，这是纪海春发自心底的最强音，也是对英才爱的阐述。

校园里的一面旗帜

——记唐山英才学校中学部干事张志辉

人物简介：张志辉，男，生于 1980 年，河北省滦南县人。2004 年 6 月毕业于唐山师范学院体育教育系，后进修河北师范大学体育教育专业。2005 年 8 月 5 日来唐山英才学校工作至今。

2006 年 12 月，被评为滦南县优秀少先队辅导员；2008 至 2009 年，在市、县优质课评比中 4 次获奖。

【座右铭：多干活，少得利。】

每次在校园里见到张志辉老师，他总是抿嘴一笑，和蔼可亲。他一米八几的大个，笔直修长，典型的运动身材。张志辉 2004 年毕业于唐山师范学院体育系，2005 年受聘于英才学校。他先后任过办公室干事、体育老师、学部干事等职。

接连两次在校医室里见到张志辉老师，我不禁打趣他："看似高高大大的小伙子，怎么感觉有点弱不禁风了呢?"

他依然抿嘴微笑："身体真不行了，就连一点感冒都抵抗不过去了。"

"体育老师出身，身体素质应该好呀。"

"也怪这两天没休息好。前天晚上，雾很大、天又冷。一个学生生病，我带他去医院检查。那晚的能见度很低，车开得很慢，到医院后，忙着楼上楼下办手续、做 CT，等到各项检查都做完学生家长才赶过来，我们回到学校时已经是半夜了。中间隔了一天，今天凌晨一点，李志军主任和我就起来了，但还要去唐山火车站送一个提前回家的学生。折腾这两次，感冒闹大发了，不输液真不行了。"

张志辉，一个体育系的本科毕业生，在英才工作的七年中，在干事这个职位上一干就是四年。"干事"虽然是一个职位的名称，但张志辉在学校里却是一个实打实干事儿的人。在学校的这几年间，他干老本行，当了一段时间的体育老师，可他还是热衷干事这个岗位。不错，校长给了张志辉一个很好的定位："干事不是任何人都能胜任的，必须具备领导能力、组织能力、协调能力。"确实，张志辉这个"干事”干事儿非常出色。

张志辉说：“干事这个行当工作琐碎，往往忙了一天，还不知道忙的是啥。在英才这么多年，就当体育老师的那年，培训国旗班是最有成就感的一件事了。”

那时，从七、八年级里挑选出了六十名品学兼优的学生进行培训，组建国旗班。利用大课间和晚上课余时间集中训练，优胜劣汰，最后从六十名学生里精选出36名。

国旗班的训练很艰苦，无论是静止动作，还是行进动作，对手臂和脚步以及眼神的要求都十分严格。

站军姿是国旗班训练的基本动作。张志辉老师训练时按照基本要领教给学生，要求学生头正、颈直、收腹，眼睛目视前方，脖子紧靠后衣领，嘴唇微闭，下颌微收；两肩下沉并用力向后张，两臂下垂，伸直，夹紧身体；两手中指紧贴裤缝线，拇指位于食指第二指节；挺胸、收腹、提臀，两腿夹紧膝盖用力向后顶，脚跟并拢，两脚尖分开约六十度，重心略微向前倾……。这些动作说起来容易，实际上做起来真的很难，学生们往往顾此失彼。张志辉对学生们要求又很严格，一个大课间只练了一个动作。可是几天下来学生们的动作还是缺少飒爽的气势，像在表演一般。他就查阅书籍搜集资料，给学生们讲国旗班战士的训练故事。

“天安门国旗班的训练方式是常人难以想象的，可以称得上是魔鬼训练，为了圆满完成升旗任务，国旗班的战士每天要训练 7 个小时。先是站功：双腿绷直，头顶砖头，衣领边扎上大头针。身体稍一变形，砖头就会掉下来，一站至少 2 小时。再是腿功：在腿弯处捆上竹签，地上打上 75 厘米的格子，上面拉上离地 25 厘米的绳子，就这样练正步走。还有眼功：要特意迎风站立，睁大双眼，眼泪顿时顺着脸颊往下流，然后两眼发麻、发木，最后什么感觉也没有了。等意识到要闭眼了，眼皮都不听使唤了，用手揉搓好大一会儿才能恢复知觉。最后是睡功：国旗班的战士睡觉都不用枕头，脑袋枕在硬邦邦的床板上，是为了保证背不弓，保持形体的优美。”

张志辉老师在讲故事之余组织学生们看了《阅兵村》的电影，反复让学生们听《国歌》，从电影和故事中让学生接受精神洗礼，让学生对国旗卫士们产生了深深的敬佩之情，激发出学生的爱国激情；激发出学生身为一名国旗班成员的神圣责任感，感受身为一名国旗班学生的光荣和自豪。从那以后，在训练中，再没有一名学生叫苦喊累。他们的矫健身姿里多了一分飒爽的英气，目光中也多了一分坚毅。

张志辉老师难忘那名作为旗手的学生，升旗手的顽强精神至今令他感动。在国旗班的训练中，最辛苦的就是升旗手了。看似简单的一个抛旗动作，升旗手要成千遍上万遍地练习。张志辉曾经对旗手讲：“升旗手是国旗班最引人的魂魄。抛旗是升旗手的基本动作，抛不好，就会影响升旗的速度和美观度。”那名学生为了练好抛旗，每天都无数次重复这一动作，反复练习，他胳膊肿了，手臂也疼得抬不起来。

在师生的共同努力下，国旗班训练完成，可以接受学校师生的共同检阅了。在老师和学生的期盼目光中，张志辉的国旗班完成了第一次升旗任务。一个英姿飒爽的方队，当国歌奏响，升旗手挥动右臂，鲜艳的国旗漂亮利索地划了一道弧线，随着“喇”的一声，五星红旗迎风展开，缓缓升到国旗杆顶，飘扬在英才校园的蓝天里……。所有人都屏息、肃穆地仰望着缓缓升起的国旗，感受这神圣庄严的一刻。从此，它定格为英才校园一道亮丽的标志性风景。

张志辉老师的国旗班完成了一次又一次的升旗任务，也接受了一次一次外校领导和社会各界人士的参观和检阅。国旗班成为英才学校的骄傲，这些学生也为自己身为一名国旗班成员而自豪。

张志辉老师感慨地说：“训练国旗班的过程，也是训练学生意志的过程，也是学生一次思想和心智成长飞跃的过程。训练国旗班让我感到自豪和成就，但自豪的不仅仅是国旗飘扬在学校的上空……”

在这段艰苦训练的日子里，不仅升华了师生之间的感情，学生的精神面貌和思想意识都在转变。经常有班主任对张志辉提到，国旗班的学生集体主义感和荣辱感明显增强了，他们不仅学习用功、成绩提高，而且变得热爱环境，能自主捡拾垃圾；公寓生活老师也反映，在公寓里，参加国旗班的学生表现很令人欣慰，在品行、纪律、宿舍内务整理方面都比以前进步了，他们在自己进步的同时还带动了其他同学。国旗班成员已经成为全校学生学习的楷模。

国旗班成为一个学生开拓成功道路的基石，成为一个学生把握发展机遇的动力，成为一个教会学生责任和担当的教科书。相信国旗班孩子的改变不仅仅局限于班级、学校的小环境，不仅仅局限于他们的求学阶段……

追求无止境。他虽然说在国旗班的“成就”令自己深感自豪。其实在他的心里依然热衷着自己曾经的干事这个岗位。

这不，按照学校的统一安排，他又卸下了体育老师的工作，再次专心他的干事岗位。他保准先前于老师到校之前到校，他保准先前于学生起床之前起床；凡是学校里的大事小情，保准都会有他忙前忙后的身影……

张志辉在所有人的印象里是一个比较随和的人，其实熟知他的人都知道，他做体育老师调教国旗班成绩斐然，他先后两次的干事岗位也绝不含糊，他虽然说不上是一个“视工作为生命”的人，但他是一个工作无挑剔、行行力求精的“多功能”混合体。他就这样出现在学生们面前，服务在老师们中间，忙碌在英才学校的各个部门……这就是他最快乐的事儿。

张志辉兢兢业业、任劳任怨，如同是英才学校的一块砖，哪里需要哪里搬。张志辉，一个为学生铺筑路基的老师，目光坚毅，身材笔挺，像矗立在操场上的旗杆，飘扬的红旗是那永远年轻的教师魂。

无名小卒

——记唐山英才学校信息部干事毕志伟

人物简介：毕志伟，男，1979 年 12 月出生，唐山市滦南县长凝人。2004 年毕业于河北科技师范学院教育技术系，先后在皂户完小、上坡子完小代课。

2007 年到唐山英才学校任职至今，现为信息技术部干事。工作中兢兢业业，恪尽职守，多次获校级奖励。

【座右铭：只有千锤百炼，才能成为好钢。】

毕志伟老师绝对是一个第一次见面就会给你留下深刻印象的人。他不笑不说话，本来眼睛就不大的毕老师，微笑起来眼睛也就眯成了一条线。他经常戴一副黑框眼镜，像个一本正经的老学究，微笑起来这个老学究便和蔼可亲，“老毕”这样的称呼真是非他莫属。

毕志伟，英才学校一个名不见经传的小人物，一个信息部普通的成员。他是信息部的元老，虽然没有一官半职，然而通过对他的采访，使我了解了一段英才学校的发展历程，了解了一段信息部的发展史，了解了毕志伟用他的实际行动所诠释的“默默无闻”的真正含义。

毕老师 2004 年毕业于河北科技师大教育技术系。他所学专业包括网络及网络维护，远程教育、CI 课件，摄像、摄影以及摄影摄像的后期合成制作等。毕业以后，他曾在家乡代课三年，在一所小学里，他教过语文、数学、英语、生物、历史、体育等信息技术以外的任何课程，可谓所学非所用。

毕老师于 2007 年的 8 月 8 日来到英才学校，到今年整整五年光景。信息部的老师来了走了，又来了又走了，人换了一茬又一茬，只有他依然固守。

初到英才，毕老师只是一名电子备课室的管理员，负责计算机的日常维护和学部资料、学生试卷、成绩单的打印等工作。2007 年，学校教师公寓、教师办公楼相继完工，他和原信息部顾立军主任两人负责建筑工程所有的弱电项目。此次弱电施工过程中，毕老师在顾立军的指导和帮助下迅速掌握了关于弱电的相关知识与技能，成为一名名副其实的信息技术人员。

学校于 2007 年 10 月开始筹建独立信息部，最初的信息部只有毕志伟和顾立军两人组成。11 月 24 日晚，他和顾主任以及信息技术教师李俊霞组织了全校教师的集体微机培训。培训内容有：office 办公软件操作以及操作过程中常出现的操作误区，office 2000 与 office 2003 的区别与联系，Word、PPT、Excel 等办公软件的使用技巧等。他们几位老师通过直观、形象的实例操作，深入浅出的理论讲解，使老师们对新知识很快理解与接受。信息部初步发挥了它的作用，信息培训也为教师的计算机办公打下了坚实的基础。

那一年，新办公楼建成并投入使用，所有教师使用计算机办公，达到人手一机。信息部又开始组织全校教师进行新的“校园办公网络平台”的应用培训，对具体步骤和每个环节的使用进行了详细讲解，新的“办公平台”为教师办公提供了方便快捷的服务，为教师工作效率的提高发挥了巨大的作用。

信息部设备的逐渐完善，毕老师的工作也日渐繁忙。为确保每天广播的畅通，要对广播线路进行日常维护，还要负责每天课间操曲的按时播放，有线电视、食堂刷卡机以及一切电教设备的日常维护……。为此，毕老师没有午休过一次，因为那时他还有一项一直坚持了半个学期的工作——每天中午录播“新闻 30 分”。

2008 年 8 月 30 日，学生餐厅改造完成的多功能舞台投入使用。从此，毕老师的工作又多了一项。学校规定各个学部一个循环周必须举办两场晚会，会场准备、晚会的录像、后期编辑合成以及上传网络全是信息部的工作。每一场晚会的幕后工作都离不开毕老师的辛苦付出，为此他牺牲了更多的私人时间。

2008 年 4 月，历时几个月的校园安全监控系统建成。2008 年 9 月 1 日，老师课堂讲课、学生课下活动，都在信息部的监控之下。信息部老师轮流值班，两人一组，一对半天，晚上轮流值班到九年级 9：40 下课。毕老师和其他信息技术部成员每天在 42 寸的大显示器下轮流监控，还要随时把监测到的突发事件上报主管领导、上报校长，每天还要按时完成工作日志。

2009 年，信息部主任顾立军辞职，新成员李继伟加入信息部。2010 年 10 月，英才高中部开工建设、2011 年老校区改造，信息部的任务更重了。在李继伟主任的带领下，毕志伟、李安双、张焕坤他们几个人完成了一项又一项重要任务。他们承揽了所有的弱电外网工程，挖沟、埋线。总共累计挖沟 800 米，下线 1000 多米，挖管井 20 多个。外网工程的难度非常大，毕老师他们每天面临着很大的劳动强度，风吹、日晒、雨淋……

七八月里，烈日暴晒，酷暑难当。由于长时间室外作业，毕老师身上起了皮炎，一身的红疙瘩，奇痒难耐，用手抓后，大面积红肿。他只有抽出中午的空闲去门诊检查，医生看过之后确诊为日晒型皮炎，推荐使用无极膏和醋酸氟轻松乳膏。可是用过之后，没有任何好转。他只有挺着不适照样干活，那时正好赶上李继伟主任的父亲生病住院，李主任请假回家照看病人，可工地的活不能等啊！实在刺痒难耐时，毕老师就去自来水管子下用凉水激一下，挺过一阵子。

时至九月，天气转凉，穿起了长袖衣服，毕老师的皮炎不治而愈。可是工作繁重加上赶工期，连急带累，他连续几天发烧，说话和吃东西时脸部疼痛得厉害，后来连耳根都肿了。他抽空去校医室检查，校医说得了腮腺炎，开了点消炎药，他照样坚持，干活振到肿起的脸部时，直通着耳朵根疼，一直过了半月才消肿。

今年学校前勤教师一共200多名，计算机配置达到人手一机，加上微机室，计算机数量总共达到500多台，教室多媒体设备80多套，多功能舞台、校园电视台等多项新增设施，这就意味着信息部的担子更重了。

信息部的工作特别烦琐，包括各种活动的照相、录像、采编、后期制作，校园安全监控、校园网络以及电话、POS机、刷卡机、考勤机，校园广播，有线电视、微机室和办公计算机、教室多媒体设备、字幕屏、舞台灯光音响等。

毕老师做到了上班随叫随到，下班没有准点，晚上还要轮流值夜班。无论工作多劳累，无论事情多烦琐，他总是带着一脑门子汗珠儿，永远是一副笑呵呵的姿态。

占地一百四十亩地的校园里，到处遍布着毕老师和他的同事的足迹，教学楼、公寓、游泳馆、多功能礼堂……。我们使用着轻便快捷的网络，看着清新如水的电视画面，这些都有毕老师的辛勤付出，每一处都倾注了他和战友们的苦涩汗水。

信息部的人换了一批又一批，只有毕志伟依然固守阵地。他没有一官半职，只有默默无闻的工作。晚上采访毕志伟的时候，他正在大屏幕前值班监控，他依然一脑门子汗，依然脸上不变的微笑。他一边眼睛紧盯着显示器一边接受我的采访。他说："我只是众多英才人中最普通一员，我只是在履行一名英才人应该履行的义务与责任。"

那毕志伟式的微笑，毕志伟式的慢声细语，毕志伟式的默默无闻……。这一切为每一个英才人做了最好的注解。

校园里忙碌的身影

——记唐山英才学校招生办副主任吕大伟

人物简介：吕大伟，男，生于1983年，系河北唐山滦南人，毕业于唐山师范学院体育教育系。于2007年10月来英才，先后任招生办干事，招生办副主任等职。上大学期间多次获得奖学金和三好学生称号。2009年，被评为学校安全卫生工作先进工作者。

【座右铭：勿以恶小而为之，勿以善小而不为！】

吕大伟，2007年毕业于唐山师范大学体育系，同年10月7日来英才，被分配在招生办上班。2010年，担任招生办副主任。

他，一米八五的大个，温文尔雅的举止，言语间流露着从容淡定和平易谦和……

招生办作为学校的一个重要部门，它主要负责学校的招生以及学生和家长的接待工作，是代表学校形象面向外界进行学校宣传的窗口，也是和学生、家长、社会进行交流和沟通的平台。一直以来，招生办工作有效地确保了学校的生源。

自从2005年学校进行选择性招生以来，招生办的工作相对轻松一些，主要负责报名学生的信息记录和家长接待工作。吕大伟刚加入招生办只是一名干事，他主要负责前来咨询和参观家长的接待工作，温文尔雅的形象留给学生和家长极其深刻的印象。

2010年，英才进入二次创业的快车道，扩建改建，招生工作被提到重要日程。作为招生办副主任的吕大伟主要负责对外招生，他起早贪黑，顶着冬的严寒，冒着夏的酷热……

为跑招生，吕大伟他们每天天不亮就起床准备，六点半准时出发。利用宣传车大屏幕播放学校宣传片，用他们的微笑服务、得体礼仪，接待各地家长的询问……

最有成就感的——三河之行！那次去三河开了两辆车，一辆宣传车、一辆面包车，吕大伟、赵金伟等一行四人。他们到达三河，选择了一个人员密集的广场，开始播放宣传片，发放招生简章。人们前来询问的特别多，一下子就把他们围了起来，当场报名的就有几个；回来后接待了好几批三河家长的来访参观，这学期三河学生达到 20 多个。

最倒霉的——香河之行！那天到达香河，他们白天在一个商场门口做宣传，几乎没有效果。晚上，吕大伟他们几个选择县城里一个背靠县政府的大型广场，他们刚开始播放宣传片，就被城管出来制止，并且以扰民为由，让他们把车开到城管停车场。吕大伟赶紧向校长汇报情况，最后董事长找朋友通融，才被放行，那天虽然弄到很晚却无功而返。

最惊心的——滦县之行！吕大伟回忆，好像去滦县几次都遇雨。最惊心难忘的一次是，下着暴雨，刮着很大的风。雨点横扫在车窗上，风窗玻璃上水流如注，路旁的小树几乎俯下了身子，大树的树枝咔吧咔吧的断裂声令人惊心动魄。人坐在车里担惊受怕，唯恐掉下来的树枝砸在车上，唯恐车子抛锚在路上……

2011 年的暑假特别炎热，这一年的暑假招生任务又特别紧。吕大伟和他的几个同事每天开着车出去，中午吃完饭，只能坐在车里休息一会儿，没有空调，烦闷的空气令人窒息。车里空间有限，吕大伟和赵金伟两个一米八五的大男人，坐在车里，人挨着人，脚放不平，腿也只能翘着，不消一会儿，衣服就被汗水湿透；天热容易犯困，刚打了个盹，就听见孩子们的吵嚷声，原来学校门口有孩子们来上学了，马上下车去做宣传，发放简章。

每天晚上回来，吕大伟要拖着疲惫的身子坐在计算机前写当天的招生总结，还要做第二天的招生计划。不管晚上几点睡，第二天必须准时出发。经历一个假期的招生奋战，他们超额完成了学校的招生任务。截至 2011 年暑假后开学，在校学生已经达到了 2300 名，远远超出董事长的招生计划。

开学以后，外联处和接待办从招生办分离成为一个独立部门，吕大伟任接待办副主任。专门做来访家长的接待和负责家校联系这方面的工作。

有一次，三年级一个学生的家长来访，带着满腹的怨气、一腔指责的口气。孩子的妈妈厉声说："为什么我的孩子一到学校就腹泻，一回到家好了，回到学校还反复?"吕大伟笑脸相迎招呼家长先坐下，递上茶水，请家长不要着急，慢慢说。然后，他拨通电话跟学部取得联系，并找到班主任了解情况。

吕大伟听取了孩子班主任的解释，他再给家长耐心讲解。这个孩子因为腹泻，老师几次带他去校医室，校医说这孩子是水土不服。他又从网上查了水土不服的症状让家长看，基本上跟这个孩子的反应一样。由于各地的水、土、粮食、空气、温度、湿度都不相同，旅途劳顿和胃肠适应极易引起胃肠功能下降，再加上饮食上的不适，所以刚到一个新的地方容易发生水土不服。在学校吃饭时，老师通常尽量关照他吃一些易于消化的食物，有时食堂的油炸食品老师没让孩子吃，以便使他能够慢慢适应学校的饮食。孩子现在已经好多了，相信再给他一段时间就会完全适应。

吕大伟主任耐心地给家长解释，家长终于转怒为喜，家长临回去，他再次关照家长，孩子的肠胃功能弱，最好回家别老给孩子做油腻的饭食，也尽量别惯着孩子吃零食。说到这里，家长的脸红了。不好意思地给吕大伟道歉："不好意思，以后一定注意，是自己在家太惯孩子了，错怪老师、错怪学校了，都是自己为孩子考虑不周。"

冬季，经常会有家长投诉公寓空调不开、暖气不热，学校不让盖家里的被子，晚上被冻醒。吕大伟主任都会耐心解释："公寓里每个楼层都有温度表，定期记录温度，如果温度低于17℃就要开空调。夜里孩子们往往热得把被子都蹬掉，值夜班老师还要挨个给孩子们盖被。因为学校对学生内务要求严格，有的孩子因为早起不愿意叠军被，想盖家里带的被子而找借口。"他再拿出孩子家长投诉宿舍里太热的电话记录让家长看，家长这才满意而回。

类似这样的事情很多，家长怒气冲冲而来，笑意盈盈而归。带着抱怨而来，装着满意而归。

吕大伟主任对待工作认真负责、兢兢业业，深受领导认可；他对待家长的耐心热情、细致周到，得到学生家长的满意。2011年，学校二次创业，学生扩招，师资力量扩大，为了确保后勤供应，吕大伟借调总务处，负责后勤采购工作。

从2007年来校到2012年，吕大伟已经在英才工作了近五年，无论工作在哪个部门，他都一如既往地认真工作。勤勤恳恳是他的风格，认真仔细是他的作风。他像一只忙碌在花海的蜜蜂，在辛勤的奔波中忘记自己，在忙碌中忘记苦涩，在苦涩中酝酿甜蜜！

美丽校园的保护神

——记唐山英才学校后勤清洁工张启和

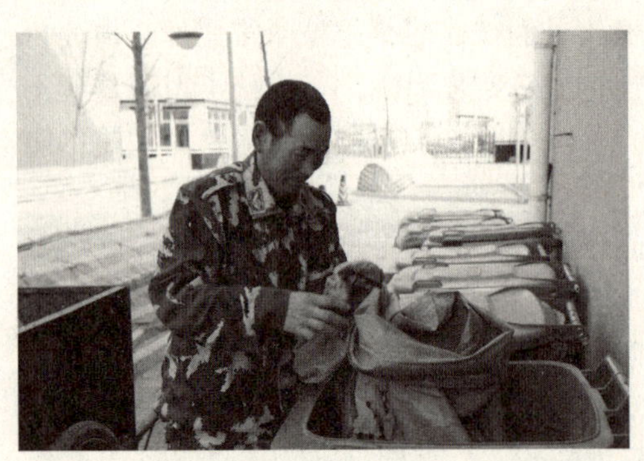

人物简介：张启和，男，滦南人，于2006年经人介绍来英才上班，一直负责学校的垃圾清理工作。他不怕脏不怕累，对待工作认真负责，连年被学校评为优秀员工。

【座右铭：出门走好路，出口说好话，出手做好事。】

当晨曦微露，唐山英才学校的师生还处在香甜的睡梦中，一个忙碌的身影已经开始了他一天紧张的工作。他就是专职清理垃圾的清洁工——张启和。

张启和师傅五十多岁，中等个头，身体瘦削，留给人印象最深的就是他一副永远笑呵呵的模样，以及一年四季穿在身上的那身迷彩工作服。

张师傅每天早晨按照规定可以在六点来上班，可是他说："现在学生多，垃圾也多，如果不赶在学生起床以前收垃圾，垃圾桶就要被塞满，有风的话，垃圾就会被刮得满校园都是，所以我每天都尽可能早点来上班。"

一人脏换来校园净。在占地140亩的英才校园里分散着二十多个垃圾箱、十几个垃圾桶。这全校2600多名师生所产生的生活垃圾，每天要清理两次，总共要用张启和的电动三轮车拉出四五趟。每天食堂三餐所产生的垃圾也由他往外拉，一天下来他基本没什么闲空儿。

我今天早起已经和张师傅约好11：00在北门警卫室对他进行采访。当我准时赶到的时候，张师傅正拉了几个大桶从后门进来。他看见我一笑："你很准时啊，等我一会儿，我马上过来。"不一会儿，我看见张师傅张着两只脏兮兮的手过来，他一边擦手一边说："不好意思，刚才把食堂下水道掏出的地沟油倒了出去。肖主任说今天中午一定请我吃饭，举手之劳的事，怎么能让人家为难呢？我一个干脏活的人，食堂是干净地方，我怕人家嫌脏，一次也没进去过。"

2006年，张启和经人介绍来英才上班，他专门负责学校的垃圾清理工作。那时学生少，垃圾也不多，每天只需干半天活，一个月有300元工资。但是在他工作一段时间以后，学校领导发现他干活耐心细致而且兢兢业业，令学校面貌大有改观，以后不管学校有什么零活就喊他过来帮忙，后来他的工资就涨到700元。他工资虽然不高，但每月可以捡到一些废品增加一些收入，所以他很珍惜这个工作机会。为了节约工时，他把自己六千多元买的电动车开到学校拉垃圾。当别人说他傻的时候，他嘿嘿一笑："买的就是用的嘛。"

2009年临放暑假，张师傅清理完垃圾回家的途中遭遇了一场车祸，右腿受伤。杜校长带着后勤主任去家里探望。他抱歉地对杜校长说："校长啊，眼看我一时半会儿好不了，你们找人吧，千万别因为我耽误了学校的工作。"杜校长听后特别感动，一个身在病中的人，还惦记着学校的工作。杜校长知道这份工作带给他的微薄收入对于他很重要，语重心长地对他说："正赶上暑假，学校的事不会太多，你安心养病，开学以后你可以找个知近的人先接替你的工作。"

张启和一直感念杜校长对他的这份情意。开学以后他找了一个朋友暂时接替他的工作，他自己经常拖着一条伤腿一瘸一拐地来学校指导朋友干活。他经常对朋友说："你的工作还要加精还要加细，因为你是打替班的，所以学校领导不好意思批评你，但是咱不能让领导为难。"后来朋友还是没有坚持到他把腿伤养好，就撂挑子不干了，他只好拖着伤腿一瘸一拐的就来上班了。

张师傅对待工作从来没有计较过分内分外，只要学校需要他就义不容辞。餐厅一日三餐的垃圾原来都是由择菜工用三轮车往外推，后来就全由他承包了；后勤维修部遇到需要灌氧气的急、忙活儿时，他开起车就把氧气给灌来了；2011年整个暑假，学校扩建、改建工程紧锣密鼓地进行着，张师傅一个假期也没有休息。一次，他刚下班回到家，维修组组长张宝福打电话找他，让他负责晚上公寓楼前刚镶的地砖的养生工作。那次他整整忙了一宿才完工；一次三建施工需要用车，杜校长来找他，他二话没说就答应了："我有空儿就给他们开车，我没空儿就让他们自己开。"但是当学校要给他200块钱的用车补助时，他却婉言谢绝了。

对于一个月工资只有700块钱的张启和来说，390元钱是一个什么概念呢？面对390元钱的意外收获他有没有动心，他是怎么处理这笔钱的呢？

这是一个感人的小故事。有一次，一个老师把一些废旧书本交给张师傅，他给那个老师了4元钱。过了很长时间以后，那个老师找到他，问他有没有在他交的书本里捡到钱？那是一个学生委托他保存的，被他随手夹在一本书里忘了，顺手当废品交了。张启和说没有捡到，如果捡到的话就还给你了。不过那些书可能还在家里放着，可以帮助找一找。张师傅上班是没时间找的，他回家把这件事交代给儿媳妇，没想到儿媳妇真的在一堆废书烂纸里找到了390块钱。张师傅马上找到那个老师把钱还给了他。这位老师激动地说："谢谢你了张师傅，这要是找不到的话我就得自己掏钱补上，真是太感谢你了。"

其实诸如这样拾金不昧的事对于张启和来说是很平常的，在清理垃圾的时候经常会捡到购物卡、饭卡，他都会主动交还失主。有一次，学校一个老师的东西被盗，一个4万元的存折也在其中，派出所民警问张启和是否在清理垃圾时发现，他如实回答。当民警对于张启和的回答产生质疑时，杜校长在一旁打抱不平："张启和是一个信得过的人，他捡到美元都主动交公，存折他能昧下吗？"

张师傅的工资低廉、工作卑微，他的人格却闪耀着光芒。有一次，正是新学期第一个回家周的返校日，下午两点多，在他清理小学公寓西侧垃圾箱的时候，他看到杜校长手拿两个灭火器急匆匆由南向北跑来。他来不及思索，接过杜校长手里的灭火器就往前跑。杜校长说："教师公寓失火了。"他看见西二栋二楼教师公寓正从窗户缝里冒着浓烟。他拿着灭火器跑到二楼，但是门打不开，他又跑下来。这时他瞧见学生公寓楼后墙有一个施工用的长梯，这时已经有很多老师赶了过来，陈岩协助他搬来长梯，正好能铺到二楼窗口。他顺着梯子爬上二楼，把窗户打开，更大的烟从窗口涌出来；他奋不顾身地跳进楼里，楼内充满了黑烟，什么也看不见，烟也呛得人喘不上气来，他只得从窗口出来。这时有人拿来湿毛巾，他用湿毛巾捂住嘴和鼻子，再次进入室，他还是没有发现明火，只有烟在往外涌，他断定火源在离门口不远处，只有再次从窗口出去。这时杜校长已经指挥着接好了消防管道，可是水怎么也上不到二楼，还把管道崩开了，只能放弃这个方法。这时已经有人拿来了房门钥匙，用脸盆往室内泼水，等到消防车赶过来火已经扑灭了。张启和的身上、脸上满是黑灰，他的手也肿得很厉害，手是在用力晃动灭火器时，被上面的胶皮管打肿的。

每个人面对金钱的诱惑时，都会有善恶的抉择。当我问他拾到钱时有没有做思想斗争的时候，他说："没有，该我得的，我得；不是我的东西，我不得。"在危险面前，自救、逃生，顾全自己是第一反应，怯懦、退缩是惯有心理，在救火时你就没有想到个人安危吗？张启和说："火灾就在发生，哪有时间想个人安危的事，我碰上了，我就有责任救火。"我说那天救火你立了一等功，杜校长在全体教师大会上表扬了你，那次会议你参加了吗？他说："会开到很晚，五点要收垃圾，我就提前退场了。"

张启和，一个勤劳朴实的英才员工，他不会说什么豪言壮语，能做的只是勤勤恳恳地做好本职工作。他说："自从杜校长来以后，任何事都忘不了我，我享受了应得的待遇，工作干得更起劲了；我一个收垃圾的职工，得到领导和全体教职工的尊重，我已经很知足了。"

看着张师傅永远笑呵呵的样子，我想他一定有一个幸福的家庭。当我问他的时候，他依然笑呵呵地说："儿子结婚了，已经有了一个小孙女。儿子是水暖工，儿媳也很孝顺。"说这些话的时候，他脸上满是幸福的表情。已近中午，当我问张师傅在哪吃饭时，他说离家很近，回家吃。我说，"有人把饭做好回家吃也很幸福啊！"接下来张师傅依然笑呵呵地说："我哪有那福气呀，回去还得自己做。老伴有病，精神不好，整天出去瞎走，晚上我下班，她还没回来的话，我还得开车去接她。"

他的话让我懵懵懂懂，可是我不好意思打听他的私生活。但是从他的身上我明白了幸福的真正含义：幸福不是你拥有多少，不是你得到多少，它只是一种简单的——满足。

采访已经接近尾声，我问张师傅对未来有什么希望时，他依然笑呵呵地说：“我希望董事长的学校越办越好，我的工作就会很稳定。”张启和师傅对别人要求不多，一点儿尊重而已；他对自己的要求可不含糊，别给领导添麻烦；他挣钱不多，但他索求不高；他是一个多么朴实而知足的人啊！他拥有一个当代人难能可贵的品质！他是英才学校的环境卫士，是英才校园美丽整洁的——保护神。

奉献在岗位，责任在心中

——记唐山英才学校后勤维修组组长张宝福

人物简介：张宝福，男，滦南人；曾是滦南渤海锅炉厂工人，2007年来校工作至今，任维修工，维修组组长；本人业务精通，技术娴熟，工作认真负责，自来校后为学校解决了很多维修上的难题，连续多年被学校评为优秀员工。

【座右铭：集中所有的智慧和热忱把当下的工作做到尽善尽美。】

英才学校的维修组组长张宝福，今年52岁，来英才四年了。他依然清楚地记得自己第一天来上班的情景——2007年的腊月十五，正赶上学校发年货。当说起第一天上班就享受到福利待遇的时候，张师傅笑呵呵的脸上写满灿烂。

张宝福师傅来英才上班源于一句玩笑话。学校的锅炉曾经是张师傅在2006年的6月安装的，从装上锅炉那天起他就负责起了学校锅炉的义务维修工作。那天因为锅炉的一点儿故障，杜校长又把张师傅请来维修。他一边修锅炉，一边和杜校长开玩笑："杜校长你们这缺不缺维修工啊？"杜校长是个爽快人，他的回答也干脆利索："缺！你要是想来，明天就来上班。"就这么随便一句玩笑话，没想到杜校长当真了。张师傅看着杜校长郑重的表情，连自己说话的语气也认真起来："容我跟家里商量一下吧，要是我家里的也愿意的话，明天我就来上班。"

张宝福原是滦南县渤海锅炉厂的高级技师，他有高级技师证、高压焊工本、电工本，曾在工厂当了十几年的工人，他外出安装锅炉一天最高能有600元的收入。他考虑到自己的实际情况：一来因为上了几岁年纪的老伴儿和儿子早就不想让自己在外奔波了；二来儿子、儿子媳妇都上班，家里六亩多地老伴儿一个人也照顾不过来；再就是学校工作虽然收入不多，但是学校离家只有一墙之隔，家里的活耽误不了。想到这些，第二天，他真就来找杜校长报道，一名高级技工成了英才学校的一名维修工。

张师傅的加盟，解决了学校许多维修上的难题，但是就近帮家里干活的想法没有实现，家里的活他一点也帮不上忙，因为白天要正常上班，晚上还要轮流值班。老伴儿经常抱怨：“你天天早走、晚回，家里的活计啥也不干，啥活计也指望不上你……”“我在学校上班，学校的工作耽误不了，地里的活儿你能做就做，不能做就雇人。”每年春天种地实现了现代化，有播种机；夏季农作物管理只能劳累老伴儿自己了；秋天收割庄稼，全部是雇人帮着收的。

2009 年的 12 月 6 日中午，学校的锅炉又一次出现故障——锅炉内胆因氧化腐蚀而漏水。时值寒冬，学生的取暖问题是头等大事。校领导高度重视，维修工张师傅更是心急如焚，必须抓紧时间焊接，但是炉内温度过高，人根本不能近前。

张宝福在对锅炉采取一系列强降温措施后，炉内温度仍然高达 60 摄氏度，而且刺鼻的二氧化硫气味呛得他喘不过气来。经验丰富的张宝福师傅心里清楚，要等到炉温降下来就得等到第二天，一个晚上一千六百名孩子就要挨冻。对于锅炉构造，只有自己最了解，一旦出现突发情况，唯有自己能够及时处理。他为了争取时间，不顾自己的安危，不顾炉内高温和煤气中毒的危险，他毅然进入炉内抢修。电焊弧光灼伤了眼睛，火花烧坏了外衣，汗水浸透了棉衣棉裤。连续六个小时的奋战，锅炉修好了，保证了学校正常供暖。

2010 年暑假，学校为了实现冬季恒温供暖、夏季恒温供冷、一年四季供应生活及洗浴所用热水的愿望，投资 450 万安装水源热泵机组。施工期间，维修组的工作是相当繁忙的，几个维修师傅都相继辞职了，就剩张师傅光杆一个维修组组长了。剩下自己工作该干也必须干，他白天上班，夜里值班，足足坚持了一个多月。

冬季进入供暖期，热力泵经常会出故障，水压达不到规定压力机体就会自动停机；线路的接触器也都是易损件，出现问题就会因断电而停机。为了不影响学校供暖，维修便刻不容缓。张师傅手机从不离手，只要接到电话，哪里出现突发事故，张师傅就会跑步第一时间赶至现场。

自从 2010 年 10 月高中部开工建设以来，维修组的工作更繁忙了，一会儿施工队把电缆挖开断电了，一会儿水管漏了，一会儿杜校长打电话让找个挖沟机，一会儿又需要叉车……张师傅以前每月二十几块钱的手机费一下子增加到每月二百来块。

2011 年暑假一开始，老学生公寓开始了紧锣密鼓的装修改造。公寓楼道水泥外墙皮要用电镐全部扒下来，再重新装修粘贴瓷砖。工期要求很紧，一定要赶在学生开学前期完工，所以施工队日夜奋战。装修师傅在夜间施工的时候不小心把位于楼道墙壁内的消防管道弄坏，从裂缝处不住往外渗水。张宝福师傅接到电话赶紧到公寓查看，他看完说：“晚上再修吧，现在弄不了，渗出的水不会影响正常工作的。要焊接这个缝隙必须关掉上水总阀门，白天施工要用水，食堂做饭也要用水，必须等到晚上下班以后才能修”。

直到晚上七点多，工程队收工，食堂也下班了，校园里难得寂静下来的时候，张师傅开始忙碌了，抓紧时间赶来维修。张宝福和他的助手把电焊机抬进公寓，公寓的楼道里乱七八糟堆着施工工具和扒下来的墙皮，这些都给维修造成不便，夏天的夜里特别闷热，张宝福师傅的衣服不一会儿就被汗水湿透了。焊接工作是一个精细活，这样的工作只有具有十几年焊接经验的张宝福师傅才能完成，那晚直忙到夜里十二点工作才结束。

寒来暑往，张宝福已经在英才工作近四年了。维修组的维修人员走马灯似的换了又换，可是张宝福从来到学校的那一天就没打算过要走。他折服于杜校长的办事风格，就冲着杜校长，再苦再累都没有怨言。因为杜校长能理解自己的不易，碰到维修中零件损坏，又没有预备件时，杜校长说："缺啥件，去买，没钱我给你们垫上。"都是为了学校的工作，为了学校后勤保障的正常运转，不影响教学、不影响生活……工作能得到领导的理解和支持，虽然苦点、累点，但是心里舒坦。

张宝福默默奉献的精神感动着英才人，他连续几年获得学校颁发的优秀教职工奖励。面对荣誉，张师傅说："维修工作没有轰轰烈烈的大事，有的只是每天琐碎的小事，我没有什么贡献，能做到的只是安于岗位，做好本职工作，保障学校各项设施的正常运行，为孩子们做好服务，让领导满意，让家长放心，这是我最大的愿望！"

张宝福师傅的朴实话语，让人感到"责任"在他心中至高无上的位置，不由得让人对他肃然起敬。在英才校园里，正因为有了诸多张宝福师傅这样的后勤员工，我们每时每刻都会感觉到一份由衷的温暖和幸福。

第六篇

激情飞扬　英才新人

师爱如春雨，可以滋润干涸；师爱如夏花，可以绽放七彩；师爱如秋果，可以带来丰硕；师爱如冬雪，正在孕育生机。

在英才扬帆起航

——记英才学校高中部历史教师刘航

人物简介：刘航，男，1987 生于吉林省，2005 至 2009 年就读于通化师范学院。

2009 年 3 月来唐山英才学校任教至今，先后当过正、副班主任，任教过历史、政治课程，2011 年 7 月担任七、九年级德育主任，2011 年 9 月担任高中德育主任，现任九年级两个教学班的历史课和八年级一个班的历史课。

获得荣誉：2009 年 12 月被授予县级优秀班主任，2010 年 9 月荣获教育教学优秀奖，2011 年 9 月被授予特殊贡献奖。

【座右铭：志大才疏，心雄手拙，好诗文而无专长，喜史学而不成熟，无太白之超脱，无司马之坚韧，是皆虚心不足，钻研不深之过，须痛改前非，力图挽救。】

1987 年秋，刘航出生于吉林的一个边陲小镇。他精瘦的个子，透着睿智和干练。是雄浑的白山铸就了刘航坚毅倔强的性格，是清灵的吉水濯清了刘航纯净的心灵。

2009 年 3 月，即将师范大学毕业的他告别亲人，只身一人来到唐山，在英才学校开始了他梦寐以求的教育梦想。在这里，刘航初尝身处异地的艰辛——饮食不惯、水土不服。不会轻易服输的个性使刘航在短短一个月的时间便适应了异乡的生活。

2009 年 7 月，刘航毕业回师范学校，导师曾几次找他谈话，让他趁现在年轻有精力的时候抓紧深造，动员他考研。刘航不顾导师的劝告几次放弃考研的机会，一门心思投入英才的教学工作中。每年老家国办老师的招聘考试父母都要给他报上名，强迫他回家参加考试，无奈之下他只得听从，但是连续三年都交了白卷。他说："自从我来到英才的那一天，就没想过走。首先是张中山校长的人格魅力深深地吸引了我，然后是整个学校的教学氛围深深地感染了我，是学生的学风、礼仪、精神面貌深深震撼了我，让我停止苦苦寻觅的脚步，在英才驻足。”

2009年9月，刘航成为英才学校的一名正式教师。他担任八年级八个班级的历史教学，并且任八年级的年级组长。教育是一项事业工程，更是一项心灵工程。刚刚参加工作的刘航，难免遇到困难和挫折，但是坚毅的性格使他不言放弃。倦怠的时候，他引用张校长的几句话慰藉自己，“我不去想是否能够成功，既然选择了远方，便只顾风雨兼程；我不去想身后会不会袭来寒风冷雨，既然目标是地平线，留给世界的只能是背影……”

刘航满怀对教育的热爱和对工作的激情，把课堂作为自己历练的阵营。他精心备课，巧妙设计教学，把他的历史教学做到生动精致，每一堂课都能够充分调动起学生听课的兴趣，每堂课的听课效率都很高。他的历史课堂，仿佛眼前掠过刀光剑影，充耳鼓角争鸣，似一壶美酒、一杯琼浆，舌舔唇抿，滋味浸润，回荡久远……

背诵是历史教学的重要环节。他教学生掌握记忆的要点和方法，然后用秒表计时，考核学生的背诵效率。每当学生背诵出色，回答问题精彩时，他会随机的一声悦耳口哨为之喝彩，他的课堂气氛往往高潮起伏。

刘航是一个知识渊博的教师，每一个听过他课的人都被他的课堂魅力折服。他对学生做到言而有信，言必行，行必果。他在班级内划分学习小组，由成绩优秀者担任组长，对小组成员进行帮助和监督，各小组间进行学习竞赛，进行“先进小组”和“优秀个人”的评选；他经常给孩子们鼓劲，并且承诺要给优秀学生和进步很大的学生自费发放奖品。一方面是刘航老师人格魅力的吸引；一方面是孩子们面对挑战的积极性，一度在班里掀起比、学、赶、帮、超的学习热情，学生们的成绩提高很快。刘航为学生购买奖品先后花去好几百元，但是只要学生有进步，他还会一如既往地坚持这么做！

刘航的这一做法曾经改变了一个学生——张群耀。张群耀是一个很有个性的孩子。他在开学初总想在班里纠结一些同学搞特殊化，给刘航的班级工作制造麻烦。曾有一段时间，老师和他的关系变得很微妙，刘航一直想找他谈心，但是张群耀极力回避的冰冷眼神，总给刘航一种拒人千里之外的感觉。在一次历史考试中，张群耀成绩有所提高。刘航抓住这一机会给他发了一个笔记本作为奖励，扉页的教师寄语整整写满了一页，结尾刘航把校长赠给自己的一句话，转赠给张群耀：“要做一支铅笔。铅笔之所以被人喜爱，一是它愿意让别人握紧把握方向以走正确的路，二是愿意让刀削以实现价值，三是愿意让橡皮擦以不断修正错误。”最后，他写下“老师磨炼你，就像校长磨炼我！”张群耀看了刘航老师写给他的温馨寄语震动特别大，从那以后彻底改变，再也没有给老师添过麻烦，并做起了刘航老师的小助手，分担一些班级工作；中考的时候，张群耀以优异的成绩考入滦南一中。假期里，他一直和刘航老师保持联系，并且多次来学校看望刘航老师。

托尔斯泰说过：“如果一个教师仅仅热爱教育，那么他只能是一个好教师；如果一个教师把热爱教育事业和热爱学生相结合，他就是一个完善的教师。”刘航老师在努力做到这一点，做到与学生心与心的沟通。

刘航班里有个来自外地的学生张洪绪，这个学生起初有点自我封闭，不愿意跟人接触。他毛病特别多，经常迟到、打架、抽烟……成绩很差，几门功课一共才考一百多分。刘航经常找他玩，就像一个大伙伴。刘航喜欢打篮球，每次总要喊他一起去，他们一边打球一边海阔天空的聊天，有时会聊点家里的事，有时会聊点班级和学生，有时也会聊点军事和体育新闻。

学生回家周时，刘航老师领张洪绪住在自己的宿舍里，同吃同住，有时间指导他完成作业。不到一个月的时间，这个学生和刘航老师已经形同朋友，如同兄弟，私下里他会称呼刘航——“航哥”。从此张洪绪就像变了一个人，变得开朗乐观，也能积极参加班级和学校的活动了，学习成绩也提高很快。

张洪绪虽然缺点很多，但是他特别尊重他的妈妈。一次，张洪绪在公寓偷着抽烟，刘航知道后找到他。刘航严厉地批评他：“世上最大的恩情，莫过于父母的养育之恩。对于母恩的报答不仅仅是用生命去珍爱，用心灵去感激，最重要的是用切实行动去报答。”刘航句句话语掷地有声，他用严肃的目光看着张洪绪，张洪绪不出声，眼圈红红的低下头。刘航跟张洪绪提到他的妈妈含辛茹苦把他养大的艰难，为了让他受到最好的教育把他送到英才的良苦用心，辽宁距唐山五百公里的路程，妈妈为看你一次坐半宿火车的辛苦……。张洪绪再也抑制不住自己激动的情绪，掩面失声痛哭。从那以后，张洪绪再也没有违反过校规校纪。

张洪绪放寒假回到家里的时候，家人和亲戚都感觉到了孩子的惊人变化，他们为他的进步感到吃惊。张洪绪的母亲特意给刘航老师打来电话，千恩万谢表示对孩子辛勤培育的感谢。

刘航在关心、热爱学生的过程中，和学生建立了良好的师生关系。家长都说：“把孩子交给刘航老师，我们放心。”他们把自己的孩子能分到刘老师的班级作为一种荣幸和自豪。有一个叫高松的学生，他一直因为不习惯封闭学校的束缚，几次想退学。八年级时刘航做了他的班主任。开学军训，老师和他们摸爬滚打一起训练，和他们同宿休息，在短短十几天的共同生活里，他就打消了退学的念头。刘航以他独特的人格魅力挽留住了高松退学的脚步。

“高调做事，低调做人”刘航信奉这一原则，对待教学要求严谨，对于班级工作认真负责，对于名誉却很淡泊。

有一天，班里学生李欣悦肚子突然疼起来，他赶紧带她来校医室。孩子疼得很厉害，校医建议去医院检查。刘航赶紧找车，由于校园路面改造，校车不能开到公寓楼前，他不假思索地背起李欣悦，一直背到停在校门口的校车上。带着李欣悦去县医院检查，挂号、化验、仪器检查、等结果……一直忙活了大半天。刘航的做法感动了学生家长，他们赠送的礼品被刘航老师拒绝以后，写了一封感谢信寄给了张中山校长。当校长和刘航聊起这件事的时候，他诚恳地要求校长千万不要把这封信公开。

刘航老师治学严谨，讲课认真，工作勤奋，待人诚恳。他用无声的行动感染着学生、老师和接触过他的人。他低调的处事风格得到学生家长的一致好评，对待学生亲如弟兄的做法得到学生的认可，独到的教学方法得到领导的肯定。同事们也对刘航老师高度评价：对教学的激情、对学校的忠诚、对学生的热情……

刘航老师，今生注定牵手英才，注定与教育同行，在英才的沃土上默默地耕耘、无私地奉献、孜孜地追求，就让他的青春在英才独放异彩，就让他在英才一路高歌，扬帆起航……

展翅翱翔

——记唐山英才学校宣传部副主任付冉冉

人物简介：付冉冉，女，1984 年生于沧州。毕业于沧州师范物理系。2009 年 7 月至 2011 年在唐山英才学校工作，先后任校务办干事、写字老师、物理老师、校务办副主任、宣传部副主任等职。

【座右铭：高调做事，低调做人。】

付冉冉，一个 26 岁的黄毛丫头，来英才两个月任编辑组组长，一年后任校务办副主任，宣传部副主任。

一个认真肯干的小女孩

付冉冉，一个沧州女孩，她漂亮、爱笑。她是一个幸运女孩，学习上一帆风顺，按部就班地从小学一直念到大学毕业；她是一个倔强女孩，在高二文理分班的时候，文科成绩比理科排名高 300 名，她却固执地选择了理科，她不服输的劲头只为了向自己的弱项挑战。她一直都相信："只有我不想做的，没有我做不好的。"

2009 年 7 月，一个瘦弱的小女孩来英才应聘物理老师，她没有怀揣什么瑰丽的教育梦想，只有一个极其单纯的愿望——距离男朋友近一些。

她就是付冉冉，男朋友在曹妃甸上班。她毕业于沧州师范物理系，来英才任教也算学以致用。然而学校领导并没有给她一个试讲的机会，只是让她简单介绍了电流表的原理，她精心准备的课只能尘封，一个展现才华的机会也随之搁浅。

当时，作为评委的吴茂栋主任问付冉冉："可不可以应聘其他职位？"

付冉冉爽快地回答："可以。"

吴主任接着说："那你介绍一下自己的特长。"

"我擅长写作，在大学期间一直在学校编辑部任职，实习时做过日报社编辑；我参加过主持人大赛，获得过奖项；我的字写得还可以，曾经是学校书画社的社长……”

付冉冉这个涉世不深的小女孩，她的爽快、她的开朗乐观给评委老师留下了深刻的印象。2009 年 7 月 15 日，付冉冉被聘任为魏书生研究室干事。

同学、朋友的求职经历曾经令付冉冉不寒而栗，没想到自己第一次应聘就顺利通过，这个单纯的女孩欣喜万分。她把第一个电话打给男朋友报告这一喜讯，男友也由衷地祝贺她。而后，她在家里度过她结束学生生活后的第一个暑假。这是她记忆里第一个安心、轻松、愉快的假期，没有课业负担、没有求职焦虑。七月下旬，付冉冉接到学校电话，提前上班，7 月 25 日报到。

前来报到的付冉冉被安排在校务办公室，职位是校务主任干事。临学生开学的这二十几天，学校进行一年一度的全体教师培训：上午军训，下午业务培训。紧张培训一天的付冉冉晚上还要赶着写东西，有一天忙到凌晨两点才收工，一个晚上仅仅睡了三个多小时，五点多她准时起床，因为还要参加早起六点的军训。上午军训时她很困，有点无精打采的，中午草草吃点东西想回去好好睡一觉，可刚躺到床上，校务办张主任喊她起来去写下午教师业务培训的会标，她又精神百倍地奔赴“战场”。付冉冉凭借年轻精力充沛，从没有喊过苦，从没有叫过累。她就如同一匹精神抖擞、精力无穷的小小战马。

能者多劳，一个月后，结束试用期。付冉冉任编辑组组长，写东西、各种活动照相、管理网站、做报纸以及设计校园文化展板等一系列工作都落在付冉冉肩上。这些工作对于这个物理专业的付冉冉无疑是一种挑战，她却欣然接受了。

两段没画句号的终结故事

一次学校招聘写字老师，付冉冉无意写在写字本上的几个毛笔字被小学部邸主任发现，拿到校长那，校长见字高兴地说：“咱们何苦到处招聘写字老师啊，就是她了。”自此付冉冉成了写字老师，带起了一至七年级 19 个班的写字课。然而，此时编辑组的工作仍然放不下，白天备课、上课，晚上大家都下班了，她依然留在办公室奋战。

付冉冉，无论领导交给她什么工作，她从不推诿，认真完成，从没有叫过苦。这是付冉冉第一段没有句号的终结故事。

付冉冉是有书法功底的，自她会写字开始，就雷打不动地每天临摹一张字帖。字就像人的第二张脸，付冉冉不仅人长得漂亮，字写得更棒！汉字是中华民族传统文化的组成部分，也是祖先智慧的结晶，在网络技术高速发展的今天，写字课尤其重要。英才学校一直以写字课强化学生的写字教育，付冉冉对她的写字教学一丝不苟，认真备课写教案。她从培养学生的观察力入手，提高学生的记忆力、思维能力以及动手能力。课上，她看到孩子们认真伏案写字的小脸越看越喜欢；她认真处理作业，看着孩子们的字体一天天规范，作为写字老师的付冉冉感到无比自豪，她更加热爱写字课了。

突然有一天，领导告诉她写字课还有一节就要终止时，付冉冉面对这些可爱的孩子们情不自禁地流下了眼泪，她不舍自己刚刚有起色的写字课，她不舍那些天真烂漫的孩子们。

八年级物理老师请病假，她被临时调去代课，这是付冉冉第二段没有句号的终结故事。

原物理老师走时很匆忙，交接时只简单交代了进度。付冉冉接受这个任务有点措手不及，她马不停蹄立刻备课写教案。为了学生能够接受自己，付冉冉费了很多的心血，一边和学生磨合，一边梳理自己的情绪，一边研究物理教学，她逐渐理顺了教学思路，制订了合理的复习方案，认真处理习题，辅导个别学生……。当学生认可了这个漂亮的物理老师时，她仿佛已经看到了孩子们取得的骄人成绩，每天满怀信心地带着孩子们进行期末复习。

此时九年级中考结束，领导为了减轻付冉冉的负担，使她一门心思投入编辑组的工作，决定让结束工作的九年级物理老师代她的物理课。当付冉冉听到领导这样的决定，她的眼泪又不自觉地顺着脸颊流了下来，此时的眼泪是委屈的泪水，只为这个没有结局的付出。

编辑部的故事

校报刊登英才新闻以及学生优秀文学作品，每个月在学生回家周之前准时发到学生手里。有一次，由于付冉冉担负着课程以及还有其他事的耽搁，眼看回家周了，校报还没有排好版，付冉冉加班突击到凌晨，第二天印刷，赶在学生十点回家以前把报纸准时送到学生手里。

校园文化展板、各种册页等的设计工作是很烦琐的，一天晚上董事长临时下达命令："设计中英双语英才宣传册，第二天早晨韩国客人来访时要用。"付冉冉通宵设计、排版、定稿，连夜开车去唐山速印，第二天早起准时交活。

每天进入英才网站，打开网页，独特的网站风格、色彩明丽的网页都能给人耳目一新之感。这是2010年4月由校长发起，付冉冉在原英才网站的基础上重新设计、更新后的英才新网站。每一个栏目的修改稳定都浸透着付冉冉的辛勤汗水。她为每一位关注英才的人士第一时间上传英才新闻、活动图片、定期更新每一个栏目。

2010年9月，编辑部接手学校广播站。新馨广播站每天准时播报，固定栏目新闻直通车、天气预报、新馨点歌台等。自从付冉冉管理广播站以来，栏目丰富、内容翻新，又新增加校长直通车、班主任园地、做客直播间等八个栏目，每隔两天更换一次播报形式，逢节必有特殊节目：孔子诞辰设立《孔子专栏》，感恩节有《感恩快线》等；她把广播站成员进行改组，小记者在原来5名的基础上发展到25名，并在25名记者中设团长1名、副团长2名以及各组组长；她不断深层挖掘感动英才故事，第一期做客直播间邀请了维修师傅张宝福和餐厅师傅张小光等四位嘉宾，成功录制了以“奉献在岗位，责任在心中”的主题节目。

2010 年教师节前夕，付冉冉成功录制了一次访谈节目，制作成《廉洁从教》的视频短片，作为送给英才教师的一份特殊节日礼物。十七分钟的视频节目的背后，付冉冉却要为之付出好几个工作日和好几个不眠之夜。

教师节，一个本该为教师祝福的节日，因为社会大环境的影响，学生家长给老师送礼蔚然成风，网络里充满了对教师的口诛笔伐。为了替英才教师讨一个公道，还英才教师一个清白，付冉冉产生了做这个视频短片的创意。付冉冉首先开始了有关材料的搜集，然后定位了几位廉洁典范作为特约嘉宾。付冉冉预约嘉宾，逐一采访，由于英才快节奏的生活，每次都是打几个电话才能预约成功。采访完毕，然后她熬夜把采访记录整理成访谈稿。

录制现场选在公寓接待处，沙发茶几等道具不用准备，背景是几个窗帘并用铁丝连在一起做成的，在嘉宾对面用大字写的访谈稿高高悬挂好，简单的录制棚就准备好了。这次访谈的录制涉及一位主持人和四位老师以及两位学部主任，要把七位老师都聚在一起真是个难事！为此，付冉冉打爆了电话跑细了腿，好不容易把几位老师聚齐，可十几分钟的节目整整录制了四个小时，最后信息部老师协助剪辑、修改成一段十七分钟的视频短片。这部短片精致而完美，通过几位老师拒收礼品、礼金的故事，充分展现了英才老师清白做人、廉洁从教的高贵品格。

肩负重任

付冉冉每一个大胆的想象，都代表着她的聪明和智慧；付冉冉每一个别出心裁的创意，也得到了领导的赞同和支持。

进入十一月下旬，圣诞节临近。校长萌生了一个大胆的设想：让付冉冉做“圣诞节”活动策划。

这是付冉冉第一次接手大型活动策划，她既兴奋又紧张。她兴奋的是，自己的幸运，英才给她一个展示才华的平台；她紧张的是，时间太紧，怕自己工作完成不好会令领导失望……

付冉冉为了晚会的尽善尽美，做了大量的准备工作，三天只正经吃了一顿饭，每天不足三个小时的睡眠。她认真准备、反复修改，最后制订出完美活动预案。

活动从 2010 年 12 月 24 日开始，组织各班装饰校园——→领苹果及包装纸——→包苹果——→送苹果——→领苹果——→通过广播站送祝福——→幸运寻宝——→各班举行圣诞晚会——→教师装扮圣诞老人送糖果并表演节目——→安排董事长、校长到各班送祝福和礼物。

学校里一派节日气象，各部门门口摆放了圣诞树，校园里挂满彩灯……仿佛置身于童话世界。活动环节中，“幸运寻宝”是一个创新，宝物的设计更是别出心裁，除玩具、糖果、笔记本外还有两个特别的“宝物”：“可与董事长、张中山校长合影留念”和“刘立勇老师为获奖者画一张画”。孩子们玩得开心、玩得放松。活动充分体现了“一切为了孩子，为了孩子的一切”的宗旨。全校1800名师生都沉浸在欢乐的节日气氛中。

圣诞晚会的成功举办，获得全校师生一致好评，随后付冉冉又承接了元旦晚会和春节教师团拜会的策划。在元旦晚会中，她的创意《琴、舞、画、诵》已经成为英才的经典曲目。

2011年寒假，离开家半年的付冉冉恨不得长出两只翅膀飞到妈妈身边，她连夜收拾行李准备早起就去车站。可是夜里突然接到领导电话，让她协助学校整理材料。

付冉冉留了下来。学校为她准备着一大堆事：政治学习笔记、教学案、班主任手册、道德长跑日记等十几个本子的改版设计；学生成长记录袋，每个袋里十一种不同页码……设计、修改、校正，付冉冉每天忙至凌晨，大年二十八工作才结束。

寒假回来的第一个全体教师大会宣布聘任付冉冉为校务办公室副主任的任命决定。

为英才的腾飞而奋斗

2011年是英才发展史上迄今为止承前启后的一年，是完成学校十年发展规划的成果年，也是英才未来发展宏伟蓝图的规划年，更是英才二次创业的关键年。校务办公室在付冉冉任职期间经历了巩固、充实、提高的三个阶段，充分发挥了学校的核心和喉舌作用。无论是在大活动的策划部署和小细节的调整安排上，都做了大量细致的工作，保证和推动了学校各项工作的正常进行。

2011年上半年是学校活动最多的半年，付冉冉策划组织学校大型活动近40场，其中包括德育报社张国宏社长来校讲学、吴碧老师来学校做演讲、组织全校师生去天津航母主题公园参观以及大型团队来校参观等，每件事情都有详细的预案，准备工作细致完备，各个环节的事宜衔接紧密、恰到好处。

学校工作比较多，付冉冉仍然担负着编辑组的一部分工作。她性格好、为人热情，很多人愿意找她帮忙，有时学校领导怕她累着，总会问她：“又给人家打工了吧？”她总是低头微笑不语……

各项活动的成功，都倾注着付冉冉的心血和汗水；每一次掌声的背后都充满了付冉冉的聪明和才智。

付冉冉说：“如果人是一棵树，那就要拥有根植土壤的向下的力量，而不要只仰望天空中的浮云。”

智者无敌，勇者无惧。付冉冉，英才有你展翅翱翔的天空。一个26岁的黄毛丫头在英才起步、成长、历练、成熟……

做一名合格的英才人

——记唐山英才学校初中教师田建波

人物简介：田建波，男，滦南人，出生于1984年11月，七年级数学教师。

2009年毕业于石家庄经济学院数学与应用数学专业，毕业后直接到唐山英才学校任教并担任班主任工作至今。在校几次被评为优秀教师。

【座右铭：勤奋细心，追求卓越；提升自我，追求完美。】

我在学生公寓做导育老师时，所负责的宿舍距离门厅最近，每天所有学生和老师从我的眼皮底下进进出出，所以他们的言行都逃不过我的眼睛。

在这些师生当中，有一个老师最早引起我的关注，因为他是我所看到的老师当中最负责任的一位。对于他，起初我连名字都不知道——只知道他个头不高、身子单薄、戴着眼镜、每天最晚离开公寓。

中午，老师们签完到就急着回去午休了，他依然亲自把学生送上楼，看着他们都稳稳当当地躺在床上休息了，他才离去；晚上，他把学生送回公寓，督促他们脱鞋，监督他们洗漱，处理突发事件……看着学生进入了甜美的梦乡，他这才离开。

直到有一天，公寓陈主任要我给七四班写一篇表扬稿，我才知道他原来是七四班班主任田建波老师。陈主任说，七四班以前内务就做得最好，宿舍都是达标和优秀。写表扬稿的目的有两个，一是表扬七四班，二是号召其他班级向七四班学习。

自此，我才知道有这么一个榜上有名的班级，纪律好、内务达标，在公寓违反纪律几乎为零。这些成绩的取得班主任自然功不可没。我突然有一种想写写田老师的冲动，于是我着手在学生和老师之间搜集关于田老师的素材，寻觅田建波的教育法宝。

《弟子规》的恩惠

田建波老师谦虚好学，总以新老师自称。他刚参加工作时，遇到挫折也常常彷徨，学部主任李志军总是拍拍田建波的肩头语重心长地说："在进取的道路上，有荆棘、有崎岖，也有太多的无奈！这些都是我们不能改变的，我们唯有把这些作为自己人生的一种财富，积累宝贵的经验，让它成为指引我们前进的灯塔。兄弟，千万不要灰心，我们是站在一起的。"前辈的劝勉，田建波把它作为激励自己在困难中无畏前行的动力。

田建波老师对于学生管理以"严"著称，绝不会放过任何一个问题学生。他结合传统文化《弟子规》来教育学生，让国学经典在现代社会仍然能起到作用，用有理有据的教育从心底触动着孩子们。我们就从这一个个真实生动的实例中去感悟田老师的教育情怀吧。

田老师的班级里有一个叫刘明非的学生，他非常调皮好动，喜欢招惹身边的同学，上课听讲精力不集中，在公寓表现也不好。

有一次，田老师在宿舍亲眼看见他在搭手巾的小细绳上荡秋千。老师把他从上面抱下来，又俯身把绳子系好，为了不影响别的同学休息，把刘明非叫到公寓楼道里。田老师掏出手机，翻出刘明非妈妈发到上面的信息："老师，刘明非没感冒吧？请老师代我好好照顾他。"田老师合上手机，又亲自给刘明非背诵《弟子规》中"身有伤，宜亲忧"的段落，身体发肤受之父母，你这样做对得起你父母吗？孩子听了，眼里闪动着泪花。在期末备考期间，刘明非上课和自习还总是贪玩，田老师就再次把他叫到办公室，拿出刘明非写的孝亲日记《我心中的父母》读给他听，"回家周我一到家就问，'妈，你上班累吗？'妈妈说：'为了你，我干什么都行，你到学校后，一定给妈争口气啊！'"孩子听着老师的朗读又一次哭了，下定决心一定要好好学习。最后刘明非表现越来越好，在考试中也取得了很大的进步。

杜志成同学，也是一个特别调皮、多动、爱说脏话的学生。他自制力很差，而且总爱欺负同学。有一次他在宿舍休息时，下铺同学刚睡着，他就下来把袜子放同学嘴里；第二天熄灯后，又下床把另一同学的手指弄伤了。田老师针对这两件事，用《弟子规》里的"同学情，舍友情"教育他，同学之间要团结友爱、珍惜友情。后来杜志成主动给同学鞠躬道歉，握手言和，并在老师面前做了保证：以后一定搞好同学关系。就这样，他再也没有欺负过别的同学，他们宿舍变成了一个内务优秀、团结友爱的宿舍，后来连续被评为"优秀宿舍"。

在田老师的耐心教育下，七四班学生都能做到文明礼让，主动问好，受到校领导的一致好评。他们孝亲尊师，友爱同学，人人争做有德人，很少有骂人和打架现象出现。在田老师的言传身教下，孩子们逐步克服了浮躁，学习成绩自然普遍上升。这是《弟子规》的恩惠，也是田建波老师的善教。

让小小亮点成为点亮学生信心的火炬

田老师本着不放弃一个学生的原则，努力寻找学生的闪光点，激励学生，树立自信。“尺有所短，寸有所长”，他不把学习成绩作为衡量学生的唯一标准，在他的眼里，每一个孩子身上都有闪光的一面。学生杜泽为班级服务，甘育林乐于助人，李国宾勤奋好学，常宏宇坐姿规范。虽然这些同学有的成绩不好，有的纪律性不强，但是他们身上小小的亮点成为点亮信心的火炬，使他们抛却自卑，树立自信。

在班级管理中，插班生刘江坤是一个让各科老师都头疼的学生，他学习成绩一直是班内倒数、纪律差，并且听课不认真。田老师下定决心要改造这个双差生，每天晚上都到宿舍和他谈心、鼓励他、寻找他的闪光点。有一次在公寓，因为处理点儿事情，很晚了田老师还没能回去，没想到刘江坤走到田老师面前说：“老师，你早点回去休息吧，这有我呢。”这一句话让田老师非常感动，老师努力寻找的金子终于放光了。田老师就用他的懂事来表扬他、鼓励他。从此以后，他在课上听讲认真了，成绩有了很大进步。

注重和家长沟通、做好班风学风建设

对于后进学生的改造，家长和家庭是一个不可或缺的环节。如果家长不配合，老师的所有努力在回家周的几天时间里就会全部清零。田建波老师认识到了这一点，他极其注重和问题学生家长的跟踪联系，有了家长这个强有力的后盾，班工作取得事半功倍的效果。

田建波班级的学生张琪是一名新生，初来学校非常想家，家长也常偷偷地来看望孩子。有一次家长来看孩子，中午竟然和孩子在警卫室呆到一点多，田老师着急的到处寻找。当田老师找到他们时，家长反而向他反映了一个情况——学校有同学欺负张琪。显然家长有些不满的情绪，田老师马上投入调查，最后真相大白，原来这是孩子因为想家而编造的谎言。田建波立刻向家长反映真实情况，同时向家长解释学校不允许家长私自来看孩子的规定，晓之以理、动之以情，使家长终于理解了学校的苦衷。这次，是及时沟通消除了家长对学校的误解，家长不再违反学校规定偷着来看孩子了，孩子也能够安心学习了。

田建波老师注重班级的班风、学风建设。开学初，建立了《七四宪法》，并把班级成员分成了六个小组，建立班级量化制度，个人量化和小组量化同时更新，形成“巅峰对决”，月底总结并对优胜者进行表彰。这种竞赛活动，不仅约束了学生的不良行为，而且培养了学生的竞争意识和团队精神。除此之外，班级量化要做到坚持与创新，就需要老师从中调控，不要让差距太大。田老师对于一直落后的第二小组，怕他们失去信心，当他们纪律好、大摆臂很标准时，就会鼓励他们、表扬他们，给他们前进的动力，孩子们在规范言行方面都有了不同程度的进步。

透过锦旗看责任

王超伟的家长给田建波老师送来一面锦旗，感激田老师对孩子的辛勤培育。家长说："孩子成绩虽然一直不错，但是总在年级二十几名内忽上忽下，一直也得不到提高，田老师接手他的班级后，孩子成绩飞速提高，名次一下子跃居年级第五。孩子个头小，在家也娇惯，一直没有好的卫生习惯，不洗衣服、不洗脚，可是孩子现在把以前的坏习惯全部改正了。经过一年努力，超伟收获了很多荣誉，每学期都被评为'学习标兵'而且成绩遥遥领先，期末被评为'三好学生'，而且加入了中国共青团，他所在的宿舍连续被评为'星级宿舍'和'优秀宿舍'。这全是田建波老师的功劳，由衷地感激田建波老师。"

田建波老师收到锦旗后却说："一年来，我对王超伟所做的一切，其实和其他的孩子没什么两样，我并没有给予孩子更多特殊的照顾。只是做到了任何一个英才老师都能尽到的职责。我很感谢家长对我的理解和支持。当我接过锦旗的那一刻，就更加坚定了我的信念，激励我继续努力去做一名合格的英才人。"

读着这些拿在手里的关于田老师的资料，我似乎领悟到了什么，田老师一个新入道的老师似乎没有什么教育法宝，也没有什么特别的教育方式，有的只是他对工作的豪情，有的只是他对孩子们的关爱、对孩子们的严、对孩子们的不言放弃……

看着这些拿在手里的关于田老师的资料，我的眼睛有点湿润，久久回味着田建波老师的话："我并没有给予他们更多特殊的照顾……因为我整天看着他们，他们不敢犯错，或许是时间长了，就慢慢养成习惯了吧 。"

或许他说的没错，他没有为某一个孩子特殊地多做点儿什么，只是用他诚挚的心灵把爱给予了他的班级，给予了他的每一个学生，他所做的只是他应该做的工作，他所付出的只是作为一个老师应该有的责任，而他只是一名合格的英才人而已！

做好家长，守护我的家

——记英才学校中学教师田园

人物简介：田园，女，天津市武清人，1986 年出生，2009 年 6 月毕业于重庆师范大学，学历本科。

在校期间，于重庆大地会展任职策划，2009 年 8 月到英才工作至今，现任九年级英语教师。先后被评为并授予校优秀教师、滦南县先进教学工作者、滦南县控辍保学优秀个人、唐山市优秀民办教师等荣誉称号。

【座右铭：爱己之心爱人，律人之心律己。】

提起八三班，2010 至 2011 届学生都会把它当作自己的家，而班主任田园是这个家至关重要的角色——家长。这一学年里，八三班得了满墙奖状，田园一年获得了三个先进。

对于田园老师的班级管理我早有耳闻：八三班像一个大家庭，田园和她的学生亲密无间……许多的夸奖和表扬令我一直想见识见识这个田园老师。但是英才三百多名教师我认识的确实不多。在向其他教师的询问中，所有熟悉田园的人会提供这样的标签：她是张猛的爱人，很有文采、身材适中，人长得很漂亮。然而对于“田园”这个诗情画意的名字来说，我心里的人物形象始终和他们的描述若即若离，无法真正重叠。

初识田园是在 2011 年 7 月 22 日参加北京夏令营的活动中，她是领队教师，碰巧在英才学习的儿子被临时安排在她的小队里。她熟练地交代注意事项并留存手机号码，干练、麻利、洒脱。抬头的瞬间，一张干净清秀的脸映入我的眼帘。

构建班级凝聚力

田园来自天津武清，毕业于重庆大学外国语学院。2009 年 8 月，为了追寻高贵的爱情也为了美好的教育梦想，田园受聘于唐山英才学校，做了一名中学英语教师。

在英语教学中，田园老师注重情境教学。她深知：教学过程是教师和学生建立沟通最直接的方式。她精心创设良好的教学意境，让学生能够理解作者的感受，从而产生对英语学科的兴趣，调动起学生听课的兴致。学生常常被她的课堂设计吸引，在她的课上没有学生会故意捣乱，学生折服于田园老师在课堂上展现的无穷魅力。

在班级管理中，田园作为一个没有多少教学经验的新教师，她虚心向老教师请教，肯动脑筋，在班级管理中肯下功夫。她特别注重打造学生向心力，构建班级的凝聚力。“班级要有强大的凝聚力，就要把这个班级建成坚不可摧的城堡，而学生就是那一块块形状各异的砖瓦，教师要用慧眼将他们放在理想的位置上，并用凝聚力将他们紧紧连接。”让每个学生心中都有“八三是我家”的概念，不论成绩，不论行为，不论能力，人人都要维护这个家庭，不做毁坏班级荣誉的事情，以“为家”作贡献为荣。

舐犊深情

田园老师对于学生如同母亲般有着“舐犊”深情，她像一个守护自己孩子的大鸟，把学生保护在自己的羽翼下。通过刘自胜的“玻璃”事件，八三同学都特服她，并紧紧地团结在她的周围。八三班紧密地围成了一个以田园为圆心的大圆。

刘自胜在七年级时就是一个“名声在外”的学生。他不爱学习，对于亲情也很淡薄。家长为了给他一个好的学习环境，希望学校的传统文化教育能令孩子有所转变，才把他送来英才。每次回家周和家长会时刘自胜的母亲见到老师第一句话总是说：“孩子又犯什么错没有?”田园老师总会说：“他，长大了，表现可好了。哪有总说人家犯错的!”功夫不负有心人，在老师不断的帮助和鼓励下，刘自胜转变很大，主动为班级服务，担任起班里领水果的任务。

一天，教学楼门厅的大门只开了半扇，学生们出入很不方便，刘自胜主动去开那半扇，没想到用力太大玻璃碎了。刘自胜用无辜的眼神看着老师。这些田园都看在眼里，怕校长会误解，就极力替刘自胜解释，没想到他反而主动承担了后果：“老师我愿意赔偿，是我用力太大了。”

学生出了状况，田园极力维护学生的场景，让学生们感到老师就站在他们身后，是他们强有力的后盾，他们并不是孤立无援的。所以，当女孩子有了心事纠结时，会想到田园老师；当男孩子收到情书感到不知所措时，也会想到田园老师……

大胆果敢　特立独行

田园大胆果敢，特立独行，任命外省市学生李杰当班长就是最好的证明。李杰本身是一个很有个性的孩子。初见这个孩子时，他特别有礼貌，实际上这个孩子的行为很多时候会以个人意志为转移，从来不会考虑老师和父母的感受，常常我行我素。田园了解后，特别想通过这种特殊的方式改变他。

有一天，轮到他们班最后吃饭，当学生到达餐厅时，饭菜所剩已经不多，主食没有了，食堂把临时炸的馒头片作为主食；菜也只剩下白菜了。孩子们见状都怨声不绝，有的同学抗议，不吃饭了！尽管田园耐心地解释，还是有少数同学表示坚决不吃，要回宿舍。带头抗议的竟是班长李杰。

田园看到自己亲自任命的班长带头不起好作用，她的忍耐到达极限，她气愤地夺过他们手里的盘子，当众批评李杰："班长是班级的一个标杆，作为一个班长，好作用影响不了几个人，坏作用却能影响一大片！"李杰最终没有回宿舍，排在了打饭的队伍后面，那几个学生也都排了进去。显然田园的一番话对李杰起了震撼作用，下午，他主动找老师承认了错误；第二天的晨会李杰向全班同学做了发自肺腑的检讨。

田园老师说："一个人的能力有多大，他的责任就有多大。"一个学生的问题，特别是品质的问题，像一棵毒草，如果不及时拔除，不亚于给社会培养罪犯。一个个问题学生在不断犯错、知错、改错中转变。这也是田园老师要扶持能力出众的学生做班干部的初衷。一个李杰的转变自然带动了一片，田园把他们过剩的精力转化为团结向上的动力。

展现"细节"的斑斓

田园老师善于挖掘细节，在细节上做足文章，"细节"就如同一颗小小的露珠，能折射出五彩斑斓的阳光。她在班级里为每个学生建立"成长档案记录袋"，收录学生第一篇感恩父母的文章、第一篇硬笔书法、第一幅绘画作品和每一次的考试试卷及试卷分析，用这个小小的记录袋见证孩子们成长的足印；她为孩子们在班级博客上发表学生的优秀文章，帮助他们树立自信心。

家长往往会走进"以成绩论英雄"的误区，这会对成绩差的学生造成一定的精神压力，导致孩子自卑、厌学……。张继开同学由于自身身体的因素，经常缺课，成绩下降。而家长又迫切追求成绩，压力之下孩子逐渐对学习失去热情、情绪低迷，不愿和学生接触，背离集体。田园为了改变这个孩子，可谓用心良苦。她努力从其他方面挖掘孩子内在的潜力，即便是小小一颗火星，她也会使之成为能燎原之火。

田园发现这个孩子很喜欢文艺，就推荐他到校广播站做主持人；他萨克斯演奏也很出色，她把孩子送到萨克斯特长班学习。她多次找张继开谈心，告诉孩子：

“为这个家作贡献不一定是在学习成绩上，积极在外面以八三学生的身份展现自己，同样也是出色的。你是个很有音乐天赋的孩子，你只是不擅长学习而已，像你的萨克斯就演奏得很好……”田园在鼓励学生的同时，又及时地拨通家长的电话，汇报孩子在学校的出色表现，同时让家长了解孩子的特长。她劝慰家长：“学生成才的道路很多，孩子喜欢文艺，同样可以进艺术院校深造。”

田园老师做通家长的工作以后，家长不再追求孩子的成绩，孩子压力减轻了，变得乐观开朗，充满自信，不但在学校文艺活动方面为班争了光，学习成绩也提高了。

打造学生抗压能力

班里王薇同学，在这个讲求3Q的时代，她有学习热情，成绩一直名列前茅，八次考试会有七次第一，求学之路一直一帆风顺。显然，她的智商和情商指数都不低，然而这个孩子抗逆指数几乎为零。在竞争激烈、人才会聚的八年级，一次考试她排第九名，为了这么一点儿小小的挫折，她耿耿于怀，日不食夜不寐，终于晕倒了，最后被送进医院。田园老师怎么谈心劝解也无济于事，王薇一直情绪消沉，最后非要转学。

没有抗压能力，将来步入社会，纵然成绩再怎么优异，面对挫折时也只能以失败告终。而简单的说教无济于事，必须让她在现实中历练，才能真正成熟。田园找家长探讨孩子问题的同时，把自己的想法向家长和盘托出，并且得到家长的认同。老师和家长同意王薇转学，而田园老师并没有上报学校为其办理转学手续，只是对老师和同学说她有病请了长假；家长把孩子转至三中，在此期间，田园经常打电话跟家长了解孩子在三中的情况。王薇离开学校后，面对新的环境，面对人情冷暖，她很怀念在英才、在八三班的点点滴滴；在三中期间，王薇还重病了一次，得了腮腺炎，生病期间她有时间反思了自己的行为，很后悔自己的莽撞决定。

田园老师了解到王薇的情况后，在圣诞节的时候，她邀请王薇来参加。师生的盛情，八三班暖融融家的氛围，让王薇抑制不住自己夺眶而出的泪水，在老师和同学期盼的目光中，王薇又回到了八三班的怀抱。

八三班有田园为孩子们撑起的一片爱的天空，当你受伤哭泣时，当你忧郁难过时，你可以随时回到这里……

只因有你

田园在英才感受着八三班孩子的进步：班旗一次次在英才上空飘扬，一面面“优秀班集体”的奖状将八三班的墙壁装点，一个个表扬条出现在“荣辱观”中……。这是田园老师的心血和汗水的体现。但是她把这些成绩都归位于她的八三班学生：“感谢八三班学生，是你们牺牲了很多自由时间，选择在班里背书，更有学习优秀的学生不吝啬将自己总结的知识点分享给他人，甚至不惜牺牲自己的睡眠时间帮他人讲题、串知识点……。难以忘怀这一年的感动，难忘你们努力的身影。”任何一个优秀集体都是所有个体的完美组合，任何一个幸福的家都来自每个家庭成员的共同努力。向心力凝聚力使这个组合坚不可摧，永居不败之地。团结互助、荣辱与共是他们的核心和灵魂。

田园老师，只因有你这个——家长，八三班这个家才更温馨!

后　记

田园老师，她的成绩有目共睹，她的能力众所周知。新的学期，领导把更重的担子交给她，让她挑大梁——当九年级五班班主任。希望田园老师不负众望，在新的学期取得更大的成绩。

做一名幸福的老师

——记英才学校初中政治教师杨艳

人物简介：杨艳，滦县人，1985年出生。2009年毕业于河北工业大学法学系，学历本科。

2009年8月，调入唐山英才学校任教。现任七年级政治老师兼七年级六班班主任。2009至2011年，连续两次被评为校级优秀教师。

【座右铭：山至高处人为峰，海到尽头天是岸。】

杨艳，出生于滦县一个普通的农民家庭，典型的"八零后"。2005年，她以优异的成绩考入河北工业大学。大学中，她把每个节假日、周末都安排得满满的，只为能够增长阅历，有更多的社会实践机会。整个大学期间所积累的丰富经验使她在公务员考试中取得了136的高分。但在面试环节中，她却被无情地淘汰了。她是个坚强的女孩，必须面对现实的无奈。她劝慰自己：如果不能改变环境，就只能去适应环境。

杨艳，这个聪明、善良、争强好胜的女孩，年轻的共产党员。2009年8月，她来英才应聘，走上了三尺讲台，从此她在英才开始铸就她的梦想之路……

初当班主任，喜忧参半

她来学校的两年多的时间里，连续两年获得优秀教师的光荣称号。这样的荣誉，对于刚刚步入工作岗位的年轻教师来说，是对工作的最高肯定。

在英才两年，杨艳虽不敢轻言成熟，但也经历了化茧成蝶的蜕变。回顾2009年，开学时杨艳先作为七年级一班的副班主任，几个月后调动，临时接手七五班班主任。她那时刚刚和七一建立了感情，从心里不情愿接受领导的调动安排；孩子们也本能地抵触她，头上围上白纸，公然反抗杨艳这个新班主任。那时，她没有管理经验，没有教学经验，只有一腔教育梦想，一颗拳拳爱心和九牛二虎的奋勇精神。她在那一年深刻地体验了身为一名教师的艰辛，成绩上不去，加班加点学习、研究、借鉴，经常是哑着嗓子讲课。难忘那一年李伟同学往杨艳老师嘴里塞咽炎片的镜头，让杨艳品尝了初为人师的快乐。

自豪2010七六班

2010年，杨艳接手七六班。那是一个令杨艳倍感自豪的班级，那是一个学风浓、班风正的班级；是每次期中期末考试成绩永远第一的班级；那时，师生之间没有一丝的隔阂，学生们的任何事都愿意向她倾诉。

——王梦林，一个调皮的、有许多坏习惯的男孩，在杨艳磨破了嘴皮子的絮絮叨叨中与之建立了深厚的友谊。他亲切地称呼她“妈妈”，有时路上遇见，一个大男孩冷不丁一声“妈”叫得同事诧异，叫得路人侧目，叫得杨艳满面绯红。

——刘雨，一个从小右臂残疾的男孩。他坚强、自信、阳光、品质优秀，成绩永远在班上名列前茅。杨艳表面对这个孩子没有过特殊照顾，对于任何活动，都让他积极参加，把他当成一个正常孩子看待，从来不让他感觉比其他同学特殊。杨艳的这些做法有效地树立了孩子的自信心。

在一次跳绳活动中，刘雨无意触碰到了身边一个男孩。眼看那个男孩怒目而视，就要发火时，杨艳悄悄地把男孩拉了出来，提醒他：“刘雨是一个坚强的残疾孩子，他不是故意要冒犯你的，他是因为右臂残疾平衡力不好而碰到了你”。杨老师不厌其烦地耐心劝说，直到男孩消除了报复心。

杨艳对于刘雨总是小心翼翼，从来没有问过孩子右臂的事，唯恐伤及孩子的自尊。一次，在他们一起闲聊天时，刘雨风趣地说：“老师，你知道我这个‘万能小手’是怎么回事吗？那是在妈妈生我的时候，由于医疗事故造成的，爸爸和他们打官司，才给了三万块钱！”自此，杨艳才真正放心了这个孩子，原来他对这件事早已释怀！

对于这帮七六班的孩子，杨艳在一年的时间里倾注了太多的感情，孩子们也给了她太多的回报，他们品行优良，成绩优异，成为老师的骄傲。在学期末，师生恋恋不舍，真想下学期也不分开，还是一个团结向上的集体。

2011韩炎昇的故事

2011年暑假后，杨老师接手的新班级，对于她来说是一个全新的挑战。她说：“班里十几个外省市的孩子，他们各有背景，不管他们曾经有如何不堪的过去，可他们毕竟是没有成年的孩子，只要家长信任学校、信任我，我一定付出全力让他们改变过去的坏习惯，让家长满意。对于学生教育和班级管理没有捷径可循，我只有多做，多付出，看着、守着……

这学期，杨艳的班里有一个来自三河的学生——韩炎舁，他也是一个右臂残疾的孩子，由于身体的因素，他自卑、偏激。家庭也因此给予他更多的溺爱，使他养成了许多的不良习惯。第一次回家周，他是在家长的打骂下才返校的，开学初一直有退学的念头。

韩炎舁说："学校和老师都非常好，就是受不了学校严格的制度。"他曾渗透出这样的想法：是不是和同学打一次架，就会被学校开除？当杨老师了解到他的这一想法时，找到他谈心。杨老师语重心长地对他说："如果被学校开除，是要记录档案的，它将成为你成长过程中的一段污迹，对以后的人生产生很大影响。你绝对不能采取这么偏激的方式。"杨艳为了缓和气氛，对韩炎舁说："让我们共同做一个游戏吧，做一个双臂环抱的动作。"韩炎舁习惯地一抱，杨老师看着他紧抱的双臂又说："现在你改变双手的搁放位置再抱一次。"他改变位置又做了一次。杨老师微笑着看着他，"有什么感觉?""别扭!""有好坏的分别吗?"韩炎舁摇摇头。杨艳说："学校的制度，也和这个动作一样，只是一个习惯不习惯的问题，只要习惯了，就没有拘束的感觉了。"

开学初，杨艳隔几天就与韩炎舁的母亲交流一次，用电话或短信与韩炎舁的母亲沟通。很多时候，她都把韩炎舁母亲的短信内容让他看一看。她告诉孩子，家人虽然在远方，但是父母的心是与你在一起的。

宿舍做内务时，杨艳告诉同学要和韩炎舁搞好团结。他一只手可能叠不好被子，大家一定要帮助他，让这个宿舍在大家的共同努力下成为优秀宿舍。当宿舍月评比时，他们的宿舍真的榜上有名。杨艳为他们的团结感到欣慰，她说要给他们奖励，让他们自己选择奖品。这些孩子说，我们既想得到加分，又想得到老师的礼品，我们只要一块糖就行。杨艳感动于这些孩子的纯真，她答应他们这两个要求都可以满足。只是加分是公开的，而一块糖的奖励是背地里的。孩子们为这小小的满足高兴地鼓起掌来。

韩炎舁练过太极，左手的力量很大。有一次因为同宿舍的于潇不小心碰到了他，韩炎舁一拳下去于潇的眼睛就肿了起来。杨艳把韩炎舁叫出去严厉地对他说："你心平气和想一想，从一开学于潇给予过你的帮助、为你做过的好事。"于潇是他们宿舍的宿舍长，他曾经带领宿舍成员帮助韩炎舁做内务，给予过他很多次无微不至的关照。韩炎舁的眼圈红起来，默默地去找于潇道歉。

班级值日，杨艳让韩炎舁积极参与，她把一个可以用一只手完成的简单任务交给他——擦黑板下面的板槽。杨艳把这个活儿说得很重要，并且在每次检查卫生的时候都认真检查板槽是否干净。所以韩炎舁做起来很认真，从心里感觉自己工作的重要。

韩炎舁虽然用左手写字，但是他的字写得相当漂亮，有很深厚的书法功底。杨艳故意说自己的记性不好，需要找一个记事员，要找一个字写得漂亮的记事员。当然这个美差就落到了韩炎舁头上，关于事件、日期的设计由他自己做主。

杨艳让韩炎舁体验班级的团结，以及自己在班级的重要性，让他身上的优点进发出耀眼的光芒，通过这一件一件的小事，使他的自信心增强了，韩炎昇郁结的心结打开了，变得乐观向上，也逐渐融入班级，适应了学校的生活。

努力做一名幸福的老师

杨艳作为一名班主任，整天围着班级里这群孩子转，哪个孩子成绩下去了，调查研究找原因；哪个孩子行为不好了，谈心、引导；有哪个孩子想家了，陪着聊天、心理疏导……同时她还担任着七个班级的政治课，认真备课、讲课、听课、评课，及时批改作业、讲评作业，做好课后辅导工作，广泛涉猎各种知识，形成比较完整的知识结构。

杨艳老师，在对孩子的评价中，懂得注意语言的倾向性，她总是用鼓励性的言辞，使孩子时刻充满自信；当孩子们取得成绩时，给他们送去一片掌声、一声喝彩；当孩子有疑难和困惑时，她是他们最真诚的朋友和最好的心理医生；当孩子们在她的鼓励下大胆表现时，她做他们最好的欣赏者。

潜移默化中，杨艳老师的人格魅力已经深深地感染了学生，他们接纳她、认可她，做她心无罅隙的朋友；而她就像那默默奉献的绿叶，时时刻刻为映衬鲜花的娇艳和硕果的丰盈而付出着。她在平淡中享受教育的幸福，在平凡中体验不期而至的快乐，在课堂上感受智慧的魅力和精神的愉悦……这就是杨艳老师实实在在的幸福！

让观众忘了我的存在

——记唐山英才学校信息技术部主任李继伟

人物简介：李继伟，1982 年 12 月 26 日出生，汉族，河北省固安县人。

毕业于河北固安职业教育中心，曾参加北京市劳动局开办的专业音响调音师培训并获取专业资格证书。

2009 年 11 月，来到唐山英才学校工作，曾担任维修部电工，信息技术部干事，现任信息技术部主任。

【座右铭：少说多干，奋勇争先。】

李继伟，英才学校信息部，一个年仅二十九岁的年轻中层领导。

说起李继伟，可以说他是一个全能多面手，各种认证证书就有好几个：中级音响师资格证书、电工证书、焊工证书、计算机资格认证证书……。在学校他是个大忙人，那天全西城区停电，无法施工的短暂休息时，我才有机会在办公室看见他。

细细打量——他，高高的个子，精神抖擞，整天泡在建筑工地，令他的皮肤变成深咖啡色，一件横条纹 T 恤，一条蓝色牛仔裤，衣服上散落着一层厚厚的灰尘，有点儿显土气，不知道的会以为他是一个农民工。平时精神帅气的小伙子，今天怎么又黑又脏？我便以一句笑话开场："去年二十八，今年三十？"

他微微一笑，"今年一年顶几年过。"身子一歪，以一种放松的姿势重重地把自己摔在了椅子上。他不是一个健谈的人，说起话来却异常风趣。

"We are the people"这是他文化衫上的一句英文。我读完笑着说："时刻提醒别人，你只是个人，不是个神吗？"

"我不是神，我也是一个人，我只是做了一个人做不到的事情……"他也附和着开玩笑，一本正经地背诵着一部电影里的经典台词。

哈哈一笑间再次让我体验到了英才教师身上所体现出的"苦中求乐，失中求得，敬天爱人，超越自我"的英才精神。

学校自扩建、改建工程启动以来，实在忙坏了信息部这几个老师：排头兵李继伟，整天挂着汗珠的毕志伟，略含胸的大眼睛张焕坤，爱笑的李安双。他们每天亲自拿着铁锹挖沟、布线、装置、修理，哪用哪到。信息部里一般见不到他们的身影，座机电话也形同虚设。

学校的弱电外网工程，由于设计院的设计图没有到位，给工程的进程造成了很大的阻碍。于是李主任找同学帮忙设计了外网工程图，然后自己根据学校实际情况进行了修改，这样才保证了外网工程的进度。他们从 2010 年 11 月就开始着手动工做外网工程的前期准备工作——挖沟、埋管道。李继伟带领信息部几个人亲自上阵，技术人员做起了小工活，他们累计挖沟八百多米，下线一千多米，挖管井二十多个。由于学校所有工程同步进行，地下管道相互穿插交错，强电、弱电、给水、下水、暖气……不同的工程项目又由不同的主管施工队独立完成。各部门由于抢工期，常常忽略统筹安排的重要。施工中，各施工队为了自己施工方便，常常不考虑为其他部门行方便，自己辛苦挖的沟可能一夜之间被填平……。外网工程的难度非常大，信息部的几个人每天面临强度很大的劳动。他们早来、晚走，中午还要顶着酷暑，李继伟和他的团队成员累的黑了、瘦了！

李继伟自 2009 年加入英才以来，踏踏实实、少说多干的工作态度得到领导的认可，由普通职工提升为组长，组长升副主任，再到主任，不到两年的时间事业上完成三个跨越。“领导想到的，必须想到；领导想不到的，也必须想到。让领导把你忘了，感觉不到你的存在，工作就做好了。”李继伟这样总结自己的工作。

信息部的工作特别烦琐，包括各种活动的照相、录像、采编、后期制作、校园监控，以及所有的用电设备(除了灯泡)、电话、微机室和办公计算机(500 台)、教室多媒体设备(80 多套)、校园广播、字幕屏、宣传车等的日常维护，以保持设备的完好、使用畅通无阻。做到“让领导忘了自己”很难，但是李继伟主任带领他的团队努力做到了这一点。上班随叫随到，下班没有准点，这就是信息部的工作特点。

晚上，信息部几位成员还要轮流值夜班。电力又中断了，为了赶工期加班加点的工程队队长急得团团转。电工张广林骑着自行车风风火火地赶来：“刚坐炕上，要吃饭。”他随手把自行车朝一个土堆一扔，今天晚上值班的李主任也赶到了事故现场。原来是拉渣土的卡车从裸露在地表的电缆接头处碾过，致使电缆破损导致失火。他们一边责备着冒失的司机，一边动手干起活儿来，连接电缆接头的“铜鼻子”上的螺丝疙瘩已经被烧得融化变形，用扳手已经拧不下来了，用螺丝刀撬也无济于事……。旁边已经围了一圈人，都是为赶工期晚上加班的工人们，他们自发用手电筒照亮。大伙商量，只有用钢锯条锯下来一个办法了，李继伟只好再次跑了一趟维修室，脸上滴答着汗珠。终于接好了，拉闸送电。灯火通明中，他长出了一口气。“啪”的一声，一只吃饱了肚子再也飞不动的蚊子被李继伟拍成了肉酱，手臂上，一个油黑的手印里一块儿黏稠的紫红的血迹……

中午，本来是十一点半下班的，他到十二点才骑上摩托出校门。可是手机又在上衣兜里响了起来，是杜校长打过来的，说是电信网的事，他不能懈怠，再打给电信经理落实情况。往常回家十分钟的路程，可他十二点四十了才赶到超市里买馒头。爱人打电话过来：“怎么还不回来啊？菜早炒好了，就等你买的馒头吃饭呢。”

回到家，面对不断发牢骚的爱人，他拿出手机让爱人看他的通话记录，一个多小时接打了四十六个电话。晚上回到家，爱人好奇，非要查查他一天的通话记录，从早晨到晚上休息整整接打一百九十个电话。这也许在英才校史上是一个新的纪录吧。

每天，李继伟都工作在一线工地，除了弱电外网工程，还负责马路路灯、学校门口四座青云柱的射灯、教室后黑板、礼堂设备的安装调控以及随时出现的紧急情况。往往都是在这里监督工作，其他地方遥控指挥，一会来参观的要布置会场，一会儿又要电力抢修，还要协调礼堂各个施工队之间的工作。礼堂内装修由河北三建负责，灯光音响由美亚电声承包，风管由山东一个设计院设计安装。由于质量要求高、工期短，工程又必须同步进行，难免造成相互的影响，三个工程队之间常互相掐架……。为了工程顺利进行，他自然就成了和事佬、调和剂。

开学在即，网络设施由于订货到发货间隔时间太长，始终没有到货，一百五十台新计算机，一百多个摄像头，必须在开学前安装投入使用。李继伟心急如焚，每天打长途催货……。繁重的工作压力，往往忽视了老家的亲人。他的父母远在廊坊老家，父亲一直身体不好，他没有时间回家探望，只有在百忙中偶尔抽空给家里打个电话。那种惦念和愧疚，那些责任和荣誉混杂的感情只有他自己能体会得到。

7 月 19 日晚上七点多，李继伟突然接到家里电话，父亲脑溢血住院。父亲五十四岁，患有高血压，发生脑溢血的概率很高。李继伟深知脑溢血的危险性，听到这样的消息犹如晴天霹雳，但是他还是努力稳定自己的情绪，平静地把第二天的工作安排好，等到了七点半(不值晚班的话，七点半下班)他才离开学校，就连最知心的几个同事他也没有透露关于父亲生病的半点消息。回家简单收拾，坐在了出租车上他才拿起手机给校长请假，只平淡地说老家有事，回家看看。坐在出租车里，他感慨万千，想起母亲边打电话边哭的情景，心如刀绞。父亲是因为过度劳累才发病的呀！

凌晨才赶回廊坊，他直奔父亲住院的中医院。病床上躺着的父亲，身上插满了管子。看到昏昏睡着的父亲，看到围在父亲身边的所有亲人，他自责对于父亲的疏忽，五尺男儿不禁流下眼泪。父亲醒来时，看到久违的儿子显然很激动，挣扎着要起来，但身子却无法动弹；他想对儿子说点什么，张着嘴发出的却是含混不清的声音。李继伟走到父亲跟前，抱起父亲的头，拍拍枕头，再把父亲的头放到枕头上，让父亲躺在上面会舒服一些，可是眼泪却吧嗒吧嗒地掉在父亲身上。

父亲已经不能说话，半边身子也失去了知觉，看着病情如此严重的父亲，他犹豫着，最终拿起电话给校长请假，无奈地说出了父亲的病情。

24 日，张中山校长携校务办主任去医院慰问，二百公里的路程，冒着三十三摄氏度酷暑，一次探望，一些礼品，几句问候，蕴含着英才领导对教师的关爱，像盛夏的一缕微风，凉爽而惬意，感动着李继伟和他的家人……

在医院的精心治疗和家人悉心照顾下，父亲一天比一天好起来，能用语言表达自己的意愿了，麻木的身子也渐渐有了知觉。医生说父亲恢复很快，照这样再住几天就可以出院了。李继伟一颗不安的心渐渐平静下来，他又开始惦记学校的工程了，有许多图纸都是自己设计的，恐怕别人施行不当；有些设备都是自己联系的，恐怕别人交接不妥。他嘱咐自己的家人好好照看父亲，自己开始收拾行囊准备回学校了。他想，一直支持自己工作的父亲会理解儿子的。

一边是尚未出院的父亲，一边是离不开自己的学校，同事们为了能按时开学都在加班加点，为了学校网络畅通都在夜以继日，李继伟放不下自己肩头沉甸甸的责任，他别无选择，只有把自己的脚步加快。李继伟在父亲住院后的第十天回到了学校，回到英才和同事们并肩作战。

李继伟中专刚毕业的那一年，在一所艺校打工。在那工作了五年，艺校校长强迫他学了灯光音响。他后来做过小工，做过厨师，做过销售经理，几经辗转又绕回了学校。他经常开玩笑说，自己一个没有文采的粗俗人，始终弄不清怎么就跟学校干上了——是冥冥之中与教育的缘分吧？他下决心，既然与教育结缘，就一定把学校工作干好。

英才新校区即将建成，宽敞的教学楼，舒适的学生公寓，宽广平整的塑胶操场，设施高级的游泳馆，灯光华美、环绕立体声的礼堂，优美的古典园林……你可知道，在人们脚下、在雪白墙壁里、在高悬的屋顶中，分布着错综复杂的电网吗？

使用着轻便快捷的网络，观赏着清晰流畅的电视画面，我们会不会想起这些默默奉献的幕后工作者呢？记得李继伟说过的一句话："幕后工作的最高境界就是让观众忘了我们的存在。"

我的脑海里瞬时升腾起一株火红的彼岸花，花儿的怒放是叶的默默奉献；叶经过春的精心储备、夏的辛勤吸纳，才能有花儿在秋的季节里展露芳容；而叶却静静地隐没于泥土，独显花儿的风采。

而今天我要讴歌的是隐没于泥土的彼岸花的叶子……

注：彼岸花，一种石蒜科植物，红色彼岸花又名曼珠沙华，因花开秋彼岸而得名。花叶永不相见，有叶无花，花开无叶。

一切源于热爱

——记英才学校小学语文教师王智勇

人物简介：王智勇，河北唐山市古冶区人，1987 年出生，毕业于唐山师范学院中文系，汉语言文学专业，本科学历。

毕业后曾在唐山师范学院附属小学工作，在学校师生民主测评中被评为语文学科创新型教师和最受学生喜爱的班主任。于 2010 年加入唐山英才学校，担任班主任兼语文教师，工作至今。先后荣获滦南县控辍保学工作先进个人、唐山英才学校爱心奖、小学一级教师等光荣称号。

【座右铭：没有天生的信心，只有不断培养的信心。】

热爱产生激情，激情源于热爱。王智勇总是说："我为学生们所做的一切，全是源于对教育的热爱，源于对学生的热爱。"

王智勇老师，一个温文尔雅的小伙子，是小学部一位普通的班主任。他深受学生喜爱，深得家长认可。他教的班级不仅成绩优秀还曾经创造了全班 51 名学生无一名流失的奇迹。

一个热爱学生的老师必定是一个热爱生活的老师，一个热爱生活的老师，必定是一个阳光向上的人、必定是一个心态平和的人。王老师就是一位这样的老师，给每一个认识他的人留下了良好的印象。

做学生学习上的良师、生活上的益友

王智勇老师在语文教学上，总是把快乐语文和自主语文的学习方法灌输到每一节课当中。面对新课程，他尝试新教法，注重把学习新课程标准与构建新理念有机结合；将学生的发展作为教学活动的出发点和归宿，培养了学生的独立性、自主性，收到了良好的效果。

王老师很注重孩子们知识的积累，鼓励他们多阅读，拓展知识视野，搜集优秀文段，积累好词佳句。随着阅读量的增加，潜移默化中学生们的写作水平也相应提高了。

在课堂上，学生们其乐融融，就连当初语文考试不及格的学生也能每天微笑着面对语文学习了。在他的语文课堂上，孩子们品尝到了汲取知识的快乐。

在生活上，王智勇老师欣赏冰心的一句名言“有了爱就有了一切”。他做到了爱一切的学生，爱学生的一切。作为一名寄宿制私立学校的班主任，他深知学校，特别是班级，对于这些离家的孩子来说就是他们的第二个家园，而老师和同学，就是亲人。在每个学期开学，都会有新生因为想家而哭鼻子。所以，他始终用一颗爱心去对待每一名学生。每天晚上学生回宿，他都会亲自把学生送上楼，监督孩子洗漱，监督他们上床，询问他们的生活情况，让孩子们能感觉到班主任可亲可爱的一面，让孩子们能在学校体会到家的温馨。

每个学期开学初，总会遇到孩子们想家的情况，王老师都耐心地陪他们聊天，将学校丰富多彩的生活画面展现给他们，解除孩子心理上的陌生感；当学生生病时，不论大病小病，他都高度重视，总是用极其幽默的语言、冷静的行动和轻松的表情去缓解疾病带给他们的痛苦。

有一次，王老师冒雨带赵相宇同学去医院看病。他们因为离校匆忙，没来得及多穿衣服，看完病又要在外面等车。因为天冷，他把孩子紧紧地抱在怀里，相宇的眼睛湿润了。王老师轻声问他：“相宇，冷吗?”孩子颤抖着说：“老师，您在给我挡风，我不冷。”说到这，师生都流泪了，那一刻他们的心紧紧贴在了一起。

教育在潜移默化中

在王老师的班里有一个叫赵孟飞的学生，他平常不注重个人卫生，脾气和性格不稳定，学生们都不喜欢和他在一起。在班里的一次集体活动中，同学们都不愿意挨着他，不愿意让他坐自己的座位，最后他坐在了班里女生毛月美的位置上。毛月美同学是全班最讲卫生、最爱干净的女生，但是毛月美对坐在自己座位上的赵孟飞没有一句怨言。可是令王老师想不到的是，没出一分钟毛月美的空间就被赵孟飞弄得狼藉一片，同学们纷纷起来指责他。

面对此情此景，王老师简直就要怒发冲冠了，特别想严厉地批评赵孟飞几句。但他还是冷静下来想：自己暴怒之下的批评，起不到改变学生的作用。他努力抑制情绪，等到心态平静以后，才把赵孟飞叫到楼道里，用和缓的语气对他说：“孟飞，你知道同学们为什么那么气愤吗？你想过他们为什么谁都不愿意让你坐他们的座位吗？这个时候为什么唯独毛月美就没有意见呢?”这接二连三的为什么令孟飞不知所措，他吭吭哧哧了半天，也没回答上来。王老师从孟飞紧张的神态，断定他的内心已经受到了触动。于是王老师进一步引导他："孟飞，现在你想怎么办呢？如果你还是这个样子，同学们一定会把你赶出五一班的。但是老师有办法让全班同学都原谅你。"这时孟飞眨巴着眼睛，他的眼神里充满了期盼。王老师接着对他说："你一会儿到教室，给毛月美鞠一个躬，说出你最应该对她说的话。"孟飞顺从地照做了，当全班所有学生目睹着赵孟飞真诚地向毛月美道歉时，教室里鸦雀无声，所有学生都被眼前的景象惊呆了。王老师赶紧趁势引导："同学们让我们为赵孟飞同学诚恳的认错态度和勇敢的认错精神鼓掌吧！"同学们热烈的掌声在教室里响起来。掌声平息后王老师接着说："同学们，我觉得我们更应该为毛月美同学宽阔的胸怀和热心的品质鼓掌！"热烈的掌声再次在教室里响了起来。掌声停后，全班所有同学的脸上都露出了微笑，小小的不愉快瞬间消失了，学生们又亲如一家了。

王老师转身面向黑板把《巴黎圣母院》和雨果的名字写到了黑板上，并借此机会对全班同学进行了一次"美"与"丑"的教育。这是王老师随机的一次教育，但真正的教育不就在这春雨般的"润物细无声"里吗？

难忘"夺师"记

2011 年 10 月，由于王老师的工作业绩突出，学校领导提拔他做小学部办公室主任。这是学校的信任，能得到领导的重用，对于王老师来说是一件难得的喜事。当他把喜讯分享给他的学生时，却出乎意料地发生了一件令王老师震撼的事。

中午，在餐厅里，王老师所教的六三班全体学生在绝食。他们谁也不吃饭，每人给王老师盛了一碗汤放在餐桌上。他们那个倔犟的神情啊，带着不达目的不罢休的意味。他们对于老师的劝说置若罔闻，对学部主任的严词教导视而不见。几个班干部带头说："只有让王老师继续做我们的班主任，我们才吃饭！"

为此，王老师留了下来，继续做六三班班主任。学生笑了，王老师也被学生们的淳朴之情感动了。虽然学生们阻止了他升迁的道路，但是他收获了浓浓的师生真情，而这种情是世界上最宝贵的财富，是金钱和物质所不能比拟的东西。那抹留在李鸿飞嘴角的笑容至今荡漾在王老师的脑海里。

李鸿飞是今年入学的新生，是个爱哭鼻子的小男孩。在开学初的一个月里，他经常闹着要回家、想妈妈，可是那次回家周却拽着王老师的衣角迟迟不上校车。他哭着问老师："老师，您是真的不走了吗？是真的吗？是真的吗？"当他听到王老师也应和着他接连说了好几遍："是真的"、"是真的"时，他竟然开心地又蹦又跳，笑着说"噢！噢！我们老师不走喽！我们老师不走喽！"

让爱的阳光照亮后进生

转化后进生是每一个班主任一项必不可少的基本功。王老师更不例外，他首先用真诚把爱给予后进生。他做到了思想上不歧视，感情上不厌倦，态度上不粗暴，方法上不简单。他用自己对后进生的一颗真诚的爱心，叩响他们紧锁的心门。

王老师本着不放弃一个的原则，积极寻找那些后进生身上的“闪光点”，合理点拨，恰到好处地引导，委婉地批评……。当王老师发现那个成绩很差不自信的男孩热爱劳动时，他会适时地表扬他：“真是一个可爱的孩子”；当他发现那个潦草大王偶尔把作业写得比较工整一些时，王老师会说：“比昨天写得好，有进步，继续努力。”

一个个后进生在王老师的帮助下进步了：难忘那个一向脾气暴躁，爱打好斗的女生杜佳雪；那个有性格难以管束的李帆；那个学习习惯极其不好的安胤百；那个最爱骂人、最爱打架的李鸿飞；那个在当地打架出了名的蔡小龙；那个爱和家长耍脾气的赵相宇；几乎要走上歪路的张小玉以及大名鼎鼎的刘睿……而在这以前他们并不是如此优秀。

孩子们在老师的鼓励和帮助下进步了。

2009 年，王老师在九月开学初刚接手的五一班是年级纪律最乱的一个班，第一次月考下来，各科成绩在年级中也是最低的，各项评比成绩也是最差的。经过王老师一段时间的努力，班级里发生着翻天覆地的变化：宿舍在公寓月评中，每个月都榜上有名，在年终评比中获得“星级宿舍”的光荣称号；在第二次(期中考试)、第三次、第四次月考(期末考试)中连续三次获得了全年级总成绩优胜班；在学校组织的拔河比赛、体操比赛、英语歌曲比赛等活动中，学生都有上佳表现；在学校校园广播站、小记者协会、音乐特长班、美术特长班、朗诵艺术团，以及在元旦联欢会上，也都有五一班学生自信的身影。今年的六三班在各个方面也都表现得很出色。那是王老师用爱的阳光，照亮了学生的心灵。

在教育的田野里遍洒桃李芬芳

在王老师的脸上，经常会洋溢着幸福的微笑。面对班级和学生们取得的成绩和荣誉，他总是平静地告诫学生：“成绩只代表过去”。他不允许任何一名学生骄傲甚至炫耀；面对成绩和领导的认可，他也总是很淡然，他谦卑地说：“我要感谢的英才人有很多很多，上至董事长、校长、主任，下至各位老师，尤其是我们副班主任老师。而且我还有很多不足之处，我要向其他老师学习，我应该继续努力。”

身为一名班主任，王智勇老师从不与其他任课教师争课时、抢时间。在王老师的班级里，孩子们做作业永远是先做数学，再做英语，最后有剩余时间了再做语文。因为数学老师年龄大了，有高血压，不能生气；英语老师教两个班很累，不能给她增加负担，所以同学们可以在语文学科上放松一下。

阳光、细心、善教、睿智、谦卑让王智勇老师的形象更丰满。近两年的英才生活，他虽然经历了很多挫折和困难，但是他仍然会感到无比的幸福和快乐。英才的广阔天地，是他成长的沃土；英才优雅的书香氛围，是他振翅的天空。

王智勇老师，加油！愿你在英才广阔的教育田野里遍洒桃李芬芳！

后 记

《英才人》终于进入最后审核，就要出版了，一颗紧张已久的心才终于释然。看着镜中自己鬓角的白发，回想这十几个月以来编写这本书的艰难历程，感慨万千。虽然水平有限，但那一字字一句句也都是自己无数个日日夜夜心血的凝练……

2011 年的 7 月，对于我来说是一个不寻常的月份。首先是一个陌生人(赵树森主任)关注了我的博客，然后是赵主任找我谈话，7 月 15 日我被正式调入学校宣传部，负责《英才人》一书的编写工作。

学校委以重任，实在令我激动不已，可是资历和水平的局限又让我愧当此任。矛盾之中，几次想提笔婉辞，是张校长的鼓励、赵主任的言传身教和扶持提携，让我坚持，再坚持……

永远也忘不了赵主任第一次交给我的一张写作名单，上面二十几个名字，除了董事长、校长、几位中层领导和个别老师认识以外，有的甚至连名字都没有听说过。

茫然中，我开始梳理头绪：从我最熟悉的人陈文梅主任和校医胡月那里了解那些陌生的名字，让他们的形象在我的脑海里逐渐清晰起来，难忘那一次次采访也都是在公寓和校医室里完成的。

后来又有了第二张、第三张名单……

民办学校的老师们总是最繁忙的。我为了节省时间，有的先通过电脑助手平台说明情况，好让采访别显得那么唐突。安排的每一次采访都经过事先预约，并且说明只要你有时间，可以随时联系我，所以我也为这一次次采访牺牲了更多属于自己的业余时间。

因为有了昨日“衣带渐宽”的执著付出，才有了今朝“蓦然回首”的笑语嫣然。

爱的故事没有终结，只有继续。在编写此书的过程中，由于时间仓促，还有许多老师的故事没来得及写，在此表示歉意，敬请谅解。以后学校还会将更多的故事写进《英才人》……

本书按照教师事迹内容，分为六个版块，各版块故事以老师来校时间先后为序。

由于作者水平有限，不足之处一定很多，诚望读者阅后指正。

作者

2013 年 1 月